TIANYUAN ZONGHETI

TESE GUANSHI LIANGYONG ZUOWU ZIYUAN

JI ZAIPEI JISHU

田园综合体

特色观食两用作物资源及栽培技术

——以京津冀地区为例

杨林　石颜通　朱莉　李琳　主编

中国农业出版社
北　京

编写委员会

主　　编：杨　林　石颜通　朱　莉　李　琳

副 主 编：佟国香　朱　洁　齐长红　赵　菲

编写人员：杨　林　石颜通　朱　莉　李　琳　佟国香
朱　洁　齐长红　赵　菲　祝　宁　李利锋
蔡连卫　陈加和　陈永利　张宝杰　何秉青
李忠明　陈明远　刘　民　康　勇　于静湜
武　雷　谷星宇　刘雪莹　韩立红　周向东
时祥云　刘建军　佘小玲　王立臣　曾剑波
马　超　李　婷　攸学松　宗　静　许永新
马　欣　王　琼　张　宁　魏金康　贺国强
赵海康　曹玲玲　田雅楠　曹彩红　李　勋
聂紫瑾　田　满　罗　军　解春源　阳文锐
王　静　曾海鹏　李美桦　胡素琴

FOREWOKD
前言

随着我国社会经济快速发展，乡村振兴已经成为我国全面建成小康社会的首要任务，而产业融合发展已经成为当下乡村振兴的重要手段。2015年国务院办公厅（国办发〔2015〕93号）印发《关于推进农村一二三产业融合发展的指导意见》，第一次以文件形式将一二三产业融合发展模式提升到战略高度。随后几年间全国各地有序推进乡村一二三产业融合发展，逐步发展出一些亮点突出的成功案例。2017年中央1号文件正式提出“田园综合体”这一概念，可以说田园综合体是产业融合发展模式的集成和载体，为推进乡村一二三产业有效融合，全面实现乡村振兴的战略目标增添了强有力的助推器。京津冀地区是我国的“首都经济圈”，具有十分重要的战略地位，其地处华北平原北部，涵盖京津冀城市群，拥有得天独厚的政治、地理、人才和市场优势。与此同时，京津冀地区农业历史悠久，文化积淀深厚，在产业融合发展中已经初显成效，展现出厚积薄发的态势。田园综合体发展，农业是核心，作物资源是农业重要的生产资料和文化载体要素。当前，社会各界高度关注田园综合体建设，学界的研究主要集中在规划编制、个案介绍和政策文件解读等方面，而在具体的作物资源方面的探讨还较少见于报道。基于此，本书结合京津冀地区的自然禀赋和区位特征，梳理了适于该区域田园综合体发展种植的特色观食两用作物资源，并对其栽培管理技术和应用形式进行初步探索。

CONTENTS
目录

总　论

各　论

总
【ZONGLUN】
论

第一章
田园综合体相关概念

一、田园综合体概念

（一）田园综合体概念的提出

2017年，中央1号文件中首次提出田园综合体的概念："支持有条件的乡村建设以农民合作社为主要载体，让农民充分参与和受益，集循环农业、创意农业、农事体验于一体的田园综合体，通过农业综合开发、农村综合改革转移支付等渠道开展试点示范。深入实施农村产业融合发展试点示范工程，支持建设一批农村产业融合发展示范园。"田园综合体也是继美丽乡村建设、特色小镇建设、发展现代农业后，又一项推进新农村建设的国家方略，充分反映了国家对农业、农村、农民问题的重视，彰显了中央层面推进乡村振兴的决心。

（二）田园综合体概念提出的背景

田园综合体概念的提出并不是一蹴而就的，此前我国的农村产业已经开始进行供给侧结构性改革，经历了相当一段时期的转型升级和积淀。田园综合体概念的提出首要面对和解决的是两方面的需求。一方面，我国的城市与农村发展不均衡。在高速城市化进程中，农村出现了产业发展滞后、动能不足的问题，同时面临着比较严峻的老龄化、空心化问题。中央城市工作会议明确指出："我国城镇化必须同农业现代化同步发展，城市工作必须与'三农'工作一起推动，形成城乡发展一体化的新格局。"建设城市的同时带动农村、形成城乡发展一体化新格局，必须在农村地区找到合适的支撑点。田园综合体可以将城市与农村完美结合，让城市与农村在一定条件下共同发展，成为实现这一目标的优良载体。另一方面，伴随着我国经济的高速发展，人们生活水平日益提高，不再仅仅满足于基本的生活所需，而更加注重生活的质量。越来越多的人开始向往乡村，回归田园。近年来我国的休闲农业产业得到了迅猛发展，已成为农业和农村经济发展的亮点之一，彰显出广阔的发展前景。在这样的背景下，逆城市化现象在一些大中城市已经开始出现，田园综合体建设存在巨大的潜力和充沛的发展势能。

（三）田园综合体概念解析

通过对田园综合体概念的政策解读和学者研究探讨，田园综合体概括来讲是集现代农业、休闲旅游、田园社区为一体的乡村综合发展模式，是城乡统筹发展的重要补充。田园综合体以“田”为基础、以“园”为支点、以“综合”为目标的主要特征，以农业生产和乡村田园景观为建设形式，以专业合作社为载体，以农民充分参与和受益为核心，通过整合和综合开发乡村资源，促进一二三产业深度融合，优化乡村产业结构，延伸产业链，拓展乡村多样化服务功能。田园综合体改变了以往单一的发展模式，注重现代农业产业发展和产业融合，也是促进乡村振兴、带动农民增收的动力来源。

二、田园综合体的时代意义

（一）田园综合体为城乡一体化联动发展提供了新支撑

田园综合体业态多样，要素集中，承载力强，是城乡一体化的理想结合点，为乡村振兴和新型城镇化协调发展提供了新的支撑。

（二）田园综合体为乡村产业融合发展搭建了新平台

田园综合体集循环农业、创意农业、农事体验于一体，以空间创新带动产业优化、链条延伸，有助于实现一二三产业深度融合，实现现有产业和发展载体的升级换代，深入推进农业供给侧结构性改革，转化"三农"发展动能，是承载乡村产业融合发展的新平台。

（三）田园综合体为乡村"三生"统筹推进构建了新模式

所谓"三生"指的是生产、生活和生态。一方面，田园综合体在为农民探索多元化产业发展的同时，更加注重对农民生活与居住条件的改善以及乡村生态环境的保护，实现建立田园特色的宜居宜业综合体目标。另一方面，这样的综合体能够更好迎合、满足城市居民对生态旅游和乡村体验的消费需求，使城乡居民生产、生活和生态需求得到充分满足。

（四）田园综合体为传承农耕文明提供了新载体

几千年来，农耕文明一直是中华文明的基石，中国人自古就对乡土、对田园寄托着特殊的情感，而当今我国城市高速扩张发展更是让城市人对美好的田园生活充满向往。通过建设田园综合体，有助于实现城市文明和乡村文明的融合发展，为传承和发展我国传统农耕文化提供了载体。

三、田园综合体的构成

（一）田园综合体的构成要素

中华文明源远流长，自古崇尚"天、地、人"的和谐统一，归根到底便是崇尚人与自然的和谐共生，这也是贯穿几千年农耕文明的精髓。田园综合体可以说正是对中华文明这种精神与智慧的一种追寻，而在田园综合体的形态构成上也充分体现了“天、地、人”三大要素的和谐统一。田园综合体中的“天”可以理解为一定区域内独特的气候、风土、季相变化、纯净的空气、蓝天白云、朝霞星空等要素，这些自然要素也是形成各地独特的地理环境和丰富多样的农业景观资源的基础；田园综合体中的“地”可以理解为山、水、林、田、湖、草的嵌合空间，山是在地面形成的高耸的部分，以高度形态为特征，起伏的群山是田园综合体景观中的完美背景要素；水象征着生命的脉动，与各类生物息息相关，是田园综合体的重要要素，河流廊道、湖泊水库和湿地，承担着不同的生态功能；森林和林网形成天然的屏障，也是多种生物的栖居之所，同时承担着重要的防风固沙职能；田是农业的基本形态，是人与自然交互共生的重要空间，也是田园综合体的核心要素；林、田、草各要素相互交叠，共同依存于山水之中，与人类共同形成了有机的生命共同体。田园综合体中的“人”可以狭义理解为生活在这片土地上的农民，也可以广义理解为一切人文要素的集合，包含农民、民风、民房、村落、餐饮、风俗、节庆等要素，在田园综合体项目中应该格外重视对当地农民和居民原本生活的尊重，对原有村落肌理和传统建筑的保护以及对地域文化、地方特色、风俗民情和历史文化要素的挖掘。

（二）田园综合体的参与者

田园综合体具有多产业融合和多功能复合的特点，所以仅凭单一的主体无法支撑一个田园综合体的有效运营，需要多主体共同支持建立，在运营中发挥各自的作用。

1. 农民

农民是田园综合体的核心，也是田园综合体的主要参与者与受益者，农民必然是主体之一。农民可以通过土地经营权或宅基地使用权入股参与投资经营和分红，并通过劳动就业获得工资，有效实现劳动力回补乡村建设和中远期的职住平衡。

2. 村集体

我国的土地制度决定了村集体是乡村土地的所有者，田园综合体的开展和农民利益的保障都有赖于村集体的参与。村集体是田园综合体重要主体之一，发挥着重要的作用。村集体在自然乡村范围内，由农民自愿联合，将其各自所有的生产资料投入集体所有，村集体以公司或合作社为主体与企业对田园综合体进行合作经营。

3. 政府

田园综合体建设立足乡村振兴的时代背景，是给农民带来收益，缩小城乡差距的良好契机，需要政府层面的政策引导，政府在田园综合体建设中扮演着重要的角色。政府在这个体制中起着两方面的作用，一方面为促进开发企业招商引资和农民的参与收益提供政策保障；另一方面作为监督者，把控着田园综合体的建设底线和建设初衷，确保国土政策法规的实施和生态保护红线坚守。

4. 开发企业

田园综合体作为一种商业运行模式，需要大量的资金维持其机构的运行，资金用途包括基础设施、相应物资以及服务等。引入的开发企业是田园综合体建设的重要组成部分，其资金、技术优势也是田园综合体发展的关键因素，开发企业在整个系统运行中发挥重要作用。

四、田园综合体项目规划要点

（一）田园综合体项目规划总体原则

田园综合体项目目前还没有统一的规划标准，但是其作为乡村振兴战略的重要组成部分首先要符合国家层面对乡村建设的整体协调布局。习近平总书记强调，实施乡村振兴战略要坚持规划先行、有序推进，做到注重质量、从容建设。中央农村工作领导

小组办公室　农业农村部　自然资源部　国家发展改革委　财政部《关于统筹推进村庄规划工作的意见》（农规发〔2019〕1号）明确指出“实施乡村振兴战略，首先要做好法定的村庄规划”“以多样化为美，突出地方特点、文化特色和时代特征，保留村庄特有的民居风貌、农业景观、乡土文化”“优化乡村生产生活生态空间”，并要求“到2020年底，结合国土空间规划编制在县域层面基本完成村庄布局工作，有条件的村可结合实际单独编制村庄规划，做到应编尽编”。

（二）田园综合体项目的选址要点

1. 自然禀赋

开发地应具备一定的自然生态条件禀赋，有山、水、林、田、湖、草等要素或各要素具备或兼具其中之二三。“绿水青山”可以营造好的环境氛围，有利于吸引游客，有田（园）则能提供农业生产及休闲农业活动的场所，延长产业链条，增长旅游时间，拓展消费内容。

2. 区位分析

开发地应具备一定的区位优势，周边最好有较大城市或城市群作为市场依托，或者处于全域旅游景区周边，交通便利，可以满足城市人群节假日中短程出行需求，具备足够的市场潜力和深度。同时这也有利于招商引资和吸纳就业，使社会资本和人力资源能够参与田园综合体项目的开发过程，最大限度地发挥产业的综合带动作用。

3. 用地基础

开发地应该具备较好的乡村农业用地格局，田成块、路成网、林成行，同时最好具备一定的建设用地储备，为后期的服务配套提供支撑。优美的田园景观、便捷的交通、完善的基础设施，能够满足消费者的休闲度假需求以及休闲农产品的研发、生产、销售等产业。

4. 人文积淀

开发地最好具备一定的农业文化积淀或地域特色，比如地域性建筑风格，古朴的村容村貌，当地特有的风俗习惯及节庆活动、特色饮食、质朴的手工艺品等，为项目品牌的设计提升及文化创意的植入提供肥沃的土壤。

（三）田园综合体项目功能片区设置

1. 核心景观片区

田园综合体核心景观片区是农业生产和休闲观光的承载区，是吸引人气、提升财气的核心空间。规划布局时应突出农业景观主题，依托景观型农田、精品瓜果园，观赏苗木、花卉展示区，生态湿地风光区等景观片区的有序设计规划，形成主观景观区和分散景观节点，使游人身临其境地感受田园风光和体会农业魅力。

2. 地产及村舍片区

地产及村舍片区是建筑用地相对集中的片区，是发展特色民宿、精品酒店、配套餐饮等产业的重点区域，应尊重原有的乡村风格和村落景观肌理，营造乡村质感，修旧如旧，恢复“原有”的村庄风貌，同时需要布局管理服务区，构建完整的村舍服务功能。

3. 服务配套片区

服务于产业集群的交通、商业、医疗、金融等配套的公共服务区域，可统称为产业配套。服务配套片区既可满足游客的服务需求，又可以为当地居民和外来从业者提供公共服务，有利于提升游客体验和促进当地人口的稳定。

五、田园综合体发展现状

2012 年，无锡市阳山镇开始了第一个田园综合体——“田园东方”项目的落地实践，目前已发展成为集农业、文旅、居住为一体的成熟模式。2017年随着中央提出田园综合体概念，全国有10个项目入选国家农业综合开发首批田园综合体试点建设项目，其中地处京津冀地区的迁西县“花乡果巷”田园综合体入选首批试点项目。2018年年底，我国已经有18个省份开展了田园综合体试点建设工作，共26个国家级田园综合体试点项目获立项。由于地理位置、自然条件、产业背景不同，各个试点的发展程度不尽相同，但均已开始显现出明显的经济与社会效益。

六、小结

通过前人对田园综合体相关理论及规划建设的研究探讨，不难看出田园综合体的核心在农业，田园综合体的基本功能和拓展功能都是围绕农业实现的。因此，在田园综合体项目建设中作物资源是非常重要的要素之一。在实际规划建设中，田园综合体项目不同于一般的农业建设项目，并不是只承担单一的生产功能，而是作为一二三产业融合发展的载体，承担着生产、生活、生态、科技文化展示等诸多功能，因此在项目规划和落地过程中要更重视不同尺度农业景观的营造，在种植作物的选择上也应该在强调生产性的同时兼顾一定的观赏性和趣味性，以吸引游客观光体验。

第二章
京津冀地区区位分析

一、京津冀地区自然特点及发展历史

京津冀地区包括北京市、天津市和河北省，陆域面积 21.7 万 km^2，占全国陆域面积的 2.2%。京津冀地区城乡发展以大中城市为中心或节点、以乡村为支撑腹地和衔接纽带，乡村在本区域农产品供给、生态涵养、文化传承、就业增收等方面都发挥了十分重要的作用。

京津冀地区整体地势西北高、东南低，两面环山、一面临海，地区被 400mm 等降水量线分割，处于西北游牧区、中原农耕区过渡的农牧交错带，属华北平原暖温带大陆性气候旱作耕作区，西北太行山余脉和燕山山脉在区域北部交汇，形成天然屏障；东南部冲积平原孕育生命，发展农业生产生活。京津冀地区年平均气温总体呈南高北低分布，大部分地区年均气温在 10℃以上，年平均相对湿度总体由东南向西北递减分布。自然地理条件塑造了区域基本发展特征，也为京津冀一体化及农业可持续发展提供了共同依托。

纵观发展历史，京津冀地区一直是实现首都职能的重要腹地和护卫京师的重要屏障。在地理上可经略东北、联通晋蒙、扼守华北，自古以来就是坐拥山海、掌控南北的战略要冲和农业腹地。在相当长的时段里，京、津、冀在各自的发展战略制定过程中一直处于半封闭状态，各方发展受到不同程度的制约，区域融合度低的局面未能打破。京、津两市农业产业发展结构相似，河北省作为农业大省，大量的农副产品源源不断地输往京、津两地，虽自然资源丰富，但其发展潜力却远远没有释放出来。

二、京津冀地区发展田园综合体的优势与机遇

京津冀地区作为环首都城市群，是我国三大重要都市圈之一，长久以来其空间、地理、经济、文化、交通、生态等方面发展联系密切，面临共同的机遇与挑战。

（一）政策支持保障

2014年，中共中央、国务院印发了《国家新型城镇化规划（2014—2020年）》，首次提出了建设京津冀城市群将“以建设世界级城市群为目标”。根据《北京城市总体规划（2016—2035年）》《天津市城市总体规划（2017—2035年）编制工作方案》《河北省城镇体系规划（2016—2030年）》及《河北雄安新区总体规划（2018—2035年）》，三地定位分别为：北京市“全国政治中心、文化中心、国际交往中心、科技创新中心”；天津市“全国先进制造研发基地、北方国际航运核心区、金融创新运营示范区、改革开放先行区”；河北省“全国现代商贸物流重要基地、产业转型升级试验区、新型城镇化与城乡统筹示范区、京津冀生态环境支撑区”。京津冀的差异化定位服从和服务于区域整体定位，增强整体性，符合京津冀协同发展的战略需要。

《北京城市总体规划（2016—2035年）》提出，北京作为京津冀协同发展的核心，在新一轮发展建设中，必须以建设“四个中心”为目标，打破“一亩三分地”；同时明确提出“推进高效节水生态旅游农业发展，注重农业生态功能，保障农产品安全，全面建成国家现代农业示范区。利用现有农业资源、生态资源以

及集体建设用地腾退后的空间，探索推广集循环农业、创意农业、农事体验于一体的田园综合体模式。”“积极构建京津都市现代农业区和环首都现代农业科技示范带，形成环京津一小时鲜活农产品物流圈。”

《京津冀现代农业协同发展规划（2016—2020年）》立足京津冀资源禀赋、环境承载能力和农业发展基础，以促进京津冀传统农业向现代农业转型升级为目标，探索一二三产业融合发展新方向、协同发展新模式，按照核心带动、梯次推进、融合发展的思路，将京津冀三地农业发展划分为“两区”，即都市现代农业区和高产高效生态现代农业区。都市现代农业区是京津冀现代农业发展的核心区，与城市联系紧密，发展休闲农业和乡村旅游，推进农业与旅游、教育、养老等产业深度融合，实现农业田园景观化、产业园区化、功能多元化、发展绿色化、环境生态化等多功能综合发展，起到引领带动的作用。高产高效生态现代农业区是京津冀现代农业发展的战略腹地，以承接都市现代农业区产业转移、强化支撑保障、促进转型发展为主，构建服务大都市、互补互促及一二三产业融合发展的现代农业产业结构。

（二）区域协同发展

2015年中央财经领导小组第九次会议审议研究通过了《京津冀协同发展规划纲要》，指出：推动京津冀协同发展是一个重大国家战略，核心是有序疏解北京非首都功能，在京津冀交通一体化、生态环境保护、产业升级转移等重点领域率先取得突破。明确了“一核、双城、三轴、四区、多节点”的空间格局。

结合京津冀一体化、河北雄安新区、2022年冬季奥林匹克运动会和冬季残疾人奥林匹克运动会、北京城市副中心、大兴国际机场等发展、举办和建设，京昆、京台、京开高速拓宽工程，京秦、首都地区环线和延崇高速平原段等相继建成通车，1 小时城际交通圈的范围不断扩大；同时，依托干线铁路，优化线位，加强北京市与河北雄安新区交通枢纽的有效衔接，强化京津联动，实现同城化发展。重大交通基础设施建设也带动了京冀津地区的快速发展。

从协同模式看，京津冀地区协同创新机制日趋完善，成效不断显现，各省份通过各类功能在不同圈层的布局实现有序分工，促进地区职能优化：北京市利用科技创新和优质人才特征，发展创意休闲农业；天津市作为沿海城市利用海洋优势，将其休闲农业定位为沿海外向型都市农业；河北省利用其自然资源、土地等优势，发展规模型农业。京津冀协同发展不仅体现在产业的升级转型，同时带动当地村民就业与经济发展，例如京津冀协同发展的标志性工程“三元乳业河北工业园”，带动当地 1 500 人就业；配套建设 1.7 万亩*的高标准畜牧场，带动周边农户种植青贮饲料 5 万亩。

（三）市场潜力巨大

近年来，京津冀地区城镇化速度加快，大量农村人口进城，经济迅速发展，为城市发展带来了巨大的社会经济效益。随着生活水平的日益提高，人们不再仅仅满足于基本的生活所需，而更加注重生活的质量，开始向往乡村，回归田园，休闲农业产业得到了迅猛发展，并彰显出广阔的发展前景。休闲农业的发展促进了农村的人口、经济、社会、环境等快速发展，人口和资源的逆城市化现象开始逐渐显现，呈现出城乡要素双向对流特征。伴随着城市化进程和生态涵养退耕还林，耕地面积紧缩压力加剧。京津冀地区人口基数大，对优质农产品需求与消费市场不断增大，对农业产业升级转型提出了迫切要求。

---

* 亩为非法定计量单位，1 亩≈0.066 7hm^2。——编者注

在这样的背景下，田园综合体建设存在巨大的潜力和充沛的发展势能。

近年来，京津冀地区休闲农业已经取得了长足的发展，休闲农业的功能不断增加，从单一的观光游憩，到现在结合共享农庄、第五住宅、森林康养、科技研发、科普教育等，更多的是提供多元化、综合性的休闲体验模式。《北京市 2019 年国民经济和社会发展统计公报》显示，2019 年全市农业观光园 948 个，实现总收入 23.2 亿元，乡村旅游农户（单位）13 668 个，实现总收入 14.4 亿元。与此同时，丰富的会展农业及农事节庆活动也通过不断创新带动农村发展，如世界园艺博览会、北京农业嘉年华、大兴西瓜节、平谷桃花节、海淀樱桃文化节等。天津市现代都市型农业快速发展，创建了蓟州区出头岭等产业强镇，打造产业融合载体，宁河区潘庄镇产业融合发展示范园、蓟州区渔阳都市农业科技园分别入选第一、二批国家级农业产业融合示范园，2019 年的乡村旅游接待量和综合收入分别比上年增长 9% 和 8%。河北省迁西县“花乡果巷”田园综合体作为本区域第一个入选国家级田园综合体试点的项目已经建设完成，并获得了良好的社会经济效益。

三、京津冀地区发展田园综合体的劣势与挑战

（一）生态和资源承载力压力大

伴随着城市化和工业化进程，京津冀地区生态问题已经显现，植被退化、水土流失、河流淤积等情况时有发生。京津冀地区地处我国水资源最为短缺的海河流域，年平均水资源总量不足全国的 1.3%，降雨集中在 7、8 两月，年内分布不均，水资源短缺矛盾日益凸显，缺水范围逐步扩大、程度持续加剧。在气候变化与人类活动的双重影响下，京津冀地区可利用水资源量明显呈现递减趋势，多地地下水超采问题突出。海河流域

水资源开发利用率达118%，超载严重，可开发利用潜力十分有限。水资源的过度开发利用导致河道断流、湿地萎缩、入海水量锐减。永定河、大清河、滹沱河等长期断流，现存湿地如白洋淀、北大港、南大港、团泊洼、干顷洼、草泊、七里海、大浪淀等，均面临干涸及水污染的困境。流域生态系统由开放型逐渐向封闭式和内陆式方向转化。水资源的用量控制压力很大，北京通过南水北调的供水量逐年增加。另外，由于京津冀地区各地自身水资源、土地资源和生态基础、产业结构、经济发展不同等各种因素，资源综合承载力各有差异。部分河流和湖泊的污染物入河湖量超出纳污能力，加之部分地区面源污染，特别是畜禽养殖污染较为严重，综合导致水质较差。这些情况都为区域农业发展提出了更高要求，但同时也体现出京津冀地区对田园综合体所倡导的生态农业、循环农业的迫切需求和发展契机。

（二）区域发展存在失衡

从发展现状来看，京津冀地区区域内的农业农村发展总体水平差距较大，京津冀地区乡村发展地域分割现象较为明显。长期以来，北京凭借其首都优势，集聚了周边乃至全国大量优质资源，在推进城镇化进程、新增就业人员方面仍有不可替代的作用。北京、天津对河北的传导辐射功能仍然较弱，河北雄安新区建设刚刚起步，还没起到核心带动作用。2019年北京、天津地区生产总值之和约占整个京津冀都市圈的58.4%，河北省人均GDP只有4.6万元，远远低于北京（16.4万元）和天津（9.0万元），甚至低于同期全国平均水平（人均GDP 7.1万元），京、津两地农村居民年人均可支配收入分别是河北省的近1.9倍和1.6倍。从产业结构和经济发展来看，京津冀地区城市产业结构相差悬殊，产业的相互依赖性和上下游关联性较弱，区域农业协同发展还处于起步阶段。如何通过田园综合体项目的布局来均衡区域发展是实现京津冀地区区域协同发展的一项持久性重要任务。

（三）区域人口老龄化程度高

京津冀地区老龄化问题严重，尤其是在山区地区，人口因素在区域经济发展中占有非常重要的地位。从人口规模来看，2018年京津冀地区的常住人口约为1.13亿人，占全国人口的8.1%。而北京、天津就占了京津冀地区一半以上的数量。根据联合国1956年《人口老龄化及其社会经济后果》确定的标准，65岁老人占总人口的7%，即该地区视为进入老龄化社会，1982年维也纳老龄问题世界大会确定60岁及以上老年人口占总人口比例超过10%，意味着这个国家或地区进入老龄化。京津冀地区65岁以上人口已超过11%。河北省的第一产业从业人数是京津两地之和的12.3倍。人口老龄化的不均衡现状，给城乡发展带来了较大压力。另外京津冀地区的城镇化水平较高，青年人大部分进城务工，农业从业人员年龄高，整体素质较差，老龄化劳动力比重高，缺乏高水平、高技能的专业技术人员，制约了劳动者从事现代农业的能力和现代农业发展的水平。近年来随着休闲农业的发展，区域局部人口逆城市化现象开始逐渐显现，呈现出城乡要素双向对流特征。

四、小结

京津冀地区自然地理条件及发展历史塑造了该区域发展的基本特征，也为京津冀一体化及农业可持续发展提供了共同依托。尽管目前京津冀地区发展面临生态资源承载压力过大、区域发展不平衡、人口老龄化问题等诸多问题与挑战，但从区域协同发展的顶层设计来看，农业区域协同发展有着强有力的政策引导和保障，具备良好的市场潜能和广阔的发展前景。随着区域协同发展深入推进，可以预见，京津冀三地通过充分发挥自身的资源禀赋和比较优势，合理布局田园综合体项目建设，加快一二三产业融合发展，带动创新休闲农业和乡村旅游模式，最终促进区域经济效益、社会效益和生态效益协调可持续发展。

第三章
特色观食两用作物概念

一、引言

京津冀地区农业历史悠久，文化积淀深厚，在产业融合发展中已经初露端倪，展现出厚积薄发的态势。田园综合体发展，农业是核心，作物资源是农业重要生产资料和文化载体要素。在实际规划建设中，田园综合体项目不同于一般的农业建设项目，其并不是只承担单一的生产功能，而是一二三产业融合发展的载体，承担着生活、生态、科技文化展示等诸多功能，因此要更重视不同尺度景观的营造，以吸引游客观光体验。本章主要对京津冀地区特色观食两用作物资源，从概念、分类、主要栽培模式及景观应用模式加以梳理和介绍。

二、观食两用作物概念梳理

随着社会经济发展进步，人们对于农作物的需求不仅局限于作为食物来源，也逐渐开始关注植物的景观特性，近年来观食两用作物的概念随之兴起。目前，学术层面上尚无对于观食两用作物科学、严谨的定义。从字面上来解读，作物，即农作物的简称，是指人类栽种并收获其果实、种子、叶、变态根、茎以及花等器官，以供盈利或口粮用的植物总称；观赏植物是指植物的某些器官具有一定观赏性的植物类型；观食两用，是指兼具观赏性和食用功能。因此，观食两用作物可以泛指人类栽培的一切具有观赏性且可供鲜食或加工食用的植物（以及真菌）的总称。

三、观食两用作物的分类

（一）按生物学分类

观食两用作物中除了食用菌类作物属于真菌（其分类较复杂，本书不单独介绍过多提及），其他作物均属于植物，因此从生物学分类看，其既可以按照科属进行分类，同时也可以按照植物学生态型概念进行分类，大体上可以分为草本类作物和木本类作物两种。

1. 草本类作物

草本类作物是指植株茎内木质部不发达，木质化程度低，茎干柔软多汁、支持力弱的作物类型。草本类作物大多相对低矮，寿命相较木本作物短暂。根据其生活史又可分为一年生草本、二年生草本及多年生草本类作物。

（1）一年生草本类。一年生草本类作物是指在一个生长周期内完成生活史的作物类型。且从播种、萌发、开花、结实到枯亡的整个生命周期均在一个生长季内完成。例如：谷子、芝麻、藜麦等。

（2）二年生草本类作物。二年生草本类作物是指在一个生长周期内完成生活史的作物类型。播种后当年只进行营养生长，越冬后开花、结实并枯亡，全生命周期跨越两个生长季完成。例如：油菜、羽衣甘蓝、白菜等。

（3）多年生草本类作物。多年生草本类作物是指播种萌发后可以多次开花结实、循环往复的作物类型。根据其生活习性及形态又可以细分为3个类型。

①宿根类型。指植株的地上部一岁一枯荣，地下根茎宿存但没有发生明显的形态变化的作物类型。例如：菊花、桔梗、蒲公英等。

②球（块）根类型。指植株的地上部一岁一枯荣，地下根茎宿存且发生了明显的形态变化，形成肥大的变态茎或变态根的作物类型。按其变态器官的来源和形态可分为鳞茎类、球茎类、块茎类、球根类、块根类等类型。例如：百合（鳞茎类）、马铃薯（块茎类）、萱草（块根类）等。

③常绿草本类型。指植株的地上部能够保持常绿状态，并可生长多年、多次开花的作物类型。例如：鱼腥草、芦荟、凤梨等。

2. 木本类作物

木本类作物是指植株木质部发达，具有明显的木质化枝干的作物。木本类作物株形跨度较大，根据其主干分枝方式及高度，可分为乔木、灌木和木质藤本类作物。

（1）乔木类作物。指植株具有独立的明显主干，且树干和树冠有明显区分，株形相对高大的木本作物类型。例如：栗、桃、柠檬等。

（2）灌木类作物。指植株不具有明显主干，枝干呈丛生状态，株形相对矮小的木本作物类型。例如：玫瑰、牡丹、薰衣草等。

（3）木质藤本类作物。指植株具有木质化主茎，但是主茎不能独立直立，必须缠绕或攀附在其他物体上生长的作物类型。例如：葡萄、猕猴桃、西番莲等。

（二）按主要观赏器官分类

1. 观叶类作物

这类作物叶片一般具有较亮丽的颜色，如红、紫、白、绿、复色等，也有的叶形奇异或叶片质感特异。如叶用莴苣、羽衣甘蓝、薄荷等。

2. 观茎类作物

这类作物的茎干呈现出白、绿、红等多种色彩，或茎干具有攀缘性或匍匐性。如叶甜菜、苤蓝等。

3. 观花类作物

这类作物花色艳丽，花型奇特，开花时间较长。如玫瑰、菊花、牡丹等。

4. 观果类作物

这类作物果实颜色艳丽或果形奇特。如番茄、观赏南瓜、网纹甜瓜等。

5. 综合观赏类作物

这类作物在不同阶段或同一阶段不同器官可以同时观赏。如草莓、西番莲、莲等。

（三）按主要经济用途分类

1. 食用类作物

这类作物的叶、茎或根等器官可供食用。例如叶用莴苣、食用百合、莲等。

2. 药用类作物

这类作物的叶、花或根等器官经过炮制可供药用。例如金银花、桔梗、板蓝根、蒲公英等。

3. 茶用类作物

这类作物的叶、花等器官可作代茶饮。例如茶用菊花、金莲花等。

4. 多功能类作物

这类作物除可供观赏外，某些器官可供食用、药用、茶用或加工提取天然成分，例如玫瑰、薄荷、薰衣草等。

四、观食两用作物的主要栽培模式

（一）露地栽培

露地栽培多适用于原产于温带或寒带地区、生长季对温度要求较低、在北方作一年生栽培的作物，或可露地越冬的多年生作物。根据种植区域及栽培管理又可分为以下3类栽培模式。

1. 规模农田栽培

指在较大尺度的露地农田种植作物的栽培模式，一般种植管理较粗放。

2. 田园苗圃栽培

指在中等尺度的露地田园或苗圃中种植作物的栽培模式，一般种植管理相对精细。

3. 生态景观栽培

指在农田边际、沟坡等区域仿自然式形成景观廊道、斑块等形式的栽培模式。

（二）保护地栽培

保护地栽培多适用于原产于热带或亚热带地区，生长季对温度要求较高，在北方栽培必须借助温室等设施越冬的作物。根据设施类型又可分为以下3类栽培模式。

1. 日光温室栽培

日光温室是我国北方特有的节能型保护地设施，其结构由两侧山墙、后墙体、支撑骨架及覆盖材料组成，具有良好的保温效能。

2. 连栋温室栽培

连栋温室是集成多种高科技手段及先进设计理念，把独立小型温室组合形成的超大型温室，具有空间大、环境缓冲能力强、科技集成度高等特点。

3. 塑料大棚栽培

塑料大棚是用木杆、水泥杆、轻型钢管或管材等材料做骨架，覆盖塑料薄膜而成的圆拱形简易保护地，具有低成本、低维护等特点。

（三）容器栽培

将作物种植在装有栽培土壤或基质的容器中的栽培模式。根据具体的栽培容器或空间，最常见的为盆栽，其他栽培形式还包括箱式栽培、槽式栽培、池式栽培、管式栽培等。根据具体的栽培基质又可以分为土培、无土栽培、水培和雾化栽培等。

五、观食两用作物景观应用模式

（一）规模农田模式

乡村旅游中一望无际的花海，或是滚滚麦浪总是最能够吸引城市人的景观元素。因此，田园综合体项目中规模农田模式景观是必不可少的元素。目前规模农田景观可以大致分为3种类型。一是以保证生产功能兼顾景观性的生产型规模农田，种植作物以传统粮经作物为主，在种植上强调规模效应和机械化集成配套等科技手段，既可以是单一农作物的大规模统一耕种，也可以根据地形特点和农机作业半径，以多种作物搭配设置条带或者斑块营造农田景观机理的变化。二是以营造优美景观迎合游客为主要目的的花海型规模农田，种植作物可以是菊花、薰衣草等花卉作物，也可以是兼具一定生产功能的油菜、向日葵等粮经类作物，形式上可以是单一作物大规模种植，也可以是条带间套作形成的条带景观。三是以抽象或具象化的图案为主题的大地艺术农田，这类农田需要较深入地前期规划设计，种植作物丰富度较高，可以是多种颜色的水稻、花卉等。

（二）精品园区模式

在田园综合体项目规划建设中，不但要有规模体量较大的农田景观，还应该规划设置一些不同特色主题的精品农业园区，从种植空间上可以涵盖露地栽培和保护地栽培，从功能上大致分为

3种类型。一是以采摘、休闲、观光为主的特色专类园区，如精品草莓采摘园、香草园等，这类园区应该特色鲜明，主题突出，进行充分的产业融合产业规划。二是以科普展示、文化传播为主的农业嘉年华模式，这种模式集展示、展销、体验、餐饮等多种功能于一体，同时可以植入丰富的节庆活动。三是微田园模式，这种模式适用于小尺度景观空间，如特色餐厅周边或民宿院落内部，近年来可食地景理念已经逐渐成为景观农业领域的焦点，微田园模式就是很好的可食地景形式。

（三）林下经济模式

林地在田园综合体项目规划建设中也是不可或缺的用地类型，适度发展林下经济可以提高土地空间利用率，并有效激活产业，促进融合创新发展。根据产业特征，林下种植可以建立3类类型。一是以种苗生产为主导的林下育苗模式，大多数花卉和药材种苗在苗期需要适当地遮阴，可以利用林下空间环境特点来进行种苗繁育。二是以农产品生产为主导的林下生产模式，适合林下生产性种植的作物主要是药材类及食用菌类，可以充分有效利用林下空间并增加林地的覆盖度。三是以林下休闲观光为主导的林下休闲模式，林下环境清幽适合在炎热的夏季供游客休闲游憩，通过种植乡土花卉、药材等作物形成缀花草坪，可以有效提升林下景观效果，同时也可以结合森林康养或自然教育来实现林下空间综合利用，激活产业融合创新发展。

六、小结

京津冀地区虽然并不是我国农业资源最丰富的区域，但其地形气候多样、农业历史悠久在特色作物资源的丰富度、种植类型的多样性以及人才技术的储备等方面具备较好的优势。该区域在粮经作物、蔬果作物和花卉作物领域均具有一定的种植规模和历史积淀，在田园综合体项目建设中可以充分挖掘应用。

首先，京津冀地区地处我国华北平原，是我国重要的粮经作物产区之一，主栽粮食作物有小麦、玉米、高粱、谷子和甘薯等，经济作物主要有棉花、花生、芝麻和大豆等。粮经作物属于国家战略性物资，同样也是农业文化的根本，最能够体现农业的特质。京津冀地区属于旱作为主的农业区，具有很多区域特色粮经作物，最适合规模型种植，一方面可以保证农业生产的基本属性，另一方面可以作为文化传承的重要载体，作为农业节庆活动的主体和背景景观引发游客共鸣和寄托乡愁。

其次，蔬果作物是我国种植业中重要的经济作物，京津冀地区也是我国设施及露地蔬菜的重要产区之一，传统蔬果生产更多强调集约化种植，以高产、高效、高质为主要目标。在田园综合体项目中，一方面要保证充足的生产型蔬果产业规模，另一方面也应该重视兼具观赏性与食用型的特色品种引种应用。观食兼用蔬果作物在田园综合体项目中具有很多优势，一方面其可以很好地突出农业的主题元素，特色鲜明；另一方面通过科普认知、亲子活动等休闲模式开发构建，寓教于乐，可以很好地挖掘蔬果作物的产业融合潜能。

最后，花卉作物在常规的园林景观营造中扮演着极为重要的角色，在田园综合体架构中所需要的花卉作物不仅能够提供观赏功能，同时还需要其兼具其他产业经济功能，如食用、茶用、加工提取等。这类兼具观赏性和其他产业经济功能的花卉作物可以统称为功能型花卉或功能性花卉，根据其主要产业功能可划分为食用类花卉、茶用类花卉及加工提取类花卉。京津冀地区气候为温带季风性气候，四季分明，雨热同期，适宜多种类功能型花卉种植。功能型花卉属于经济作物范畴，其种植成本高于传统农作物，在田园综合体项目中发展功能型花卉产业一方面要重视产业链的延长和产业集群的构建，通过招商引资等形式开拓发展下游初加工产业及旅游服务产业；另一方面要结合花卉作物挖掘其文化内涵，通过文化创意产业助力提升产品品味和附加值。

总之，田园综合体的基本功能和拓展功能都是围绕农业实现的，因此在田园综合体项目建设中作物资源是非常重要的要素之一。田园综合体项目作为一二三产业融合发展的载体，具有生产、生活、生态、科技文化展示等诸多功能，需要具备一定观赏性的作物资源，以吸引游客观光体验。当然田园综合体规划中的景观植物选择也绝不应局限于园林绿化领域的苗木花卉，这样很难突出农业和乡土的特色，也丧失了兼顾农业生产和农业文化展示的承载功能。田园综合体规划设计中应该因地制宜，充分挖掘和利用好适宜当地发展的特色观食两用作物资源。通过不同类型、不同风格的景观营造，形成良好的田园风貌，带动乡村旅游业发展。

第四章
京津冀地区农业产业融合发展案例分析

一、引言

虽然目前京津冀地区只有一个国家级田园综合体的建成项目，但是该区域包含北京市和天津市两个超大型城市，现代都市型农业已经有了较长时期发展，并且凭借其超大型城市的市场优势，在产业融合发展方面也具备了一定的积累。以北京市为例，在密云区、房山区、延庆区、昌平区等短途旅游的热门地区都形成了一些休闲农业产业集群，具备了一定综合体的雏形。同时，在该区域内形成了一批产业融合度高、品牌影响力大的精品产业融合休闲农业园区和农业嘉年华类项目，这些也都是今后田园综合体规划建设中可以借鉴的有益探索和参考。以下从田园综合体建成项目、休闲农业园区产业集群、精品产业融合休闲农业园区和农业嘉年华类项目 4 种类型的产业融合样本进行案例分析。

二、田园综合体建成项目

（一）河北省唐山市迁西县“花乡果巷”田园综合体

1. 项目背景及规模

该项目建立于 2017 年，以河北省级“花乡果巷”特色小镇为基础和核心，带动和辐射四大区域十大园区，是京津冀地区唯一入选的首批国家级田园综合体试点。该项目位于迁西县南部的东莲花院乡，地处迁西、迁安、滦县、丰润4个县交界处，处在环首都2小时经济圈内，区位和交通优势明显。规划区总面积7.35万亩，涵盖西山、徐庄子、西花院、东花院、东城峪等12个行政村。

2. 项目定位

该项目依托燕山独特的山区自然风光，以“山水田园、花乡果巷、诗画乡居”为规划定位，建设以特色水杂果产业为基础、以油用牡丹、猕猴桃、小杂粮产业为特色，以生态为依托，以旅游为引擎，以文化为支撑，以富民为根本，以创新为理念，以市场为导向的特色鲜明、宜居宜业、惠及各方的国家级田园综合体。

3. 项目主要功能分区

项目主要布局为“一镇、四区、十园”。一镇为“花乡果巷”特色小镇；四区为百果山林休闲体验区、浅山伴水健康养生区、记忆乡居村社服务区、生态环境涵养区；十园为梨花坡富贵牡丹产业园、五海猕猴桃庄园、黄岩百果庄园、松山峪森林公园、莲花院颐养园、神农杂粮基地、CSA乡村公社、游客集散中心、玉泉农庄、乡村社区旅游廊道。

4. 项目主栽作物类型

项目地独特的地理位置、生态环境、气候条件和土质，使其区域内的水杂果在营养成分、口味口感等多个方面远远优于其他地区。区域内新发展了油用牡丹、猕猴桃、林下杂粮三大特色产品，使其以水杂果为主导产业的产业类别进一步丰富，其中，安梨种植面积15 000亩，油用牡丹10 000亩，葡萄8 000亩，大李子2 300亩，猕猴桃1 000亩，其他水杂果18 000亩。西山梨花坡富贵牡丹园区探索出“安梨＋油用牡丹＋二月兰”共生模式，被中国科学院植物研究所确定为油用牡丹示范基地。黄岩百果庄园园区依托52个精品水果采摘点，面向游客推出了“果树认养”新模式，让游客参与果树的管护、修剪、采摘全过程，

“花乡果巷”真正形成了集踏青赏花、采摘休闲、农事体验等功能于一体的田园综合体。

三、休闲农业园区产业集群

（一）北京市密云区蔡家洼村休闲农业园区产业集群

1. 项目背景及规模

北京市密云区蔡家洼村休闲农业园区产业集群位于北京市密云区巨各庄镇蔡家洼村，从2012年开始陆续规划建设，整村推进，总占地面积10 000余亩，是目前北京地区比较具备农业类综合体基本形态、符合产业融合发展的农业产业集群。该产业集群分区域规划、优势互补，目前已经形成了聚陇山农业园、玫瑰情园、豆制品加工厂等多个知名的旅游观光点。

2. 项目定位

该项目在传统农业的基础上，以打造良好的生态环境为出发点，发展精致农业、高效农业，培育绿色有机农业，促进发展民俗旅游业。

3. 项目主要功能分区

该项目陆续规划建设了精品果园、现代农业设施园区、玫瑰主题观光园区、观光工业园区及学生社会大课堂拓展基地等片区，形成了合理的功能分区，具备了完善的一二三产业融合发展业态。同时该项目也推进了蔡家洼新村建设，引入了知名的教育机构，在提振经济的同时提升了村民的生活水平。

4. 项目主栽作物类型

该项目农业种植区域主要集中在精品果园、现代农业设施园区、玫瑰主题观光园区3个区域。精品果园种植面积约5 000亩，以栽植精品林果树为主，种植了15万棵大樱桃树，包括20余个品种，初步建成华北地区最大的樱桃采摘基地。现代农业设施园区规划建设800亩智能化阳光温室大棚，规划建设54栋温室，总建设面积50万m^2，打造都市型现代农业园区，主要种植花卉、特色精品蔬果等。玫瑰主题观光园种植面积约2 500亩，其中玫瑰750亩，月季750亩，柳叶马鞭草800亩，荆芥、菊花及其他花草200余亩。

（二）北京市房山区韩村河镇休闲农业园区产业集群

1. 项目背景及规模

北京市房山区韩村河镇休闲农业园区产业集群于北京市房山区韩村河镇，主要涉及天开村、龙门口村、韩村河村等几个行政村。目前已经形成了天开野餐公园、尚大沃联富亲子农园、有机红薯农庄、金冠果业采摘园等多个农业休闲观光园区，总占地达8 000余亩，农业要素齐备，产业融合发展优势明显。

2. 项目定位

韩村河镇在加大农业扶植力度的同时，着重调整农业产业结构，发展都市型现代农业，以打造良好的生态环境、以农促旅为出发点，通过招商引资，升级了一批休闲农业园区，以此带动了镇域乡村旅游业发展。

3. 项目主要功能分区

近年来韩村河镇通过有序推进，逐步形成了天开野餐公园、尚大沃联富亲子农园、有机红薯农庄、金冠果业采摘园等一批有特色的休闲观光农业园区。天开野餐公园建成以山、水、林、田、湖、草全要素展示为主的自然田园景观，尚大沃联富亲子农园打造以乐活田园亲子活动为特色的主题农业园，有机红薯农庄、金冠果业采摘园定位以特色作物采摘体验为主的精品农业园。各园区精准定位、特色鲜明、优势互补，获得了很好的市场反馈，初步形成了休闲农业园区产业集群，实现了园区景观和盈利模式的转型升级。

4. 项目主栽作物类型

该区域的核心园区为天开野餐公园，其前身为天开花海观光园，目前是北京地区最能体现山、水、林、田、湖、草全要素的自然田园景观园区，农田内部划分有花海景观区、旷野景观区、餐饮区、露营区和休闲配套区，核心的花海景观区占地200亩，春季以油菜、蓝香芥、鼠尾草等春季花卉为主，夏秋季以柳叶马鞭草、波斯菊、硫华菊、百日草、向日葵等花卉为主，围绕“五一”和“十一”形成两季主观赏期。同时该园区特别重视生态景观营造，预留了大片的休耕轮作区形成旷野景观；在种植区引种匍枝委陵菜、苔草、胡枝子、千屈菜、绣线菊、八棱海棠等地区乡土植物，形成了农田缓冲带、生态护坡、过滤带等生态景观模式；同时在园区内大范围采用非硬化路面+生草覆盖，为园区增加富有野趣的景观元素，使景观与周边山水村庄融为一体。尚大沃联富亲子农园主要种植有机蔬果、香草、药材及花卉作物，有机红薯农庄主要种植甘薯等特色杂粮，金冠果业采摘园主要种植葡萄、草莓等时令水果，区域内种植结构形成了良好的差异化布局。转型后的天开野餐公园以周边园区特色观食两用作物产品为支撑，开展了露营活动和“野生厨房”品牌运营，并成功举办了“天空下的周末”集市活动，带动了区域产业融合发展，实现了农业园区盈利模式的转型升级。

四、精品产业融合休闲农业园区

（一）北京市云峰山薰衣草主题园

1. 项目背景及规模

北京云峰山薰衣草主题园位于北京市密云区不老屯镇云峰山景区，该景区以恢复和保护山林自然生态为目标，从2006年起进行规划设计，以开发可持续的生态产品为着力点，逐步打造了特色香草园区—薰衣草园，开发了薰衣草系列文创产品和旅游项目。依托香草田园文化，开展香草产品加工，田园树屋住宿与饮食，扩展到香草文化和森林生态课程，形成一二三产业融合发展。该园区占地 600 亩，从可持续高端观光休闲度假的角度出发，进行了分区域规划与管理，形成观光、住宿、商品、餐饮和课程体验等一条龙产业，目前已成为基于薰衣草和树屋的北京特色网红亲子度假胜地。

2. 项目定位

该项目在薰衣草香草产业基础上，着力开发高端度假和生态复育，以可持续的生态项目带动当地就业，提高当地居民收入和工作技能，进行精准帮扶和公益救助。同时通过建立高端薰衣草园和“童话树屋”品牌，吸引客流，辐射当地的一二三产业发展，有效带动了密云区不老屯镇在农业、旅游、文化、康养等产业的市场推广。同时，该项目通过香草文化和生态课程的展现，以体验森林和田园度假的生活方式，倡导人类与森林、与自然和谐相处，具有积极地生态引导意义。

3. 项目主要功能分区

该项目依照景区自然条件规划建设了薰衣草园及产品体验区、香草文化与森林生态学堂区、森林树屋度假区、花园景观餐饮区、传统文化保护区、森林徒步区等布局，形成了完整合理的功能分区。同时在景区外，该项目还有香草文化文创工作室、新媒体推广工作室，为项目的可持续性和项目的推广服务。

4. 项目主栽作物类型

该项目种植类型主要为香草类以及适合北方养护的花草与树木，并通过设计构建田园景观。该项目种植区域主要集中在薰衣草园、森林树屋度假区、花园景观餐饮区等 3 个区域。种植香草植物 10 余种：英国狭叶薰衣草、杂薰衣草、薄荷、洋甘菊、迷迭香、罗勒、鼠尾草、马鞭草、荆芥、藿香等共 20 多亩。同时，在山坡处撒播各种耐旱的野花种子 10 余亩；在步道两侧种植耐旱耐寒的宿根植物上万株，例如鸢尾、百合、玉簪、紫萼、萱草、芝樱等；花园围篱采用木本绣球、野生大花溲疏、连翘等适合北方寒冷地带的植物；在护养原有防护林的基础上，种植枫树、槭树、榆树、桃树、槐树、樱花树、丁香树及其他乡土树木2 000多株。

（二）天津市龙达温泉生态城四季农夫乐园

1. 项目背景及规模

天津市龙达温泉生态城位于天津市滨海新区，总面积1 000多亩，农业种植的连栋温室8万平方米。龙达温泉生态城拥有四星级温泉酒店、热带雨林温泉馆、有氧运动馆、生态美食园、奇石古树园、四季农夫乐园。天津市龙达温泉生态城将传统的温泉养生模式和现代的健康管理理念有机地结合在一起，集健康管理、温泉养生、生态美食、水疗（SPA）保健、商住会议、礼仪庆典、农业观光于一体，开创出一种全新的、时尚的、健康的温泉度假景区运营管理模式。

2. 项目定位

天津市龙达温泉生态城四季农夫乐园依托中国温泉之都——龙达温泉生态城独特的地质构造，所有农业绿植一年四季散发清香，浓缩五千年的农耕文明于2万m^2之内，成为北方农业乐园奇迹。

3. 项目主要功能分区

四季农夫乐园分为八大区块：科技农业、儿童乐园、蜂彩世界、“瓜”样年华、五谷道场、农博展馆、兰花奇境、农产超市。在四季农夫乐园，游客可以近距离观赏五谷杂粮和各类奇瓜异果的种植、灌溉、收获场景，有机会与还未采摘的成熟农产品亲密接触，而百米长的透明蜂房，将展示典型的蜂蜜酿制过程。在农博展馆可以抄起古农具一展身手，和古代人比一比蹴鞠、捶丸等各种游戏的水平高低。兰花奇境是完全由兰花装饰的景观世界，兰花做成的“瀑布”、兰花组成的“孔雀”、兰花制成的“天幕”。参观游玩之余，很多人开始向往古人餐桌上的绿色食品，农产超市正是这样的各种原生态绿色农产品的提供处。

4. 项目主栽作物类型

四季农夫乐园种植有五谷杂粮品种 20 多个、各种瓜果品种 50 多个、各类观赏花卉品种 60 多个。乐园内展示区域划分从古代传统的五谷杂粮绿色种植到现代高科技应用于农业生产，从蜜蜂采花酿蜜到各种瓜果生长，从观赏花卉培植到农具历史演变，集观赏、科教、采购、品尝、娱乐体验于一体，通过体验远古农业吃、喝、玩、乐的形式，传承中华农业文明、弘扬勤劳的民族精神。

五、农业嘉年华类项目

（一）北京市农业嘉年华

1. 项目背景及规模

北京市农业嘉年华项目核心区位于昌平区世界草莓博览园，占地面积 1 000 亩，其中智能温室展示面积约 4.5 万 m^2。2012 年第七届世界草莓大会在这里成功举办后，从 2013 年起，嘉年华项目方每年 3—5 月利用原场地举办北京市农业嘉年华，至 2019 年已成功举办 7 届。每届北京市农业嘉年华的规划设计及活动策划都涵盖草莓博览园周边地区，为整个昌平区带来了有益影响。

2. 项目定位

通过北京市农业嘉年华的举办，充分发挥项目平台优势作用，提升平台功能定位，将活动范围从草莓博览园核心区拓展到昌平全域，带动产业兴旺，实现一二三产业融合发展，推进农业与旅游、教育、文化、健康养老等产业深度融合，拉升周边村镇的农业综合收入，促进城乡互动合作，推动昌平农业以及全域旅游业的可持续发展。

3. 项目主要功能分区

往届北京市农业嘉年华活动基本按照“三馆、两园、一带、一谷、一线”八大板块设置。以2019年第七届北京市农业嘉年华为例：“三馆”分别为国际交流馆（A馆）、农创风情馆（B馆）、农创科技馆（C馆）；“两园”为农事体验乐园（D区）、主题狂欢乐园（E区）；“一带”为草莓博览园周边昌金路沿线10 000栋草莓温室大棚及其附近乡村草莓休闲体验带；“一谷”为延寿生态观光谷，指延寿镇延寿环形沟域；“一线”为昌平全域旅游线。

4. 项目主栽作物类型

北京市农业嘉年华作物种植区域主要集中在农创风情馆（B馆）、农创科技馆（C馆）、农事体验乐园和草莓休闲体验带，其中B馆和C馆每一届种植的作物都不尽相同，品种非常丰富。以2019年第七届北京市农业嘉年华为例，农创风情馆总面积26 040m^2，其中“丝路农情（B1）”展示了与丝绸之路有关的八大类农业作物——花卉、桑蚕、粮油、水果、蔬菜、茶饮、草药、香料；“瓜行天下（B2）”栽培各种新奇特瓜类蔬菜品种；“稻梦乡愁（B3）”以稻谷种植为基础进行景观打造。农创科技馆的“莓好生活（C1）”主要展示了昌平草莓的先进栽培技术及品种；“自然奥妙（C2）”通过沙漠植物、丛林植物、濒危植物等趣味性植物种植，为游客提供了一个集科普和互动娱乐为一体的自然知识大课堂；“美兰优赏（C3）”则以种植展示兰花为主，传统名花、新优花卉品种为辅。农事体验乐园和草莓休闲体验带则以温室种植草莓为主。

（二）河北省邢台市南和农业嘉年华

1. 项目背景及规模

南和农业嘉年华是邢台市南和县政府与中国农业大学合作打

造的农业经济综合体，位于河北省邢台市南和县贾宋镇，规划面积 446 亩，一期建设 306 亩，设施面积达 5 万余 m^2。该项目于 2016 年 2 月 4 日正式开园，是基于“农业嘉年华＋农业设施产业集群”的多元化发展模式的项目，将农业旅游和农业产业化有机结合，带动区域农业全面发展。

2. 项目定位

南和农业嘉年华从助力冀南粮食、蔬菜、畜牧、林果等主导产业的发展出发，在项目策划中融入绿色生态的农产品加工产业元素，着重提升河北农业大省的地位，体现互动性和娱乐性，突出冀南地区产业融合的发展水平，并紧密结合邢台市的特色产业和文化传统，紧扣京津冀一体化发展脉搏，成为华北现代农业新地标和推动当地农业转型升级的有力抓手。

3. 项目主要功能分区

该项目空间布局形式为“两区、一街、一广场”，“两区”包括创意风情馆区和配套服务区，其中创意风情馆分为：蔬朗星空、畿南粮仓、本草华堂、童话果园、花样年华、同舟共冀、工厂化育苗七大板块，配套服务区由入口活动区、后勤管理区、餐饮服务区、停车服务区等区域组成；“一街”为民俗展览街；“一广场”为文化主题广场。该项目具有旅游观光、科研示范、信息服务等多项功能。

4. 项目主栽作物类型

项目农业种植区域主要集中在创意风情馆区，其中“蔬朗星空”以各类特色蔬菜新奇特品种的立体栽培为主，如可爱多黄瓜、水果冬瓜、黑珍珠番茄、拇指西瓜等；“暨南粮仓”以特色农耕作物栽培为主，如旱稻、观赏玉米、木薯、甘蔗、木本大豆等；“本草华堂”以种植药食同源植物品种、特色观赏价值中草药品种和道地药材为主；“童话果园”以栽培观赏性较强的南方水果为主，进行反季节栽培技术的展示；“花样年华”展示品种极为丰富，趣味花卉如捕蝇草、瓶子草、猪笼草等，食用花卉如玫瑰、萱草、百合等，沙漠植物大凤龙柱、金毛掌、巴西龙骨等；“同舟共冀”主要栽培、展示了特色水生植物如荷花、鸢尾、菱角、慈姑、茭白等。通过各种新奇特作物的种植，南和农业嘉年华为游客提供了视觉、嗅觉、味觉到体感的全方位体验，满足了各年龄阶层游客的需求。

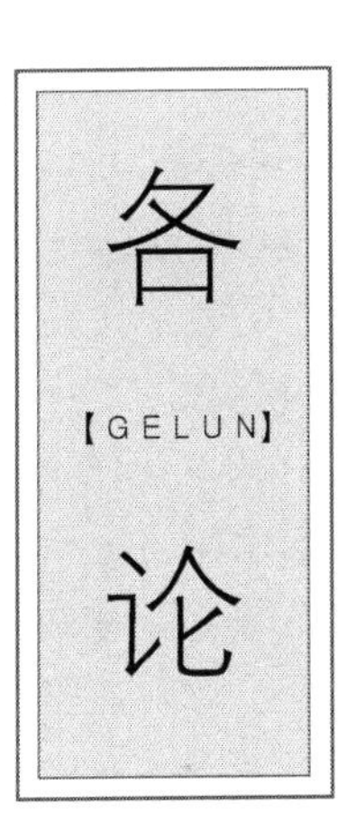
各
【GELUN】
论

第一章 特色观食两用花卉作物

一、菊花

菊花（*Chrysanthemum morifolium*）为菊科菊属多年生宿根植物，又称寿客、黄华、金英、秋菊、陶菊、延年等。菊花是中国十大名花之一，花中“四君子”之一，也是世界四大切花之一。中国是菊花的起源中心，在中国已有3 000年的栽培历史，有关菊花的最早记载见于《周官》《埠雅》，在《诗经》和《离骚》中也都有关于菊花的记载，说明菊花与中华民族的文化一样源远流长。通过史籍考证可见中国栽培菊花最初是以食用和药用为目的，公元8世纪前后，作为观赏的菊花由中国传至日本。17世纪末荷兰商人将中国菊花引入欧洲，18世纪传入法国，19世纪中期引入北美洲，此后中国菊花遍及全球。经过漫长的发展、传播和演变，现代菊花已经成为世界上重要的观赏花卉及资源类植物，其用途已经涵盖了观赏、茶用、菜用、香化用、药用、生态覆盖等多个领域，按其应用类型大致可以分为切花菊、地被菊、药菊、茶用菊、食用菊、艺菊等多种类群。

（一）形态特征

菊花为多年生宿根草本或亚灌木。地上茎直立，高0.3～2m，分枝多或少，幼茎嫩绿或带紫褐色，被灰色绒毛，开花后地上茎大都枯死，次年春季由地下茎发生蘖芽。单叶互生，有短柄，柄下两侧有托叶或退化，叶呈卵形至长圆形，边缘有缺刻及锯齿，叶的大小形态因品种而异，可分正叶、深刻正叶、长叶、深刻长叶、圆叶、葵叶、蓬叶和船叶等8类。头状花序单生或数个集生于茎枝顶端，总苞片多层，外层绿色，边缘膜质，外面被柔毛。头状花序上着生两种花，一种为筒状花，花冠聚合成筒状，两性花，单雌蕊，柱头2裂，聚药型雄蕊5枚围绕雌蕊；另一种为舌状花，多生于花序边缘，花内雄蕊退化，雌蕊1枚。园艺品种头状花序形态多变，依大小可分为大菊、中菊、小菊，按瓣形可分为平、匙、管、桂、畸等5类，花色则有黄、红、白、橙、紫、粉红、暗红等。花期依品种不同各异，大多为6—11月。瘦果，上端稍尖，呈扁平楔形，表面有纵棱纹，褐色，千粒重为1g左右。

（二）生活习性

1. 分布状况

菊花的来源是多元而不是单元的，目前研究的主要野生贡献资源包括毛华菊、野菊、小红菊等物种。中国是菊花的起源中心，公元8世纪前后由中国传至日本，17世纪末荷兰商人将中国菊花引入欧洲，18世纪传入法国，19世纪英国大量引种中国及日本的菊花品种，后又传入北美洲。目前，菊花作为世界性重要花卉广为栽培，并形成了中国系、日本系、西洋系等多个杂种群。我国南北各地均有菊花的栽培传统，以河南、广东、北京、江苏、浙江、辽宁等省份种植规模较大，菊花是中国北京、太原、德州、芜湖、中山、湘潭、开封、南通、潍坊、彰化市的市花。

2. 生长特性

菊花适应性强，相对喜凉耐寒，生长适温18～21℃，花能经受微霜，但花芽分化期需较高的气温，冬季地下根茎耐低温极限可达－12℃。菊花喜充足阳光，也稍耐阴。较耐旱，忌水涝，耐土壤贫瘠，最喜土层深厚、含一定腐殖质而排水良好的沙壤土。大多数菊花品种为典型的短日照植物，短日照可促进花芽发育，但品种不同对日照的反应也不同，夏菊类型对短日照不敏感。

（三）栽培技术

菊花可以地栽或盆栽，菊花栽培历史悠久，包括独本菊、大立菊、悬崖菊、案头菊等诸多传统栽培类型。以下只以种植规模较大的小菊为例简单介绍其地栽及盆栽技术。

1. 地栽模式

（1）育苗繁殖。菊花多采用无性繁殖，可以在春季返青后择健壮母株进行分根移栽扩繁。但目前较多采用扦插繁殖，一般可以使用阳畦、大棚或日光温室进行扦插扩繁，多在上一年深秋进行母株入圃留存，然后通过 1～3 级扦插进行扩繁。推荐使用集约化穴盘育苗技术，选用 72 或 105 孔的穴盘，基质采用 3 份育苗草炭和 1 份蛭石，插穗选用 8cm 左右 2 叶 1 心的枝条为宜，一般扦插后 40～45d 即可出圃。

（2）选地整地。选择阳光充足、地势较高、具有排灌条件的沙壤土地块为宜。定植前每亩可施用有机肥 1～2t，三元复合肥 100kg，充分旋耕，耕深以 30～40cm 为宜，翻耕整理后做宽 1～1.2m 的小高畦，在定植前建议提前铺设滴灌带和地膜。

（3）移栽定植。一般北方 5 月上旬至 6 月上旬均可露地定植，设施栽培可延迟至 7 月，定植行距控制在 50～60cm，株距控制在 35～45cm，可以采用开沟、排苗、灌水、覆土 4 步工序，集约化育苗可以采用机械化移栽，需浇足定植水。

（4）肥水管理。地栽菊花一般只需要在苗期浇 2～3 次水稳苗即可，正产气候条件下生长中后期基本不需要人工灌水，雨季应注意及时排水，防止发生涝害。一般的农田地块在充分施足底肥情况下不需要追肥，可以在现蕾期前结合植保工作喷施磷酸二氢钾叶面肥 1～2 次。

(5) 株形整理。地栽菊花为了促生分枝而增加花量，在缓苗后应进行1～2次田间打顶，自封顶品种及在预苗期完成摘心的种苗可免除该环节。

(6) 中耕除草。地栽菊花缓苗成功后，应及时中耕松土，既能提高地温，又能促进根系生长，去除杂草。在植株封垄前需要中耕除草2次，深度为2～3cm。覆膜种植可免除此环节。

(7) 病虫害防治。菊花中低密度种植较少发生病害，病害主要集中在设施环境中，常发生于冬季或初春低温高湿条件下，尤其以菊花白锈病、霜霉病、腐霉病最为常见，可使用代森锰锌、四氯间苯二腈、嘧菌酯等药剂轮换喷施防治。菊花自身带有较强烈的特殊香味，虫害较少，偶发虫害有蚜虫类、蓟马类、菊花瘿蚊和二点叶螨等，可采用低毒药剂轮换喷施预防。注意在食用菊及茶用菊生产中要尽量避免使用化学农药，以提高植株自身抗性为主，适当使用生物类农药。

2. 盆栽模式

(1) 盆土。宜选用含腐殖质较多的沙壤土，可选用6份腐叶土、3份沙壤土和1份饼肥渣配制成混合土壤。定植后浇透水，放阴凉处，待植株生长正常后移至直射光处。

(2) 浇水。菊花耐旱忌水涝，春季菊苗幼小，浇水宜少；夏季菊苗长大，天气炎热，水分蒸发量大，浇水要充足；立秋前要适当控水、控肥，以防止植株徒长倒伏。浇水除要根据季节决定量和次数外，还要根据天气变化而变化，见湿见干浇水。

(3) 施肥。在菊花植株定植时，盆中要施足底肥，以后可隔30d左右施一次复合肥。现蕾期可每周喷施0.1%磷酸二氢钾溶液。

(4) 株型控制。当菊花植株长至15cm左右可第一次摘心，摘心时只留植株基部5～6片叶，摘除上部茎叶。待侧枝长至15～20cm时可再次摘心，促发二级侧枝，使株形更为饱满。最后一次摘心时，要对菊花植株进行定型修剪。

（四）产业融合应用

1. 食用及保健功能

汉朝《神农本草经》记载菊花："久服利血色，轻身耐老延年。"《西京杂记》："菊花舒时，并采茎叶，杂黍米酿之，至来年九月九日始熟，就饮焉，故谓之菊花酒。"从这些记载看来，中国栽培菊花最初是以食用和药用为目的的。近现代菊花虽然更侧重于观赏性培育，但是仍然有诸多可以食用、茶用及药用的品种，我国南北方素有多道名菜以菊花为食材，如菊花鱼球、油炸菊叶、菊花鱼片粥、菊花羹等等，这些菊餐不但色香味俱佳，而且营养丰富。北京有名的"菊花锅子"，清淡味美，更是别有风味。科学研究已经对菊花的有益成分有所阐释，菊花也被列为重要的药食同源植物。

2. 观赏功能

菊花具有悠久的观赏历史，在古代也深受宫廷和普通百姓喜爱，时至今日我国各城市的人民群众，每年都在秋天举行菊花会和菊展等各种形式的赏菊活动。菊花的景观应用形式可以说是极为丰富的，传统上有独本菊、案头菊、大立菊、悬崖菊等艺菊的栽培形式，也可以做地被片植、群植，以营造花海、花坛及花境，是秋季田园景观中当仁不让的主力花卉。

（五）常见栽培品种

1. 杏芳

杏芳为小菊类型，花色正黄，重瓣，不露芯，花朵繁茂，单株花量620～850朵，每亩鲜茶菊产量平均可达1 500kg以上；该品种属秋菊，9月中上旬始花，花期可达25d左右；株型自然，成球性好，冠幅80～90cm，封垄迅速，覆盖性佳。该品种耐寒性较强，在北京平原区可露地越冬，耐土壤瘠薄。该品种为景观与茶用兼用类型。

2. 雪映霞光

雪映霞光为小菊类型，花乳白色，重瓣，不露芯，花朵繁茂，单株花量550～720朵，每亩鲜茶菊产量平均可达1 200kg以上；该品种属秋菊，9月中上旬始花，花期可达23d左右；株型自然，成球性好，冠幅70～80cm，封垄迅速，覆盖性佳。耐寒性较强，在北京平原区可露地越冬，耐土壤瘠薄。该品种为景观与茶用兼用类型。

3. 夏妆

夏妆为小菊类型，花玫红色，花色靓丽，重瓣；单株花量290～420朵，每亩鲜茶菊产量平均可达600kg以上；该品种属秋菊，9月中下旬始花，花期可达20d左右；株型自然，成球性较好，冠幅50～60cm，覆盖性较好。耐寒性较强，北京平原区可露地越冬，耐土壤瘠薄。该品种为景观与茶用兼用类型。

4. 玉台

玉台为小菊类型，花乳酪黄色，重瓣；单株花量250～380朵，每亩鲜茶菊产量平均可达400kg以上；该品种属夏秋菊，花期早，7月中下旬始花，花期可达30d左右；株型自然，成球性较好，冠幅40～50cm。耐寒性较强，北京平原区可露地越冬，耐土壤瘠薄。该品种为景观与茶用兼用类型。

5. 玉桃

玉桃为大菊类型，花乳白色，重瓣；单株花量12～16朵，每亩鲜菊产量平均可达600kg以上；该品种属秋菊，10月中下旬始花，花期可达20d左右；植株挺立性较好，株高100cm左右，冠幅30～40cm。北京地区需要保护地栽培。该品种为景观与食用兼用类型。

二、玫瑰

玫瑰（*Rosa rugosa*）为蔷薇科蔷薇属落叶灌木，是世界上重要的观赏和生产兼用型花卉之一，在我国已有 2 000 多年的栽培历史。玫瑰花富含蛋白质、脂肪、淀粉、氨基酸和维生素等人体所需的多种营养成分，具有通经活血、美容养颜等功效，其产品可入药，可提炼精油、做香料、做化妆品，还可以做玫瑰饼、玫瑰酱、玫瑰酒、玫瑰茶等，益肺宁心、健脾开胃、利水通淋，是佳肴中的珍品。玫瑰生长健壮、花色艳丽、香气浓郁，是很好的观赏植物材料，可用作采摘花田、花境、路引、生态格挡墙，也可作为庭院美化植物。

（一）形态特征

玫瑰为多年生丛生小灌木，全球玫瑰有 250 多种，18 000 多个品种，但以观赏玫瑰品种居多。株高 1～2m，枝杆多针刺，奇数羽状复叶，小叶 5～9 片，椭圆形，有边刺；花为单生或数朵簇生；花瓣呈倒卵形，重瓣至半重瓣，花玫红色或白色，有香味。花期一般为 5—6 月，果期一般为 8—9 月。

（二）生活习性

1. 分布状况

玫瑰原产于中国，早在秦汉时代就已引入宫苑栽植，是中国传统的园林植物，其野生种在中国、朝鲜、日本等国分布较多。现在它已经被引种到世界各国进行栽培。目前国内以山东、河南、山西、甘肃、浙江、安徽、四川、广东、新疆、北京等地为主要产区。

2. 生长特性

玫瑰喜光，每天至少需要 6～8h 的直射光；耐寒，有雪覆盖的地区能忍耐－38℃至－40℃的低温，无雪覆盖的地区也能耐－25℃至－30℃的低温，生长适合温度为 12～25℃；耐旱、怕水涝、怕早春大风；对土壤要求不严格，在肥沃、疏松、排水良好的轻壤土或壤土中栽植产量高；对空气湿度要求不甚严格，相对湿度不高于80%即可；pH 6.5～7.5。

（三）栽培技术

玫瑰可在农田露地种植，也可庭院栽植，很少采用容器栽培，这里主要介绍地栽技术。

1. 品种选择

以花香浓郁、出油量高为指标，可选用苦水、大马士革、丰花等优质玫瑰品种。

2. 繁殖育苗

玫瑰繁殖方法有播种、扦插、分株、嫁接等，但除了培育新品种用种子繁殖外，生产上多采用分株、扦插、嫁接，这样不但速度快，而且能保留品种稳定的优良特性，所以无论家庭种植，还是大规模产业种植园经营，大多都采用这几种方法育苗。

（1）分株法。春季或秋季进行。生长季选取生长健壮的玫瑰植株，在根部培土，来年连根掘取，根据根生长情况，从根部将植株分割成数株，分别栽植即可。一般可每隔3～4年进行一次分根繁殖。

（2）扦插法。秋季植株落叶后，选择没有病虫害、生长健壮、直径在0.5cm左右的当年生枝条，剪成长10cm的插条，每个插条至少保留3个发育良好的腋芽。将插条蘸取生根粉插于保护地中的沙质土或草炭混合珍珠岩的苗床中，深度2.5～3cm，也可以采用105穴的穴盘育苗。扦插后浇足水，并盖塑料膜保湿。苗床要求保持光线充足、土壤湿润，30d左右长出新根即可定植。

（3）嫁接法。嫁接苗可以极大提升植株自身抵御低温冻害、水涝灾害、缺素问题的能力，深受生产者欢迎。嫁接的砧木常用“花旗藤蔷薇”“无刺狗蔷薇”“粉团蔷薇”等。嫁接时间北京地区在9月中旬进行。嫁接方法多采用T形芽接：砧木上先做垂直切口，然后做水平切口，形成T形，再在接穗上切取盾形芽片插入切口，然后捆绑定位即可。当接穗成活后剪除切口以上部分，5 个月后，收取种苗。

3. 选地整地

食用玫瑰耐寒、耐旱、怕风、怕涝、喜阳。因此种植地要选择远离污染源、土层深厚、结构疏松、排灌方便、背风向阳的地块。种植地选好后施入腐熟有机肥，每亩 1 500～2 500kg，同时撒入杀菌杀虫剂，然后旋耕整平地面。雨水丰富的地方做小高畦，畦面宽 200cm，高 15～20cm，长度依地形而定；干旱地方按照 200cm×50cm 定好点即可。

4. 移栽定植

小高畦种植按照株距 50cm“品”字进行双行种植；定点种植在点位上进行挖穴种植。无论哪种畦种植，放入种苗后，都要将花根向四周均衡分布后再填土浇水。注意盖土深度保持离地面 4～5cm，有利于今后浇水施肥。亩密度保持 1 332 株为宜。

5. 田间管理

（1）水肥管理。定植后 15d 内，随时观察土壤湿度，根据天气状况适时补水，并检查种苗成活情况，如发现死苗要及时补栽。种苗生长 30d 以后可减少浇水适当蹲苗。50～60d 后，新芽长到 30cm 以上时施一次稀释的 1 500 倍硫铵。为使植株根系健壮和枝叶茂盛，肥料可每隔 15d 施一次，花前增施磷钾肥。当株高达到正常高度，便可进入正常管理期。

（2）中耕除草。玫瑰新定植的植株还不够茂盛，杂草会生长很快，每次浇水或雨后注意结合中耕及时除草，特别是要清除多年生宿根杂草和蔓生攀缘植物。除草时注意植株边上草要拔除，避免伤到植株。除草剂不建议使用。

6. 病虫害防治

玫瑰常见病害有黑斑病、白粉病等，发病时可用氨基寡糖素 300～500 倍液、1%蛇床子素（欧芹酚甲醚）300～500 倍液、大蒜素 1 000 倍液防治；虫害有蚜虫、红蜘蛛、鳞翅目毛虫等，可用苦参碱、藜芦碱或苦皮藤素300～500倍液防治。

7. 采收

通常玫瑰花蕾在未开放前采收，过早产量降低，过晚花已开放影响质量。采收时间一般在9：00前，采收期为5—9月。刚采下待加工的玫瑰花蕾、玫瑰花如不能及时加工，可分类放在冷库内冷藏保鲜3～5d，但应尽快加工，以免养分流失影响商品质量。

（四）产业融合应用

1. 保健功能

玫瑰的花蕾、根、茎、叶都可以入药，有活血化瘀、益胃消食、抑菌、抗肿瘤、降血脂、调理经期等功效；玫瑰花可提炼精油，促进人体内的血液循环和机体新陈代谢，具有抗氧化、抗衰老等保健作用；玫瑰花还可以做成玫瑰羹、玫瑰露、玫瑰酒、玫瑰酱等，具有清热解火、调神养气、美容养颜之功效。

2. 景观功能

玫瑰花不仅生长健壮、花色鲜艳、花姿优美、香气浓郁而且适应性强、种植管理简单。它可独立成景，也可大量栽植采摘花田，还可以做花境、路引、生态格挡墙等，是农业景观中很好的观食两用作物资源，也是著名的庭院美化植物。

（五）常见栽培品种

1. 苦水玫瑰

苦水玫瑰是钝齿蔷薇和中国传统玫瑰的自然杂交种，为半重瓣小花玫瑰，属东方香型玫瑰的典型代表，中国四大玫瑰品系之一，世界上稀有的高原富硒玫瑰品种。苦水玫瑰花蕾紧实，单花直径4～6cm，平均花重0.92g，深粉红色，香味独特浓郁，具丝绸状质感，口感甘甜微涩，每朵单花花瓣具18～24枚；干花蕾饱满，萼片色泽黄绿，花蕾紫红色，清香。具有生长茂盛、花色鲜艳、香气浓郁、产量及出油率高、抗逆性强等特点。苦水玫瑰为食药兼用型品种，可以茶用、食用、泡制玫瑰酒，也可以提取精油。

2. 丰花玫瑰

丰花玫瑰是以单瓣红玫瑰为母本，以重瓣红玫瑰为父本杂交培育而成的玫瑰新品种，具有遗传性稳定的花大、重瓣率高、丰产、抗病、香气质量好、出油率高等优良性状。丰花玫瑰一年可多次开花，产花量在 5 月至 6 月最大。其花极度重瓣，花色为紫红色，花开不露芯的特点极似牡丹花，又有“牡丹玫瑰”之称。单花直径 8cm，单花重 3g 多，最重可达 4.5g。丰花玫瑰香气纯正，出油率高，抗病性强。丛枝不太开张，具有明显的短枝性状，立体结花能力强，一般管理条件下，亩产鲜花可达 500～600kg。丰花玫瑰既是山区绿化、防沙固沙、水土保持的优良树种，又是珍贵的中药材食品工业和香料工业的重要原料。

3. 大马士革玫瑰

大马士革玫瑰最早出现在波斯卡尚地区，后传入叙利亚，十字军东征时传入欧洲，14 世纪开始在法国广为栽种，大马士革玫瑰是保加利亚种植的主要的玫瑰品种，也是世界公认的优质玫瑰品种。大马士革玫瑰主要有淡粉色、粉红色和白色三个品系，其中淡粉色品质最好。其花形较普通玫瑰大，花托根部小刺密布。花香纯粹、细致，属国际淡香型，花期相对集中，开花时散发出清甜的香味，是萃取玫瑰精油和加工玫瑰露的最佳品种。大马士革玫瑰是提取玫瑰精油和玫瑰水的重要原料，对于大马士革玫瑰的精油的应用主要是在医疗保健、高档香水、美容用品、食品添加剂等行业。

三、牡丹

牡丹（*Paeonia suffruticosa*）为芍药科芍药属牡丹组植物

的统称。自古以来，牡丹就作为著名的药用和观赏植物在我国黄河及长江流域广为栽培，并培育出丰富的品种。中国的牡丹资源还传播到日本、欧洲及美国等地，使牡丹成为世界性的重要观赏植物。牡丹除了传统的药用价值和观赏价值外，其种子的油用价值也受到越来越多的重视。随着油用牡丹的发展，以牡丹花、果实为材料的深加工产品逐步走向市场，获得越来越多的认可。

（一）形态特征

牡丹为多年生落叶灌木，根系肉质，分枝和须根较少。株高1～3m，茎灰褐色，当年生枝条黄褐色。二回三出羽状复叶，互生。花单生于茎顶，花直径 10～30cm，花色丰富，花型多样，花萼 5 枚。花期一般在 4—5 月，果期 6—9 月。

（二）生活习性

1. 分布状况

牡丹有野生种约 10 种，全部分布于我国，牡丹根据地域分为 4 个牡丹品种群，分别是中原、西北、江南和西南牡丹品种群。在国外，随着中国牡丹野生种和栽培品种的传入，经过长期的风土驯化和人工选育，一些国家的牡丹栽培也逐渐繁荣起来，并形成了具有各地特色的栽培品种群。目前，日本、法国、英国、美国等 20 多个国家和地区均有牡丹栽培。

2. 生长特性

牡丹性喜温暖、阳光充足的环境。喜阳光也耐半阴，耐寒耐旱耐弱碱土壤，肉质根系不耐涝。适宜在疏松、肥沃、地势高、排水条件好的中性沙壤土中生长。牡丹开花适温为 15～20℃，但在花开前必须经过 0～10℃低温处理 45～60d 才能开花。牡丹最低能耐－30℃的低温，北方寒冷地区需要采取必要的防寒措施越冬。

（三）栽培技术

牡丹种植以大田露地种植为主，也可盆栽摆放室内观赏。

1. 地栽模式

（1）直播育苗技术。直播育苗技术一般用于油用牡丹种苗生产，或者杂交育种生产。秋季采收种子后，随采随播发芽率较高。播种前对种子进行温汤浸种处理 5～6d，每天换水一次，可有效提升发芽率 20%以上。牡丹种子较大，适宜机械播种，要求行距 30cm，亩播种量 70～80kg。第二年每亩可出苗 8～10 万株，2～3 年苗较适合大田移栽。

（2）无性繁殖技术。无性繁殖是保留牡丹遗传性状的主要手段。牡丹无性繁殖以分株扩繁或嫁接繁殖为主，扦插繁殖成活率较低，应用少；牡丹组培依然处于实验室研究阶段，尚未大规模应用。

①分株繁殖。牡丹为肉质根系，分株繁殖适用于 3～5 年株龄以上的植株。挑选 10 个枝条以上的植株，顺着根系纹路用刀分成 2～3 株，分株后用 800 倍多菌灵溶液浸泡 3～5min，进行创面消毒，防止病害发生。

②嫁接繁殖。嫁接繁殖为牡丹最为常用的扩繁方式，具有成本低、速度快、苗木整齐规范的优点。影响嫁接成活的因素主要有嫁接时间、砧木、接穗和嫁接方法等几个方面。

嫁接时间：牡丹自 8 月下旬（处暑）至 10 月上旬（寒露）均可嫁接，特别是白露前后 10d 嫁接成活率最高，这是牡丹嫁接对特定温度和湿度的反应。

砧木：可用芍药根或牡丹根，牡丹根以凤丹牡丹的根为主。近年来，以播种后生长 2～3 年的凤丹牡丹实生苗的根作为砧木应用最广，具有产量高、规格一致、耐盐碱、生长势强的优点。砧木晾晒 1～2d、失水变软后进行嫁接操作，这样切口不易劈裂，便于操作。

接穗：接穗最好采用母株基部当年生萌蘖枝的顶芽，其组织充实、生命力旺、易于成活。但是有些品种萌蘖枝较少，只能采用树冠上部一年生枝条作为接穗。接穗长度一般为5～10cm，粗度0.5cm，带有2个以上充实饱满的芽。接穗最好随采随接，久放则影响成活率。

嫁接方法：牡丹嫁接繁殖，以其使用的接穗、砧木和嫁接部位不同，可分为裸根嵌接、就地劈接、单芽切接、单芽贴接、方块芽接等方法。嫁接后应及时栽种，嫁接苗一般于苗圃种植2年后，再进行大田移栽。

（3）田间管理

①花前管理。花前注意及时去除“土芽”，集中枝条营养，当初春“土芽”刚出土或未出土时，扒开根际的表土，将其剥掉，以免消耗母株的养分，影响开花。同时，注意追施花前肥，一般在3月上旬追施速效复合肥，氮、磷、钾比例为2∶2∶1或2∶1∶1，促使花大色艳，施肥后注意浇水。

②花后管理。牡丹开花消耗大量营养，5月中旬及时按照100kg/亩追施腐熟粪肥或饼肥，以保证花芽分化有足够的养分。夏季高温高湿，注意及时喷洒波尔多液等叶片保护溶液，及早抑制病害发生。

③中耕除草。牡丹田一般夏季需中耕5～6次，做到有草即除，保持田内无杂草。排水良好的牡丹园地也可采用株行间铺地布的方法，抑制杂草生长，还能起到保墒降温的作用。

（4）采收和初加工

①采收。依照不同加工目的，对牡丹不同部位进行分批次采收。花瓣采收一般是在4月中下旬进行。一般以上午5—10点采收最佳，此时花朵状态半开未开，营养价值高。为保证种子产量，采收时需要注意保护花朵的柱头部位。采收花蕊同样是在花朵半开未开之时，为保证种子产量，每朵花只可采收1/2～1/3的花蕊。种子采收时间一般在8月下旬至9月上旬之间进行，待

种荚呈蟹黄色时开始采收。

②初加工。不同部位采收后及时处理。牡丹种荚采收后及时阴干、脱粒，经常翻动防止发热发霉。2～3d后大部分种子可自动脱粒，没有脱落的种子可以人工或机械脱壳。花瓣、花药采收后及时烘干、分装。制备丹皮时，挖出鲜根后及时剥出丹皮，置于阳光下晒干。

2. 盆栽模式

（1）品种选择。选择植株低矮紧凑、生长势强、须根发达、花型向上的品种。

（2）种苗选择。选择3～4年生，含4～6个枝条的健壮无病虫害幼龄植株，每个枝条上着生1～2个花芽，花芽充实饱满，根系不宜过于发达。

（3）栽培基质。盆栽基质应疏松肥沃、通气透水，且保肥保温。为防止过于沉重，可以使用无土栽培基质，常与有机肥料混合使用。

（4）栽培容器。选择透气、排水性能好的素烧盆，如瓦盆、土盆，为方便搬运可使用外形美观的塑料盆。根据植株大小选用尺寸合适的容器，以满足根系生长发育需要。初栽时选择口径15～20cm、深20～25cm的花盆。

（5）种植管理。盆栽牡丹浇水应结合营养液浇灌，遵循“不干不浇，浇则浇透”的原则。盆栽牡丹生长适宜的相对空气湿度为50％～60％，气候干热时，需要向叶面喷水增湿降温，但是不可喷水过勤，应注意通风透气，避免病害传播。盆栽牡丹施肥宜量少勤施，宁淡勿浓，生长旺盛期应每月追施一次有机肥。

（四）产业融合应用

牡丹可赏可食可入药，除了具有药用功能外，还有保健功能和观赏功能，是一类良好的具备产业融合应用功能的作物。

1. 药用价值

牡丹根可制成“丹皮”，是名贵的中草药。著名的中成药“六味地黄丸”“桂枝茯苓丸”等配方中，丹皮都是主要原料之一。

2. 保健功能

牡丹的保健功能主要体现在油用牡丹种类，油用牡丹是指结籽量大、含油率高的牡丹类型。牡丹籽油 α-亚麻酸含量高达40%，是人体不可缺少的不饱和脂肪酸。牡丹花在营养保健、防治心血管疾病、抗癌等方面具有较大的开发利用价值。油用牡丹产业链长，效益潜力大，是一个可与农业观光、生态涵养、荒山治理、新农村建设等融于一体的综合性强的产业。

3. 观赏功能

牡丹因其花大色艳、雍容华贵而被广泛用于园林观赏，民间称为“花王”，是我国著名观赏花卉之一。多以专类园形式种植，又可作为盆栽、鲜切花的优良材料。牡丹花色丰富，有九大色系、十大花型，有记录的牡丹品种 1 300 多个，现在较常用的有500 多种，很多品种近年来在农田景观中也得到了广泛应用。

（五）常见栽培品种

1. 凤丹

芍药科芍药属落叶小灌木，茎高可达 2m，分枝短，耐干旱、瘠薄。其在生长过程中叶片表面为绿色、背面为淡绿色。花单生枝顶，苞片数量为 5 片，呈现出长椭圆形，大小不等；花瓣的数量也是 5 片，呈现出白色或者粉红色，花瓣 1～2 轮，单生枝顶。在中原地区 4 月上旬开花（少数 3 月下旬即开花），单朵花期约1 周，群体花可持续 20～30d。果期 5—8 月。

凤丹是中药材丹皮的主要来源作物，同时是栽培面积最大的油用牡丹种类，遗传性状稳定，可采用播种繁殖，适种范围广，种苗资源丰富。

2. 清香白玉翠

我国著名的牡丹品种，茎高60～80cm，花初开呈浅粉紫色，盛开呈白色，有单瓣型、荷花型，属于多花型品种。花直径10～14cm，外瓣4轮，植株半开张型。花瓣具有独特的清香味道，适宜做牡丹花茶。扩繁方式以分株或嫁接繁殖为主。

3. 海黄

美国培育的牡丹品种。株型高大，茎高可达2m，中度喜光稍耐半阴；具有一定耐寒性；忌酷热；适宜高燥地区，惧湿涝。花型蔷薇型；黄色；外瓣大；向内渐小；排列紧密；雄蕊多；柱头黄；房衣浅包。一年可以春、秋两次开花，秋季花量稍小。花瓣味道清香，适宜做花瓣茶、鲜花饼等。扩繁方式以分株或嫁接繁殖为主。

四、百合

百合（*Lilium brownii*）是百合科百合属多年生草本球根植物的总称，因其地下鳞茎是由许多鳞片抱合而成，故名“百合”。我国是世界百合的起源中心，在古代百合以药用和食用为主，后期逐步培育出许多观赏百合品种，本节主要讨论食用百合类群。食用百合是野生百合经过多年人工栽培筛选后，可供食用且安全无毒的百合品种，是一种经济价值较高的特种蔬菜，既可鲜食，又可入药，还可做庭院园林绿化观赏，又可加工成各种具有保健功能、带有文化特色的食品。食用百合产业的发展符合人们对绿色保健生活的追求，可带动医疗保健、食品加工、观赏美化、休闲旅游等产业融合发展，深受国内外欢迎。百合作为园林植物，可做花坛、花镜材料，也可盆栽居家摆放。

（一）形态特征

百合为多年生宿根草本植物，株高70～120cm，鳞茎球形，淡白色，先端常开放如莲座状，由多数肉质肥厚、卵匙形的鳞片聚合而成。茎直立，圆柱形，常有紫色斑点，无毛，绿色。有的品种（如卷丹）在地上茎的腋叶间能产生“珠芽”；有的在茎入土部分，茎节上可长出“籽球”。珠芽和籽球均可用来繁殖。叶互生，无柄，披针形至椭圆状披针形，全缘，叶脉弧形。花大、多白色、漏斗形，单生于茎顶。蒴果长卵圆形，具钝棱。种子卵形，扁平。花期6—7月，果期7—10月。

（二）生活习性

1. 分布状况

食用百合原产于中国，现主要分布在亚洲东部、欧洲、北美洲等地的北半球温带地区，我国主要产区分布在甘肃、湖南、湖北、贵州等地区，并形成不同栽培种群，如兰州百合、龙牙百合、岷江百合等。

2. 生长特性

食用百合性喜冷凉、湿润气候及半阴环境，喜肥沃、腐殖质丰富、排水良好、结构疏松的沙质壤土，稍偏酸性土为好。食用百合适宜生长温度为15～25℃，如果超过28℃可能抑制食用百合的生长，如果气温持续升高，食用百合会逐渐枯死。

（三）栽培技术

1. 地栽模式

（1）选地整地。选择前茬是豆类、瓜类或蔬菜地为好，忌连作或土地前茬为茄科、葱蒜类等作物。宜地势高燥、向阳，土层深厚疏松，排水良好。于栽种前深翻土壤25cm以上，然后整细耙平作宽1.3m高畦或平畦，畦沟宽30cm，四周开好较深的排水沟以利排水，丘陵地带也可采用平畦。

（2）繁殖育苗。栽培上主要用子鳞茎繁殖，也可用鳞片、珠芽或籽球等其他繁殖方式。

①子鳞茎繁殖。用子鳞茎繁殖时，结合采收选根系发达、个大、抱口好，有3～5个子鳞茎并大小均匀的母鳞茎作种。生产上常将大鳞茎作药用，留下的小鳞茎掰下作留种用。栽种前把子鳞茎分开，使每个子鳞茎都带有茎底盘。

②其他繁殖方式。鳞片、珠芽或籽球繁殖时需2～3年的生长发育过程，培育成种球后再移栽，2年后起收，整个生产周期为4～6年。若用种子繁殖，可在秋季9月份将种子采收后，在整好的畦内，按行距10cm、深3cm开浅沟，将种子均匀播入沟内，覆土盖草，第三年春季出苗后移栽。

（3）定植。可春季或秋季种植，以秋季种植产量高。用种子繁殖，9月份开浅穴栽种，一般行距24～27cm、株距17～20cm，每亩1.2万～1.5万棵，用种量为300～350kg。

（4）田间管理

①前期管理。冬季选晴天进行中耕，晒表土，保墒保温。春季出苗前松土除草，以提高地温，促苗早发。夏季应防高温引起的腐烂。天凉要保温，防霜冻，并施提苗肥，促进百合的生长。

②中期管理。5月上、中旬，百合开始逐渐现蕾，为促进幼鳞茎迅速肥大，可采取措施：一是清沟排水、降低土壤湿度、防腐烂；二是适时打顶，一般于小满前后打顶；三是打顶后控制施氮肥，防止茎叶徒长，影响鳞茎的发育膨大。

③后期管理。夏至前后，百合珠芽成熟，进入后期生长，应及时摘除珠芽，一般于6月前后进行。同时，要及时清沟理墒，疏通田内沟，加深田外沟，以降低田间温、湿度。

④追肥。第一次在1月份前后施早春肥，每亩施有机肥1 000kg，复合肥40kg，施肥时先均匀铺施畦面，后立即培土覆盖。第二次在4月上旬左右，每亩施有机肥1 500kg。第三次在开花后适量补施速效肥及0.2%的磷酸二氢钾叶肥。

（5）病虫害防治

①立枯病。主要在苗期为害，造成植株枯萎，田间积水或温

度过低可加重危害。防治方法：作高畦栽培，并注意开沟排水；可在苗出齐时，用200倍五氯硝基苯液浇灌畦面。

②虫害。主要是蛴螬为害鳞茎和根，一般于6月下旬至7月中旬为害最盛。防治方法：避免肥料中带入幼虫；栽种时撒用毒饵。

2. 盆栽模式

（1）选土。盆栽土壤配方以腐叶土（或泥炭土）：疏松壤土：粗沙=3：3：2为宜，也可选用基质配方，泥炭土：河沙：珍珠岩=2：2：1。

（2）选盆。依据鳞茎周径选择盆的口径。一般14～16cm周径种球可选用16～18cm口径盆。

（3）移栽。鳞茎经低温处理打破休眠后，才能促成栽培，需在2～4℃环境下处理6～7周打破休眠后再上盆定植，每盆1株即可。种球底部基质厚度为2～3cm，种球顶部基质厚度为8～10cm。定植后浇透水，放入阴棚或生根室。

（4）环境控制。放入温室后20～30d，应保持在12～13℃。若温度太低，会延长生长期。30d后，温度逐渐提高。白天温度20～25℃，夜晚温度必须要15℃以上。温室内的相对湿度保持在70%～80%，而且相对稳定。通过遮阴（或加热）、浇水、通风来维持相对湿度，通风时应选择室外相对湿度较高的早晨。浇水时间最好在早晨，以手抓基质有水渗而不下滴为度。土壤含水量保持60%即可，避免过于潮湿。

（5）定植后管理。盆栽百合容易出现叶烧病、灰霉病等，主要发生在叶、茎、花上，可采用根部施肥的方式增施钙肥，增加株距，加强通风透光的方式预防病害发生。

3. 采收与加工

百合在8月上、中旬植株枯萎、鳞茎成熟即可采收，兰州百合在立冬前采挖。采收在晴天进行，挖起全株，除去茎秆，剪去茎基部须根，洗净泥土等杂物，剥下鳞片，用开水燎或蒸，以鳞片边缘柔软而中部未熟、背面有极小裂纹为度；燎蒸后立即用清水漂洗，使之迅速冷却，并洗去黏液，漂洗后摊开暴晒至七八成干，再晒至全干，以质硬而脆、断面较平坦、角质样、无臭为佳。

（四）产业融合应用

1. 食药用价值

食用百合性平、味甘、微苦，花和鳞茎均可入药，具有消暑、固肾、利便、安神、补脑、养五脏、止涕泪、补益心肺、调理脾胃、益气调中、温肺止嗽、养阴止血等功效。百合鳞片鲜食、干用均可，可以做汤、熬粥等，是较好的养生食品。

2. 观赏价值

食用百合花朵硕大、花姿优雅、花色艳丽、芳香怡人、花期较长，可作为园林植物应用于花坛、花镜以及药用植物专类园等，是优异的园林绿化材料。

（五）常见栽培品种

1. 兰州百合

为多年生草本植物，茎直立、圆柱形、常有紫色斑点。茎高一般为 80cm、光滑无毛。叶片条形、密集互生，无柄、全缘、叶脉弧形。叶腋内不生珠芽。花瓣 6 片、金红色，内外轮排列，总状花序，最多可以开 20 余朵，花冠下垂，开放 2h 后即开始向后反卷，6～7d 凋谢。

兰州百合为甘肃省兰州市特产，是国家地理标志产品，鲜百合洁白有光泽、鳞片肥厚饱满、香甜爽口。百合干色泽洁白、干燥。鳞片可鲜食，也可熬粥食用。花卉可作为景观植物应用于园林工程。

2. 龙牙百合

多年生草本球根植物，为野百合变种。鳞茎球形，地上茎高可达 1.5m，叶倒披针形至倒卵形，两面无毛。花单生或几朵排列成伞形；花朵喇叭形，芳香浓郁，长 13～18cm；花被片乳白色，基部黄色，外面中肋略带粉紫色，无斑点；花被片向外张开或先端外弯而不卷，蜜腺基部有小乳头状突起。

龙牙百合因其鳞片肥大、形似龙牙而得名。龙牙百合栽培历史悠久，湖南邵阳、隆回和江西万载、泰和等地已进行多年大面积种植。龙牙百合具有个体肥厚而抱合紧密、颜色洁白而肉质细嫩、品质优良而营养丰富的优点，具有重要的食用、药用和观赏价值。

五、黄花菜

黄花菜（*Hemerocallis citrina*）又名萱草、金针菜，是百合科萱草属植物，起源于中国南部和日本及欧洲的温带地区。其根、叶、茎、花在东亚地区作为食品和传统药品已有几千年历史，也是我国特色蔬菜之一。黄花菜被列为“四大素山珍”之一，花蕾为黄花菜食用部位，具有丰富的营养价值，是一种高蛋白、低热量、富含维生素及矿物质的保健蔬菜，受到广大消费者的青睐。传统中医认为，黄花菜性平，味甘，具有益智安神、祛湿利水、解热除烦、宽胸利气之功效。黄花菜除了有食用价值，还具有较好的观赏价值和保持水土的作用，在园林绿化和生产上具有很好的推广前景。

（一）形态特征

黄花菜是宿根草本植物，株高约 50～100cm。根系发达，多分布在 20～50cm 的土层，最深可达 130～170cm。须根系着生在根状茎的茎节上，有肉质根和纤细根 2 种。肉质根贮藏养分，纤细根吸收水分和养分。花薹长约 100～150cm，形成 4～6 个一级侧花枝，每个侧花枝又长出 2 个二级小花枝，其上着生花蕾，构成聚伞花序。每株花薹形成30～50个花蕾，健壮植株甚至能达到60个以上。果实为蒴果，长约2cm、直径1～2cm，呈钝三棱状椭圆形或倒卵形。花期6—7月，果期7—9月。

（二）生活习性

1. 分布状况

黄花菜起源于亚洲与欧洲，我国也是原产地之一。在我国东北、华北以及长江流域、珠江流域地区均有栽培，主要产地为湖南、河南（淮阳）、陕西（大荔）、甘肃（庆阳）、广东、山西（大同）、江苏（宿豫）、云南（下关）、浙江（缙云）等地。华南地区黄花菜主要产地在湖南（邵东、祁东），其次是广东（海丰、大浦）、福建（德化）等地。资料显示，我国已有7个地方的黄花菜获得地理标志产品称号，它们是邵东黄花菜、庆阳黄花菜、淮阳黄花菜、渠县黄花菜、大荔黄花菜、虎嗽金针菜、祁东黄花菜。

2. 生长特性

黄花菜根系发达，耐贫瘠，适应性强，无论在平原或丘陵地带都可种植，在沙壤土、黏壤土上均能正常生长，对土壤质量要求不严格。黄花菜喜湿，但不耐涝，因根系发达，肉质根含水较多，耐旱性较强。对光照强度的适应性强，既喜光、又耐阴，但在阳光充足的地块生长更好。早春平均温度达5℃以上时腋芽开始出土，叶丛生长适温15～20℃，抽薹开花期要求较高温度，抽薹适温20～30℃，开花适温20～25℃。黄花菜对环境条件的适应性很强，栽培技术也较简单，一般栽植3～4年后，可多年采摘。

（三）栽培技术

黄花菜可在农田或林下露地种植，也可在庭院栽植，很少采用容器栽培，这里主要介绍地栽模式。

1. 选地整地

黄花菜在沙土、壤土、黏土上均可生长，因此平原、山岗、土丘等都能种植。但以有利于保土、保水、保肥，土层深厚、土壤肥沃、地下水位低、排灌方便的平地或缓坡地沙壤土较好。一般在定植前 15 天深翻土壤 30cm 左右，打破犁底层。最好伏天深翻晒土，除去大量多年生杂草，翻地后耙平，结合整地施足以有机肥为主的基肥。

2. 繁殖

（1）品种选择。一般中熟品种产量较高，早、晚熟品种产量较低。可合理搭配不同熟性品种，以延长采收期。

（2）扩繁方式。黄花菜主要以分蘖苗繁殖为主，每年 3—4 月或 9—10 月进行。花蕾采收后选择 3～5 年生、生长势强、花蕾性状优良、抗性好的株丛，挖取 1/4～1/3 分蘖种苗，剪除老根、朽根及病根，保留根须，再将短缩茎上部的叶片剪留 6～7cm 并去掉残叶，最后将种苗放入 0.1%的甲基托布津可湿性粉剂溶液中浸泡 10min，捞出晾干后即可定植。

3. 定植

花蕾采收后到翌年春季植株发芽前均可栽植，有冬苗的地区可在冬苗大量萌发前栽植，翌年即可抽薹。栽植前去除种苗老根，先栽大苗，后栽小苗。以宽窄行方式栽植，宽行距 90cm，窄行距 60cm，穴距 40cm，每穴栽 2～4 丛。

4. 田间管理

田间管理关键是促使幼龄黄花菜提早进入盛产期，提高壮龄期产量，并延长采摘年限。

（1）施肥

①施好苗肥。每亩施腐熟的经过无害化处理的粪肥3 000kg 和复合肥 20kg。促进春苗早发。花薹开始抽生时，施入催薹肥。

②巧施催薹肥。当植株叶片出齐，花薹抽出 15～20cm 时，每亩施尿素 15kg、普通过磷酸钙 50kg、硫酸钾 25kg，在株丛外

围或株苗之间开穴点施，然后覆土，有条件的可适量浇水。当花薹抽齐，结合浇水，每亩再撒施尿素 10kg。

③轻施保蕾肥。为防止黄花菜脱肥早衰，提高成蕾率。采摘中后期蕾大花多，每隔 10～15d 喷施 600 倍液磷酸二氢钾，小蕾不易凋谢。

（2）浇水。黄花菜根系发达，肉质根含水较多，耐旱能力较强。苗期应避免土壤湿度过大，否则植株易发生病害；抽薹期和蕾期黄花菜对水分较敏感，缺水会严重影响产量和品质；采收期应保证水分供应充足，促进花蕾早发、多发。

（3）中耕除草。黄花菜生长期长，每年需进行中耕松土。中耕原则为行间深挖，蔸边浅挖，少伤根系。春苗萌发前先施肥，封垄前进行中耕锄草。栽后第 2 年，在冬苗枯萎后春苗萌发前、花蕾采摘结束割去花薹及丛叶进行田园清洁时培土，以利分蘖。

5. 病虫害防治

黄花菜病害主要有根腐病、锈病、叶枯病、叶斑病等，虫害主要有红蜘蛛、蚜虫等。病虫害防治应遵循预防为主、综合防治的原则，坚持农业防治和物理防治为主、化学防治为辅的植保方针。

6. 及时采收

花蕾已充分肥大而未松苞、裂嘴，色泽黄亮或黄绿色，花被上纵沟明显时及时采收，一般在开花前 3～4h 采摘完毕。采摘过早，产量低，且蒸制后花蕾易呈黑色。采后及时加工，以防裂嘴开花。

（四）产业融合应用

1. 保健价值

黄花菜含有丰富的卵磷脂，这是机体中许多细胞、特别是大脑细胞的组成成分，有较好的健脑、抗衰老功效，对增强和改善大脑功能有重要作用。食用前用开水烫 2min 以上，消除秋水仙碱的毒性，可烫熟后凉拌、炖菜食用。

2. 观赏价值

黄花菜花色鲜艳，栽培容易，春季萌发比较早，绿叶成丛极为美观。耐半荫，又可作疏林地被植物，园林中多丛植或应用于花镜点缀。

（五）常见栽培品种

1. 猛子花

该品种熟期中等，全生育期约200d，叶平直、淡绿色。花薹高150cm，每薹着花60～100朵。6月中下旬开始采收，至8月中旬结束，采收期约50d。花蕾长10～12cm、直径5～8mm，干花浅黄色，花嘴浅红色，干制率22%。抗病力强，耐旱、分蘖快、落蕾少，花蕾再生力强，每亩产干花可达200～220kg。

2. 冲里花

该品种熟期较早，全生育期约180d，叶绿色。花薹高100～110cm，每薹着花70～90朵。在北京6月10日左右开始采收，7月底结束，采收期约55d。花蕾长8～10cm、直径5～7mm，干花黄色，干制率20%。抗病、抗旱、落蕾少，每亩产干花180～200kg。

六、金莲花

金莲花（*Trollius chinensis*）为毛茛科金莲花属野生花卉，生长于海拔1 000～2 200m的山地或坝区的草坡、疏林或沼泽地，在河北坝上及北京怀柔北部等地有人工驯化栽培。金莲花以干燥花入药，始载于《本草纲目拾遗》，具有清热解毒、明目等功效。金莲花花色鲜艳、花型美观，可制花茶、干花。在河北省坝上分布的野生金莲花是当地的主要野生观赏花卉，近几年随着坝上地区旅游业的开发，吸引大量的游客到坝上地区度夏欣赏金莲花美景。

（一）形态特征

金莲花为多年生宿根草本植物，全身无毛，株高40～90cm，不分枝。根系属须根浅根系，分布深度在2～15cm的土层。茎单一，具纵棱纹。叶片包括基生叶和茎生叶，基生叶为多数，有长柄，叶片近五角形，基生叶1～4枚，具长柄；茎生叶似基生叶，向上渐小。花单生于茎或上部分枝顶端，花梗长度约3～10cm，花大，金黄色，花五瓣。种子黑色、光滑。花期6—7月，果期8—9月。

（二）生活习性

1. 分布状况

金莲花属植物在全世界有30多种，产于亚洲、欧洲、北美的温带和北极地区，通常生长在泥炭地、沼泽、湿草甸、水库岸边、山区以及高山地带。金莲花在我国主要分布于东北、内蒙古、河北、山西等地。

2. 生长特性

金莲花喜湿怕涝。生长期茎叶繁茂，需充足水分，应向叶面和地面多喷水，保持较高的空气湿度，有利于金莲花茎叶的生长。但如果浇水过量、排水不好，根部容易受湿腐烂，轻者叶黄脱落，重者全株蔫萎死亡。金莲花属于喜光性植物，但夏季开花时适当遮阴可延长观赏期。金莲花生长期适温为18～24℃，露地栽培时，10月至次年3月需满足4～10℃低温条件。

（三）栽培技术

金莲花在海拔适宜区可露地种植，也可盆栽种植。

1. 地栽模式

（1）选地整地。选冬季寒冷、夏季凉爽的平缓山地或坝区排水良好的沙壤土，或平缓稀疏林缘地。耕地前施足基肥，每亩施腐熟的有机肥 4 500～6 000kg，均匀撒于地表，再耕翻入地下、耙平。一般作平畦栽培，多雨地区可做宽 1.3～1.5m 的高畦。

（2）繁殖育苗

①种子繁殖。新采种子尚处于休眠状态，须经－5～5℃低温沙藏处理 60～90d 方可发芽。贮藏期间要常检查沙的干湿度以保持湿润，第 2 年解冻后取出播种。播种前 2～3d 先把地浇湿，待土地稍干时耙平整细。将种子与适量细沙拌匀，按 10cm 行距开浅沟条播，播后盖 3～5mm 厚的薄土，上面再盖一层稻草保湿，金莲花在播后 10d 左右即可出苗。

②分株繁殖。可春栽或秋栽，以秋栽成活率最高。在 9—10 月植株枯萎时采挖种苗，将挖起的根状茎进行分株，每株留 1～2 个芽即可，栽植株行距按照 30cm×30cm 规格，栽后浇水。

③扦插繁殖。可在春末夏初（4—6 月）、秋季（9—11 月），气温 20℃以上时进行。插穗选枝条中部，长约 3～5cm，插于装有以腐叶土、蛭石、珍珠岩为原料的穴盘中。插后浇水，并盖塑料膜保湿，15～20d 长出新根。苗床要求光线充足，土壤湿润、疏松，扦插苗成活率一般在 95％以上。

（3）定植。地栽时期以秋季（9 月中下旬）为宜，栽植深度保持与原土壤一致或稍深些，根系要舒展，填土要压实，然后浇透第一遍定根水，视土壤含水情况适时、合理灌溉和排水，保持土壤的良好通气条件。

（4）田间管理

①水肥管理。金莲花苗期不耐旱，应常浇水以保持土壤湿润，但不宜太湿，以防烂根死亡。7—8 月雨季要注意排涝。出苗返青后追施氮肥以提苗，可每亩施尿素 10kg。6—7 月可每亩追施 30～40kg 磷铵颗粒肥，冬季地冻前应施有机肥。每次施肥都应开沟施入，施后盖土、浇水。

②中耕除草。植株生长前期应中耕松土除草，保持畦内清洁无杂草。7月份植株基本封垄后，避免伤及花茎，可不再松土。

③遮阴。在低海拔地区引种特别要注意遮阴，荫蔽度控制在30%～50%，遮阴棚高1m左右，搭棚材料可就地选取。也可采用与高秆作物或果树间套作，达到遮阴目的。

（5）病虫害防治。生产过程中主要容易发生地下害虫危害，以物理防治为主，结合选用高效、低毒、低残留的杀虫剂类药物杀灭。

2. 盆栽模式

（1）选土。基质选择必须以疏松通气性的营养土为主，可选择河沙加腐叶土加园土混合使用，并混匀加有机肥和复合肥，保证肥效充足。

（2）选盆。普通瓷盆、塑料瓶、瓦盆和木盆均可。

（3）移栽。待金莲花穴盘苗长至3～4片真叶时即可移栽，一般依据盆体大小确定种植数量，注意保持植株通风。

（4）环境控制。金莲花生长适宜的温度为18～25℃，霜降过后室外温度下降至15℃以下时，要把它移入室内，室温不能低于10℃。平时注意转盆，因金莲花趋光性很强，要防止枝叶向单面生长，降低观赏性。浇水的次数及水量应根据天气和植株生长情况而定，一般春、秋季两天浇一次透水，夏季每天浇一次。

（5）定植后管理。金莲花是缠绕半蔓性花卉，有较强的顶端生长优势，若要使其增加花量，在小苗时就要不断打顶，一般10d左右就要打一次。打顶后，施一次薄肥水使其发侧枝。当植株长到高出盆面20～25cm时，需要设立支架绑扎蔓茎。支架的造型可根据个人的喜好设计，扇形、伞形、球形均可，一般高出盆面20～25cm。在绑扎时，需进行顶梢摘心，并使花叶面向一个方向。

（四）产业融合应用

1. 药用价值

金莲花具有抗菌、抗病毒等作用，全株均可入药。还用于消化不良，胃气不和，乳腺炎等症。对上呼吸道感染、咳嗽、感冒均有良好疗效。常用于治疗各种炎症痈肿疮毒等。

2. 食用价值

金莲花的干燥花可制成金莲花茶供饮用。花和鲜嫩叶可入沙拉菜生食，叶子作香辣料使用或用于泡菜。茎、叶、果实均含有精油，叶中富含维生素和铁，对胃溃疡和坏血病有效。

3. 观赏价值

金莲花是很好的观赏植物，可用于冷凉地区大田景观造景；还可作为城市公共绿地如花带、花坛、花境的地被植物。金莲花在庭院内可种植于花坛内或墙边。室内可作为盆栽植物布置于阳台、窗台、茶几等处；可做吊篮形式的盆栽，用以点缀室内的空间；也可以窗箱形式栽培构成窗景。另外也可用细竹作支架造型任其攀附。其茎叶形态优美，花大色艳，属优良的时尚花卉植物。

七、鼠尾草

鼠尾草（*Salvia* spp.）为唇形科鼠尾草属多年生宿根植物或小型灌木的总称。鼠尾草在欧洲是使用相当广泛的一类香草，也是十分古老的药用植物，已有1 000多年的药用历史。常见的芳香鼠尾草作为香辛料很受人们欢迎，适合作肉类和鱼类的调味料，尤其适合于香肠和肉罐头中的使用。其叶和花可作为香草茶饮用，欧洲人经常把鼠尾草作为酒的配香材料。鼠尾草种类和花色繁多，也是很好的观赏植物材料，可用作花坛、花境的地被植物，也可作为居室盆栽植物。

（一）形态特征

鼠尾草为多年生宿根植物或小型灌木，株高约 30～80cm；根木质，茎基部木质，嫩茎四棱形；叶对生，长椭圆形或卵圆形，依种类不同，叶面光滑或粗糙，叶全缘或具齿；唇形小花由轮伞花序组成总状花序，花色依品种不同有白色、粉色、红色、蓝色、紫色等，花期一般是 4—10 月。

（二）生活习性

1. 分布状况

鼠尾草原产于地中海沿岸及南欧地区，现主要栽培国有意大利、法国、德国、瑞士、俄罗斯和叙利亚等国。中国于 20 世纪 50 年代引种，目前陕西、河北、浙江、江苏、江西等省份均有栽培。

2. 生长特性

鼠尾草喜温暖且比较干燥的气候，也较抗寒，生长适合温度为 12～25℃；有较强的耐旱性，不喜水涝；喜日照充足和通风良好的环境；对土壤要求不严，一般土壤均可生长，偏爱排水良好的微碱性石灰质沙壤土。

（三）栽培技术

鼠尾草可以露地栽培，也可盆栽摆放在阳台或庭院。

1. 地栽模式

（1）繁殖育苗

①播种。播种一般在春、秋两季。育苗期为每年的 9 月到翌年 4 月。由于鼠尾草种子外壳比较坚硬，播种前需要用 40℃左右的温水浸种 24h，种子发芽适宜温度为 20～25℃，一般 10～15d 出苗，直播或育苗移栽均可。直播，每穴 3～5 粒，株高 5～10cm 时需间苗，间距 20～30cm。

②扦插。保护地于 3 月开始进行。插条选枝选择顶端不太嫩

的茎梢，长约5～8cm，在茎节下位剪断，摘去基部2～3片大叶，上部叶片摘去一半（以减少水分蒸发），插于沙质土或草炭混合珍珠岩的苗床中，深度2.5～3cm，有条件可以采用105孔穴盘育苗。插后浇水，并盖塑料膜保湿，20～30d长出新根后可定植，苗床要求光线充足，土壤湿润、疏松，扦插苗成活率一般在95%左右。

（2）选地整地。鼠尾草对土壤要求不严，除了过酸和过碱的土壤外都能栽培。选择有排灌条件的、光照充足的土地即可。整地、深翻地，施腐熟的堆肥、土杂肥和过磷酸钙、骨粉等作基肥，耙细，浅锄一遍，把肥料翻入土中，碎土，耙平做畦宽120cm。

（3）移栽定植。一般5月中旬定植，在整好的畦面上按行距45cm，开10cm深的沟。将种根按35cm株距斜摆在沟内并盖细土、踩实、浇水。

（4）田间管理

①肥水管理。生长期施用稀释1 500倍的硫铵，效果较好，低温下不要施用尿素。为使植株根系健壮和枝叶茂盛，在其生长期每半月施肥1次，可喷施磷酸二氢钾稀释液，花前增施磷钾肥1次。

②株形整理。植株长出4对真叶时留2对真叶摘心，促发侧枝花诟摘除花序，仍能抽枝继续开花。

③中耕除草。全苗后，行间中耕除草，株间人工除草，以保墒、增地温、消灭杂草、促苗生长。封行前中耕除草2～3次。

（5）病虫害防治。主要病害有叶斑病、立枯病、猝倒病等，幼苗期多发，用50%甲基硫菌灵可湿性粉剂或用75%四氨间苯二腈可湿性粉剂500倍液防治。虫害常见的有蚜虫、粉虱等，可药剂喷杀。

2. 盆栽模式

（1）选土。基质选择疏松通气性好的园土加有机肥和复合肥，也可用泥炭5份加田园土5份混合。

（2）选盆。普通瓷盆、塑料瓶、泡沫箱、木盆均可。

（3）移栽。一般直接扦插种植即可，以每盆1株为好。

（4）环境控制。鼠尾草喜光照充足的环境，不耐阴，对低温比较敏感，应注意保温，温度适当降低到18℃，过1个月可降至15℃。如温度在15℃以下，叶片就会发黄或脱落；温度在30℃以上，则会出现花叶小、植株停止生长的现象。炎热的夏季需要进行适当遮阴，幼苗期要加强光照防止徒长。鼠尾草不耐水涝，较耐干旱，一般以每一周至两周浇一次为宜。

（5）定植后管理。鼠尾草比较喜肥，定植前应施足底肥，生长期需勤施薄肥，以偏氮复合肥为宜。鼠尾草一般病虫害较少。注意排水通风，及时修剪残枝即可防止白粉病、白粉虱等病虫害的发生。

（四）产业融合应用

1. 保健功能

鼠尾草叶片具有杀菌灭菌、抗毒解毒、驱瘟除疫功效，可食用；茎叶和花可泡茶饮用，可清净体内油脂，帮助循环，养颜美容。还可以作料食用，但不宜大量长期食用（因其含有崔柏酮，长期大量食用会在体内产生毒素）。精油及其衍生物用于日用香精中，鼠尾草还可制成香包、香皂。

2. 景观功能

园林绿化方面可作盆栽，用于花坛、花境和园林景点的布置。同时，可点缀岩石旁、林缘空隙地，显得幽静，摆放自然建筑物前和小庭院内，因适应性强，临水岸边也能种植，群植效果甚佳，适宜公园和风景区林缘坡地、草坪一隅、河湖岸边布置，既绿化城市也闻香。

（五）常见栽培品种

1. 芳香鼠尾草

芳香鼠尾草是最常见的鼠尾草品种之一。芳香鼠尾草为中小型灌木，一般种植株高在 30～60cm；其叶片为长椭圆形，前端渐尖、灰绿色，叶面具有细密的皱褶和短绒毛；穗状花序，唇形花为紫色。芳香鼠尾草喜阳光充足和通风良好的环境，生长期适温在 12～25℃。较耐旱，不喜水涝，雨季应注意及时排水。芳香鼠尾草可用播种繁殖法和扦插繁殖。

芳香鼠尾草株型饱满，叶片及花序美观，适于作园林小品、花境配置，可食地景、香草专类园等景观应用，同时也适宜作中小型盆栽，布置于阳台、厨房、庭院等地。芳香鼠尾草常用作香料及配菜，是西餐中肉制品的绝佳调味品之一，有去腥提鲜的功效，但不宜大量长期食用。其叶片具有杀菌灭菌、抗毒解毒功效，茎叶和花可泡茶饮用。其精油及其衍生物用于日用香精中，还可制成香包、香皂。

2. 巴格旦鼠尾草

巴格旦鼠尾草是芳香鼠尾草的一个园艺品种，为中小型灌木，一般种植株高在 30～60cm；其叶片宽大，叶形近卵圆形，灰绿色，叶面具有细密的皱褶和短绒毛；穗状花序，唇形花为紫色。喜阳光充足和通风良好的环境，喜温暖不抗寒，生长期适温在 15～25℃。主要采用扦插繁殖。

巴格旦鼠尾草株型饱满，叶片圆润美观，适于作园林小品，花境配置，可食地景、香草专类园等景观应用，同时也适宜作中小型盆栽，布置于阳台、厨房、庭院等地。巴格旦鼠尾草香气浓郁，适合用作香料及配菜，是德国香肠的主要香料之一，有去腥提鲜的功效，但不宜大量长期食用。

八、百里香

百里香（*Thymus* spp.）为唇形科百里香属多年生小型灌木的总称。百里香是一类著名的小型香草，在欧亚地区很早的时候就作为一种香料蔬菜、蜜源植物出现在人们的生活中，是人类从古至今重要的香料之一。中国早在元朝就有用百里香作调味香料的记载。部分百里香品种可以食用，是西餐中重要的调味料之一，经常与迷迭香配合使用，尤其适合用于烤制肉类、海鲜类时调味，一些品种可用作茶饮，有助消化，消除胃胀气。部分品种可以提取精油用于芳香疗法，并可制作香水、香皂、漱口水等日化用品。大部分百里香品种株型小巧精致，适合作居室型盆栽，部分匍匐性强的品种也可在园林绿化中用作地被材料。

（一）形态特征

百里香为唇形科百里香属多年生小型灌木，株高约 20～40cm，全株具有芳香味道；下部茎木质化丛生常呈匍匐状，嫩茎直立；叶对生，细小，依品种不同有三角形、长椭圆形或披针形，叶色依品种不同有灰绿色、嫩绿色等；轮伞状花序顶生，唇形花冠，花色依品种不同，有白色、粉红色等，花期一般是 5—7 月。

（二）生活习性

1. 分布状况

百里香原产地主要为南欧、地中海地区、非洲北部和温带亚洲地区。中国是部分原生种的原产地之一，多产于黄河以北地区，特别是西北地区。20 世纪中期引进了大量外来品种，目前北京、上海、广东、山东、浙江、江苏、江西等省份均有栽培。

2. 生长特性

百里香为典型的地中海型香草，喜冬季温暖潮湿，夏季凉爽的气候条件；性强健，对温度要求不严，较耐寒，一般在 10～25℃温度条件下均可正常生长。喜光，也稍耐阴。百里香较耐旱，不择土壤，喜排水良好的沙质壤土。

（三）栽培技术

百里香播种出苗率偏低，一般多采用无性繁殖，可露地栽培，也可盆栽摆放在阳台或庭院。

1. 地栽模式

（1）繁殖育苗。百里香的繁殖方法主要有种子繁殖、扦插繁殖、分株繁殖。

①播种繁殖。春季3—4月播种育苗。由于百里香种子细小，育苗地一定要精细整地，土要细碎平整，然后稍加镇压，浇水后撒播，然后覆盖一薄层细土，并支小拱棚盖塑料薄膜以保温保湿。经10～12d出苗，气温适时揭膜。苗期应注意保持土壤湿润并要剔除杂草。当苗高10～15cm时可直接按行、株距（30～45）cm×（25～30）cm定植于大田，栽后浇水。

②扦插繁殖。用扦插法极易发根，很容易繁殖，大量生产时为求品质一致，以剪取3～5节、约5cm长带顶芽的植条扦插，不带顶芽的枝条或已木质化的枝条扦插虽可成活，但发根速度慢，根群也较少。扦插时应插在直径为2cm的纸筒苗盘中，便于成活后移植。压条及分株法使枝条接触地面，自动长出根系，直接切取就是独立的一棵植株，较适合家庭园艺种植者采用。

③分株繁殖。选3年生以上植株，于3月下旬或4月上旬尚未发芽时将母株连根挖出，然后根据株丛大小，分成4～6份，每一株丛应保证有4～5个芽，即可栽植。另外，还有分簇繁殖法，在生长期间，将匍匐茎切断后移栽。

（2）选地整地。百里香对土壤要求不严，除了过酸和过碱的土壤外都能栽培。选择有排灌条件的、土质肥沃、地势平坦的土地为好。整地、深翻地，施腐熟的堆肥、土杂肥等作基肥，耙细，浅锄一遍，把肥料翻入土中，碎土，耙平做畦宽100cm。

（3）移栽定植。按行距30cm开沟，沟深8cm。将种苗按20～30cm株距排在沟内盖土、踩实、浇水即可。

（4）田间管理

①查苗补栽。田间基本全苗后，应及时查苗，对缺苗或苗稀的点、片要进行补栽。

②中耕除草。全苗后，行间中耕除草，株间人工除草，以保墒、增（地）温、消灭杂草、促苗生长。封行前中耕除草2～3次。

③肥水管理。定植后应立即浇水，并要注意保持土壤湿润，直至缓苗。生长期可每月浇水1次，并要及时中耕松土，雨季应注意排水。结合浇水，可根据生长情况追施尿素1～2次，每次每亩用量5kg左右。

（5）病虫害防治。百里香一般病虫害较少，应注意防治白粉虱等小型害虫。病害较少，但高温闷热时容易出现生理性枯萎。

2. 盆栽模式

（1）选土。百里香对于土质的要求不高，但叶厚、带肉质的特性使它不耐潮湿，需要排水良好的介质，所以若采用泥炭土为栽培材料，应加入大约20%易于排水的介质成分。

（2）选盆。普通瓷盆、塑料瓶、泡沫箱、木盆均可。

（3）移栽。一般育苗采用移栽为好，以每盆1～3株最好。

（4）环境控制。百里香喜光，也稍耐阴，充足的光线可使花量增多。百里香性强健，对温度要求不严，较耐寒，夏季要注意温度不能过高，一般在10～25℃温度条件下均可正常生长。

（5）定植后管理。百里香耐旱不耐湿，浇水要见干见湿，一般浇水频率控制在以15d左右浇一次为宜，夏季可适当增加浇水次数。定植和换土时可使用少量基肥，生长期一般不需要特意追肥。

（四）产业融合应用

1. 保健功能

很多品种的百里香整株具有芳香的气味，都是著名的香料作物。在烹调海鲜、肉类等食品时，加入少许百里香粉，可以除去腥味，增加菜肴的风味；制作腌菜和泡菜时加入百里香，能提高它们的清香和草香味。将百里香与普通蔬菜中的营养物质进行比对分析，发现其碳水化合物、蛋白质、维生素C、硒、铁、钙、锌含量均高于普通蔬菜，尤其是百里香中含有大量的单萜等挥发性成分，对人体具有极高的食用营养价值。百里香蜜浓度较高，香气浓郁，呈浅琥珀色，研究发现百里香蜂蜜中氨基酸含量较高，对人体大有益处。部分品种百里香可以提取精油，并可制作香水、香皂、漱口水等日化用品。

2. 景观功能

大部分百里香品种株型小巧精致，适合作居室型盆栽，用于居室、花坛布置。同时百里香也可作为花境和专类园布置，部分匍匐性强的品种也可在较温暖地区的园林绿化中用作地被材料。

（五）常见栽培品种

1. 普通百里香

普通百里香是最常见的食用百里香品种之一。普通百里香也叫细叶百里香、英国百里香，为匍匐型小灌木，其上部茎枝直立性较下部枝略强，一般种植株高在15～30cm；叶片细小，呈近披针状三角形，灰绿色；穗状花序，小花白色。性喜光，也稍耐阴，栽培环境应保证充足光线。对温度要求不严，较耐寒，不耐潮湿，浇水要见干见湿，比较耐土壤瘠薄，生长期一般不需特意追肥。可以用播种、扦插、压条、分株法繁殖。

普通百里香株型低矮，叶片纤细精致，适于作园林小品，花境配置，可食地景、香草专类园等景观应用，同时也适宜作为小型盆栽，布置于阳台、厨房、庭院等地。普通百里香是世界著名的香料，在烹调海鲜、肉类、鱼类等食品时，加入少许百里香粉，可以除去腥味，增加菜肴的风味。同时普通百里香可以作为蜜源植物产蜜，并可提取精油，制作香水、香皂等日化用品。

2. 柠檬百里香

柠檬百里香是常见的观赏型百里香品种之一。柠檬百里香也叫阔叶百里香，为匍匐型小灌木，其茎枝较软，匍匐性较强，一般种植株高在 15～30cm；叶片较宽近三角形，深绿色，全株具有清新的柠檬香味；穗状花序，小花白色。喜光，也稍耐阴，栽培环境需光线充足，对温度要求不严，较耐寒，比普通百里香喜水，较耐瘠薄，生长期一般不需特意追肥。可以用播种、扦插、压条、分株法繁殖。

柠檬百里香株型低矮精致，是优良的地被材料，也可作花境配置，在可食地景、香草专类园等景观应用，同时也适宜作为小型盆栽，布置于阳台、厨房、庭院等地。该品种具有特殊的柠檬香气，清新自然，一般不作食用，但可以用作配菜装饰，亦可提取精油，制作香包、香皂等。

3. 金斑百里香

金斑百里香为柠檬百里香的一个常见的园艺品种，为匍匐型小灌木，其茎枝较软，匍匐性较强，一般种植株高在 15～30cm；叶片较宽近三角形，叶缘具有明显的黄色叶斑，也具有明显的柠檬香味；穗状花序，小花白色。喜光，也稍耐阴，栽培环境需光线充足，较耐寒，浇水应见干见湿，较耐瘠薄，生长期一般不需特意追肥。金斑百里香只能用扦插、压条、分株法繁殖。

金斑百里香株型低矮精致，叶色美观，适于作园林小品，花境配置，可食地景、香草专类园等景观应用，同时也适宜作为小型盆栽，布置于阳台、厨房、庭院等地。具有特殊的柠檬香气，清新自然，一般不作食用，但可以用作配菜装饰，亦可提取精油，制作香包、香皂等。

九、薄荷

薄荷（*Mentha* spp.）为唇形科薄荷属多年生宿根草本植物，是一类世界著名的芳香类植物，具有极为广泛的用途。很多薄荷品种在餐饮中具有广泛的应用，如拌沙拉、做甜点以及煎炸烧烤等，也是制作冰激凌及调制鸡尾酒的重要调味香料，其叶片可做香草茶冲泡，具有清凉祛火的功效。从其花、叶、茎、根部等可萃取精油，在工业中用做糖果、饮料等食品的调味剂，也是牙膏、漱口水、香皂、香水等日化用品重要的天然类香料添加剂。部分种类具有一定的药用功能，多用于清热解毒、提神醒脑。薄荷株形饱满，适生性强，可作为居室盆栽、庭园植物及景观地被植物。

（一）形态特征

薄荷为多年生宿根草本植物，直立或匍匐状，多具匍匐根状茎，地上茎四棱形，多分枝。叶对生，叶片长圆状披针形，披针形，椭圆形或卵状披针形，稀长圆形，长3～8cm，宽0.8～5cm，先端锐尖，基部楔形至近圆形，多数种类具齿；多数种类为轮伞花序，着生于叶腋内，或密集成顶生的头状或穗状花序；唇形花冠，花色依种类不同有白色、淡紫色、紫色、粉红色等，花期一般是8—10月。

（二）生活习性

1. 分布状况

薄荷广泛分布于北半球亚热带和温带地区，欧洲地中海地区及西亚一带盛产。现主要产地为美国、西班牙、意大利、法国、英国、巴尔干半岛等，中国河北、江苏、浙江、安徽、四川等地都有规模性栽培。

2. 生长特性

薄荷喜阳光充足、温暖湿润的气候，生长适合温度为15～30℃，部分品种耐寒性较强，根茎宿存越冬，能耐－10℃低温。薄荷为长日照作物，性喜阳光。日照长可促进薄荷开花，且利于薄荷油、薄荷脑的积累。耐湿性较强，但也忌长时间水涝，不耐旱。对土壤要求不严，以土层深厚富含有机质、排水良好的偏酸性沙质土壤为佳。

（三）栽培技术

薄荷一般多采用农田露地栽培，也可林下地栽，也可盆栽摆放在阳台或庭院。

1. 地栽模式

（1）繁殖育苗

①根茎繁殖。培育种根于4月下旬或8月下旬进行。在田间选择生长健壮、无病虫害的植株作母株，按株行距20cm×10cm种植。在初冬收割地上茎叶后，根茎留在原地作为种株。

②分株繁殖。薄荷幼苗高15cm左右，应间苗、补苗。利用间出的幼苗分株移栽。

③扦插繁殖。5—6月，将地上茎枝切成10cm长的插条，在整好的苗床上，按株行距3cm×7cm进行扦插育苗，待生根、发芽后移植到大田培育。

（2）选地整地。薄荷对土壤要求不严，除了过酸和过碱的土壤外都能栽培。选择有排灌条件的，光照充足，土质肥沃，地势平坦为好。沙土、干旱或积水的土地不易栽种。种过薄荷的土地，要休闲3年左右才能再种。因地下残留根影响产量。整地、深翻地，施腐熟的堆肥、土杂肥和过磷酸钙、骨粉等作基肥，耙细，浅锄一遍，把肥料翻入土中、碎土，耙平做畦宽200cm。

（3）移栽定植。薄荷多第二年早春尚未萌发之前移栽，早栽早发芽，从而生长期长，产量高。栽时挖起根茎，选择粗壮、节间短、无病害的根茎作种根，截成7～10cm长的小段，然后在整好的畦面上按行距25cm，开10cm深的沟。将种根按10cm株距斜摆在沟内并盖细土、踩实、浇水。

（4）田间管理

①查苗补栽。田间基本全苗后应及时查苗，对缺苗或苗稀的点、片要进行补栽。

②中耕除草。全苗后，行间中耕除草，株间人工除草，以保

墒、增（地）温、消灭杂草、促苗生长。封行前中耕除草 2～3 次。收割前拔净田间杂草，以防其他杂草的气味影响薄荷油的质量。

③适时追肥。在苗高 10～15cm 时开沟追肥，每亩施尿素 10kg，封行后亩喷施 5mL 喷施宝＋磷酸二氢钾 150g＋尿素 150g 两次。

④合理灌溉。薄荷前中期需水较多，特别是生长初期，根系尚未形成，需水较多，一般 15d 左右浇一次水，从出苗到收割要浇 4～5 次水。封行后应适量轻浇，以免茎叶疯长，发生倒伏，造成下部叶片脱落，降低产量。收割前 20～25d 停止浇水。

⑤摘心打顶。5 月份当植株生长旺盛时，要及时摘去顶芽，促进侧枝茎叶生长，有利增产。

（5）病虫害防治

①病害防治。薄荷主要病害是黑胫病，发生于苗期，症状是茎基部收缩凹陷，变黑、腐烂，植株倒伏、枯萎。防治上可在发病期间亩用 70％的四氯间苯二腈或 40％多菌灵 100～150g，兑水喷洒。薄荷锈病，5—7 月易发，用 25％三唑酮 1 000～1 500 倍液对叶片喷雾。

斑枯病，5—10 月发生，发病初期喷施 65％的代森锌 500 倍液，每周一次即可控制。

②虫害防治。薄荷主要害虫有造桥虫，危害期在 6 月中旬、8 月下旬左右。一般虫口密度达 10 头/m^2，每亩可用溴氰菊酯 15～20mL，喷洒 1～2 次，或用 80％敌敌畏（二氯松）1 000 倍喷洒。

2. 盆栽模式

（1）选土。可以用普通的田园土或者草炭土，加充分发酵的有机肥和一定比例的珍珠岩、蛭石、多菌灵搅拌均匀即可。

（2）选盆。普通瓷盆、塑料瓶、泡沫箱、木盆均可。

（3）移栽。一般直接扦插种植即可，以每盆 5～8 株为好。

（4）环境控制。薄荷喜光照充足的环境，但在半荫蔽条件下也能保持良好生长喜温暖环境，对低温有一定的耐受力。喜湿，但忌长期水涝和干旱。应保持土壤湿润，一般每一周左右浇一次为宜。

（5）定植后管理。比较喜肥，定植前应施足底肥，生长期需勤施薄肥，以偏氮复合肥为宜。薄荷一般病虫害较少。注意排水通风，及时修剪残枝即可防止白粉病、白粉虱等病虫害的发生。

（四）产业融合应用

1. 保健功能

薄荷种类繁多，大多具有广泛的用途。很多薄荷品种可以食用，如拌沙拉、做甜点以及煎炸烧烤等，也可制作冰激凌及调制鸡尾酒及香草茶等。从其花、叶、茎、根部等可萃取精油，在工业中用做糖果、饮料等食品的调味剂，部分品种也是牙膏、漱口水、香皂、香水等日化用品重要的天然类香料添加剂。部分种类具有一定的药用功能，多用于清热解毒、提神醒脑。

2. 景观功能

薄荷株形饱满，适生性强，部分品种具有较好的耐阴性，可作为花境布置、庭园植物及林下景观地被植物。部分品种经过修剪也适合作为居室盆栽应用。

（五）常见栽培品种

1. 普通薄荷（中国薄荷）

普通薄荷是我国最常见的薄荷种类，也被称作土薄荷或水薄荷。普通薄荷为多年生宿根草本植物，地上部茎枝直立性强，分枝较多，地下茎横走，一般株高在40～60cm；叶片长卵圆形且略尖，边缘具深锯齿；轮伞花序，小花为唇形花冠，花白色。普通薄荷喜光照充足的环境，但在半荫蔽条件下也能保持良好生长。普通薄荷喜温暖环境，对低温有较强的耐受力，生长适温为

5～25℃，在－15℃以上可以安全越冬。普通薄荷为喜湿植物，忌长期水涝和干旱，对土壤要求不严，比较喜肥，定植前应施足底肥，生长期需勤施薄肥。普通薄荷极易繁殖，播种、扦插、压条和分株繁殖均可。

普通薄荷在我国是著名的药用植物，具有清凉解表、提神醒脑之功效。普通薄荷同时也是药食同源植物，可以拌凉菜、软炸，也可作为香料用于烹制肉类和鱼类。其鲜叶或干制叶片可以做香草茶饮用。普通薄荷还可用于提取精油、纯露和薄荷脑，被广泛用于医药、日化用品中。普通薄荷生性强健，比较耐阴，适于作园林小品、花境配置、林下景观、香草专类园等景观植物，同时也适宜作为中型盆栽，布置于阳台、厨房、庭院等地。

2. 胡椒薄荷

胡椒薄荷是西方薄荷中最常见的种类之一，也被称作椒样薄荷、辣薄荷等。胡椒薄荷为多年生宿根草本植物，地上部茎枝直立性强，分枝多，地下茎横走，一般株高在30～50cm；叶片较小，长卵圆形且略尖，边缘具锯齿，叶背面和新生叶常略带紫色和咖啡色；轮伞花序，唇形花白色或粉色。胡椒薄荷喜光照充足的环境，但在半荫蔽条件下也能保持良好生长。胡椒薄荷喜温暖环境，对低温耐受力不如普通薄荷，生长适温为10～30℃，零度以上可以安全越冬。胡椒薄荷为喜湿植物，忌长期水涝和干旱，对土壤要求不严，比较喜肥，定植前应施足底肥，生长期需勤施薄肥。胡椒薄荷极易繁殖，播种、扦插、压条和分株繁殖均可。

胡椒薄荷是世界上用途较广泛的薄荷种类之一，在西餐中常用来作香料，可以拌沙拉，也可用于烹制肉类和鱼类。其鲜叶或干制叶片可以做香草茶饮用。胡椒薄荷可用于提取精油、纯露，被广泛用于牙膏、漱口水和其他日化产品中。胡椒薄荷株形饱满，比较耐阴，适于作园林小品、花境配置、林下景观、香草专类园等景观植物，同时也适宜作为中小型盆栽，布置于阳台、厨房、庭院等地。

3. 绿薄荷

绿薄荷是著名的精油用和食用薄荷种类，也常被称作留兰香。多年生宿根草本植物，其茎枝直立性较强，也具一些匍匐枝，叶片呈椭圆状，叶面具明显褶皱，边缘具齿，叶色翠绿而富有光泽，轮伞花序顶生，唇形花白色。绿薄荷喜光照充足的环境，但在半荫蔽条件下也能保持良好生长。绿薄荷喜温暖环境，对低温耐受力不如普通薄荷，生长适温为10～30℃，零度以上可以安全越冬。绿薄荷为喜湿植物，忌长期水涝和干旱，对土壤要求不严，比较喜肥，定植前应施足底肥，生长期需勤施薄肥。绿薄荷极易繁殖，播种、扦插、压条和分株繁殖均可。

绿薄荷是世界上用途较广泛的薄荷种类之一，在西餐中用来作香料，可以拌沙拉，也可用于烹制肉类和鱼类。其鲜叶或干制叶片可以做香草茶饮用，鲜叶也常被用作调制鸡尾酒和制作冰激凌等甜品。绿薄荷可用于提取精油、纯露，被广泛用于牙膏、漱口水和其他日化产品中。绿薄荷株形饱满精致，比较耐阴，适于作园林小品、花境配置、林下景观、香草专类园等景观植物，同时也适宜作为中小型盆栽，布置于阳台、厨房、庭院等地。

十、牛至

牛至（*Origanum* spp.）为唇形科牛至属多年生小灌木的总称，是欧洲著名的食用香草种类。自中世纪以来，欧洲人就被牛至特殊的香味所深深吸引，不但将其作成香袋随身携带，在欧洲南部西餐料理中也占举足轻重的地位。牛至作为环地中海地区日常料理中最重要的香草食材之一，常用于披萨饼、意大利肉酱面及其他的地方特色料理，因此在坊间也被称作“披萨草”。新鲜或干制的牛至叶可用作香草茶饮用，也可以提取精油用于芳香疗法。在园林景观应用方面，牛至可用作地被植物，也可作庭院植物或居室盆栽植物使用。

（一）形态特征

牛至为唇形科牛至属多年生小灌木，株高20～60cm；茎较柔软，四棱形；叶对生，多为卵圆形或长卵圆形，全缘叶色浅绿至深绿；穗状花序由很多小花密集组成，有覆瓦状排列的小苞片，唇形花冠，冠筒稍伸出于花萼外，花色依品种不同有白色、粉红色等，自然花期一般是7—9月。

（二）生活习性

1. 分布状况

牛至原产于地中海沿岸、北非和亚欧大陆一些温带地区，世界上主要栽培地区有法国、美国、意大利等地。中国是牛至属植物的原产地之一，20世纪时又引进了部分欧洲品种，目前广东、广西、上海、云南等地有一定规模性种植。

2. 生长特性

牛至多为典型的地中海型香草，喜夏季凉爽，冬季温暖气候，生长要求处在日照充足、通风良好的生长环境，生长适合温度为18～25℃；适宜生长在排水良好的中性到弱碱性土壤中，较耐瘠薄；牛至耐旱也较耐湿，在高温多雨的季节仍能旺盛生长，对环境适应力较强。

（三）栽培技术

牛至可以在农田露地种植，也可盆栽摆放在阳台或庭院。

1. 地栽模式

（1）繁殖育苗。牛至可采用种子、扦插、压条及分株繁殖。生产上主要采用种子繁殖进行批量生产；扦插繁殖也较为容易，一般选在春秋季节为宜，选用10cm左右新生枝条做插穗，扦插后浇透水，一般9～15d可生根；由于牛至类植株的丛生性较强，也可在春季进行分株繁殖。

（2）选地整地。宜选择排水良好，肥沃疏松的沙质壤土。栽前施足基肥，整平耙细，做100cm左右的平畦或高畦。

（3）直播或移栽。直播法于春季3月播种，将种子与细沙混合后，按株行距20cm×25cm规格开穴播种。条播按株行距25cm开条沟，将种子均匀播入。

北方多采用育苗移栽法，可于3月份温室内育苗，苗高10～15cm时带土移栽于大田。移栽后踏实浇水。

（4）田间管理

①肥水管理。牛至幼苗期怕干旱，要注意及时浇水。为使植株根系健壮和枝叶茂盛，在生长期每半月施肥1次，可喷施磷酸二氢钾稀释液，花前增施磷钾肥1次。

②摘心打顶。植株长出6对真叶时留4对真叶摘心，促发侧枝使株型丰满。

③中耕除草。全苗后，行间中耕除草，株间人工除草，以保墒、增（地）温、消灭杂草、促苗生长。封行前中耕除草2～3次。

（5）病虫害防治。苗的病害有根腐病、菌核病，虫害有地老虎等，栽培过程要注意防治。在收割后根部经过4～7d伤流期，愈伤组织形成期20d左右，便开始新芽分化，形成多枝的株丛。伤流期至新芽分化不宜浇水，以防烂根。同时，要提升株苗抗灾害能力，减少农药化肥用量，降低残毒。

2. 盆栽模式

（1）选土。牛至对土壤要求不高，一般的园土就可以基本满足其营养素需求，定植和换土时可使用少量基肥。

（2）选盆。普通瓷盆、塑料瓶、泡沫箱、木盆均可。

（3）移栽。一般育苗以移栽为好，以每盆1～3株最好。

（4）环境控制。牛至性喜阳光充足的环境，光照不足导致植株生长细弱，影响其观赏和药用价值。喜温暖环境，不耐寒，生长适合温度为15～25℃。

（5）定植后管理。喜湿，也较耐干旱，一般浇水频率控制在10d左右浇水一次为宜，夏季可适当增加浇水次数。生长期一般不需特意追肥。花期可追施一些磷钾肥。

（四）产业融合应用

1. 保健功能

牛至是欧洲著名的食用香草种类，在西餐料理及花茶领域里牛至也占有一席之地。作为西餐中最重要的香草食材之一，常用于披萨饼、意大利面及其他西餐料理。新鲜或干制的牛至叶可用作香草茶饮用，也可以提取精油用于芳香疗法。全草又可提取芳香油，鲜茎叶含油0.07%～0.2%，干茎叶含油0.15%～4%。此外牛至也是很好的蜜源植物。

2. 景观功能

大部分牛至品种株型紧凑精致，适合作居室型盆栽，用于居室、花坛布置。部分匍匐性强的牛至品种是景观绿化中优良的地被材料和蜜源植物，同时牛至也可作为花境、园林小品和专类园布置植物。

（五）常见栽培品种

1. 普通牛至

普通牛至是最常见的食用牛至，也被称作希腊牛至。普通牛至为匍匐型小灌木，上部茎枝较直立，一般种植株高在20～30cm；叶片较小，卵圆形或长卵圆形，较密集；小花苞片呈覆瓦状排列明显，小花白色；全株带独特香气。普通牛至性喜阳光充足的环境，光照不足导致植株生长细弱，喜温暖环境，不耐寒，生长适合温度为15～25℃，较喜湿也较耐干旱，一般浇水频率控制在10d左右浇水一次为宜，牛至对土壤要求不高，一般的园土就可以基本满足其营养素需求，定植时可使用少量基肥，花期可追施一些磷钾肥。牛至可采用种子、扦插、压条及分株繁殖。

普通牛至是著名的食用香草种类，在西餐料理尤其是南欧的特色餐饮中扮演重要的角色，常用于披萨饼、意大利面、意大利饺子等意式料理中。新鲜或干制的牛至叶可用作香草茶饮用，也可以提取精油用于芳香疗法，也可制作香包香囊。普通牛至株型紧凑精致，适于作园林小品、花境配置、可食地景、香草专类园等景观植物，同时也适宜作为小型盆栽，布置于阳台、厨房、庭院等地。

2. 金叶牛至

金叶牛至是牛至的园艺栽培品种，也被称作“黄金牛至”。金叶牛至匍匐型小灌木，上部茎枝直立，一般种植株高在20～30cm，生长势弱于普通牛至；叶片较小，卵圆形或长卵圆形，先端钝，基部宽楔形至近圆形，全缘，黄绿色；鲜有开花。性喜阳光充足的环境，光照不足导致植株生长细弱，喜温暖环境，不耐寒，生长适合温度为15～25℃，较喜湿也较耐干旱，金叶牛至对土壤要求不高，一般的园土就可以基本满足其营养素需求，定植时可使用少量基肥。金叶牛至只能采用无性繁殖，一般用扦插、压条及分株繁殖。

金叶牛至的芳香气味弱于普通牛至，因此较少用作香料，但可作为摆盘装饰配菜应用。新鲜或干制的叶片也可用作香草茶饮用，也可制作香包香囊。金叶牛至株型紧凑精致，叶色独特，适于作园林小品、花境配置、可食地景、香草专类园等景观植物，同时也适宜作为小型盆栽，布置于阳台、厨房、庭院等地。

3. 甜牛至

甜牛至也是常见的食用牛至品种，也被称作马郁兰。甜牛至茎枝较牛至直立性略好，呈半匍匐状，一般种植株高在30～60cm；叶片近三角形，卵圆形，也相对较稀疏；穗状花序，小花为白色。甜牛至的香味比普通牛至更温和沉稳，带有一丝甜味。喜光，充足的日照可保证其优美的株型，也耐半阴，性喜温暖，极不耐寒，生长适温为 18～30℃。甜牛至喜湿也耐干旱，一般浇水频率控制在 10d 左右一次为宜，对土壤要求不严，一般的园土就可以基本满足其营养素需求，定植可使用少量基肥，生长期一般不需特意追肥。花期可追施一些磷钾肥。甜牛至可采用种子、扦插、压条及分株繁殖。

甜牛至是著名的食用香草种类，在西餐料理可以用于拌沙拉或调制香草酱汁。新鲜或干制的甜牛至叶可用作香草茶饮用，也可以提取精油用于芳香疗法，也可制作香包香囊。甜牛至株型紧凑，适于作园林小品、花境配置、可食地景、香草专类园等景观植物，同时也适宜作为小型盆栽，布置于阳台、厨房、庭院等地。

十一、薰衣草

薰衣草（*Lavandula* spp.）为唇形科薰衣草属多年生小型灌木的总称。薰衣草可以说是世界上最负盛名的芳香植物，其功效和用途非常广泛，有着“香草之后”的美誉。很多薰衣草品种可以提取薰衣草精油，具有极佳的功效，是芳香疗法中最重要的材料；还可以用于调制高级香水，制作香皂、洗涤剂等日化用品；花蕾可做成香包、香囊，可用来熏香衣物；亦可作为香草茶饮用，风味独特，具有很好的助睡眠功效；薰衣草还是非常好的景观观赏植物，可以用成片的薰衣草营造花海景观，也可作为庭院、花坛、花境造景和盆栽植物栽培。

（一）形态特征

薰衣草为唇形科薰衣草属多年生灌木，株高 30～100cm，多数品种全株密披白色绒毛，呈灰绿色，全株具芳香味；茎直立，多分枝，嫩茎四棱形，当年生枝条可木质化；叶对生，依品种不同有长椭圆状、全缘披针状、锯齿线状等叶形，幼叶常披细密的白色腺毛，成熟叶依品种不同呈现银灰色、灰绿色和深绿色；多数品种具较长的花挺，穗状花序着生于枝顶，唇形小花成轮状排列，一般花序由5～10轮小花组成，依品种不同，花色有蓝色、蓝紫色、深紫色、粉红色、白色等，花期一般为6—9月。

（二）生活习性

1. 分布状况

薰衣草大多原产于地中海沿岸地区。现已广泛种植于法国、意大利、斯洛文尼亚、保加利亚、英国、澳大利亚、新西兰和日本等国。我国新疆、浙江、北京、上海、广东、云南、河北等省份有引种栽培，以新疆维吾尔自治区的伊犁河谷地区种植规模最大。

2. 生长特性

薰衣草属于典型的地中海型香草，最喜冬季温暖潮湿，夏季凉爽的气候条件；对温度要求不严，一般在10～30℃的温度条件下均可正常生长；喜光，光照不足会影响开花和精油的产量；较耐旱，忌水涝；不择土壤，在排水良好、比较干燥的沙质壤土中生长良好，喜轻石灰质的土壤。

（三）栽培技术

薰衣草可田间土地种植，也可盆栽在阳台或摆放庭院内。

1. 地栽技术

（1）繁殖育苗

①播种。播种时一般在春季。在4月可用种子播种繁殖，种子发芽的最低温度为8～12℃，最适温度为20～25℃，5月进行定植。选大小均匀、籽粒饱满、有棕褐色光泽的种子，播种前要进行晒种和浸种，用30℃温水浸种24h，用水清洗晾干后进行播种。播种育苗繁殖快、根系发达、幼苗健壮，但变异性大，是选

种的良好方式。

②扦插。薰衣草主要以扦插繁殖为主。扦插在春季、秋季都可进行。一般选用未木质化的枝条扦插，插条保留5～10cm，扦插时将底部2节的叶片摘除，蘸生根粉或生根剂，插于沙质土或草炭混合珍珠岩的苗床中，深度2.5～3cm，有条件可以采用105孔穴穴盘育苗。扦插后将苗放在通风凉爽的环境里，前3d保持土壤湿润，以后视天气而定，保证枝条不皱叶、干枯，提高成活率。

（2）选地整地。薰衣草对土壤要求不严，酸性或碱性强的土壤及黏性重、排水不良或地下水位高的地块不宜种植。选择有排灌条件的、光照充足的地块为宜。整地、深翻地，施腐熟的堆肥作基肥，耙细，浅锄一遍，把肥料翻入土中，碎土，耙平做畦宽120cm。

（3）移栽定植。一般5月中旬定植，在整好的畦面上按行距50cm，开10cm深的沟。将种根按40cm株距摆在沟内盖土、踩实、浇水即可。

（4）田间管理

①肥水管理。生长期不要施用尿素。为使植株根系健壮和枝叶茂盛，在生长期每半月可喷施磷酸二氢钾稀释液，花前增施磷钾肥1次。

②株形整理。当年定植植株需要在主枝20cm左右摘心，促发侧枝生长，仍能抽枝继续开花，需要在秋季进行重剪。

③中耕除草。全苗后，行间中耕除草，株间人工除草，以保墒、增地温、消灭杂草、促苗生长。封行前中耕除草2～3次。

（5）病虫害防治。一年生的播种苗或扦插苗受害时首先出现植物萎蔫、失水、叶色暗淡，叶片枝条顶部弯曲下垂，在现蕾期表现最明显。三年生以上的苗子除与苗期病态表现一样外，萎蔫症状在植株的中心或边缘，逐渐向内向外发展，枝条萎蔫枯死，最后全株死亡。一般从5月份开始，7月至8月达到高峰，喷代森锌 500～800 倍液。根腐病、镰刀菌凋萎病用 50%多菌灵 800 倍液，或 50%甲基硫菌灵 600 倍液灌根或叶面喷施。

2. 盆栽技术

（1）选土。基质选择疏松通气性好的园土加有机肥和复合肥，也可用泥炭 1 份加田园土 4 份混合。

（2）选盆。瓦盆、塑料瓶、木盆均可，需要注意排水良好。

（3）移栽。一般采用容器苗移栽或直接扦插种植，以每盆 1 株为好。

（4）环境控制。薰衣草喜光照充足的环境，不耐阴，生长期应注意保温，薰衣草较耐低温，在确保水分充足条件下可以在室外越冬。薰衣草不耐水涝，较耐干旱，一般每一周至两周浇一次为宜，切忌积水。

（四）产业融合应用

1. 保健功能

薰衣草具有稳定情绪、促进睡眠、祛风、降血压和放松肌肉等功效。很多薰衣草品种可以提取精油，是芳香疗法中重要的材料；还可以用于调制高级香水，制作香皂、洗涤剂等日化用品；花蕾可做成香包、香囊，可用来熏香衣物；亦可作为香草茶饮用，风味独特，具有很好的助睡眠功效。

2. 景观功能

薰衣草是非常好的观赏植物，可以用成片的薰衣草营造花海景观，也可以作为群植或片植营造小景观，或与其他植物搭配营造花境，也可作为庭院花卉和盆栽植物栽培。

（五）常见栽培品种

1. 狭叶薰衣草

狭叶薰衣草是著名的精油用和观赏用薰衣草品系，是一个原生种，也包含多个品种，目前京津冀地区主要适合引种新疆伊犁地区筛选的品种。狭叶薰衣草叶片线形或披针形，灰绿色；穗状花序纤细美丽，轮生小花蓝紫色，每轮之间界限分明。喜阳光充足，通风良好的环境，光照不足会导致其开花较少，影响精油的产量。较耐寒，喜凉爽的环境，对温度要求不严，生长适温为10～30℃，可以耐受零下10℃的低温，京津冀地区可以覆土或覆盖地布露地越冬。比较耐干，忌土壤过湿和根部积水，持续潮湿的环境会使其根部缺氧，严重时可导致死亡。浇水应见干见湿。该品种栽培时对土壤要求不高，在定植时可使用有机肥作为基肥，生长期一般不需特意追肥，花期可适当追施少量磷钾肥。可播种繁殖，需用赤霉素浸种催芽。多采用扦插繁殖，春秋两季进行扦插为宜，扦插时选用饱满的新生枝条作为插条，扦插后浇透水，一般10～15d可生根。

狭叶薰衣草株型美观，花和叶均具有较好的观赏性，芳香怡人，花期较长，比较适合作为主题花卉营造花园或小型花海，不推荐在京津冀地区作为大面积花海景观主体作物。适合作为中型盆栽，可布置于庭院和阳台。花穗可以加工干花，提取精油，制作香包、香囊等。

2. 甜薰衣草

甜薰衣草为狭叶薰衣草与齿叶薰衣草的杂交品种。叶片较肥厚，具有不规则的锯齿状叶缘，灰绿色；穗状花序较小，小花蓝紫色。喜阳光充足，通风良好的环境，光照不足会导致其开花较少。耐寒性不如狭叶薰衣草，生长适温15～30℃，京津冀地区栽培的甜薰衣草须在保护地越冬。不如狭叶薰衣草耐干，浇水应见干见湿。对土壤要求不高，在定植时可使用少量基肥，生长期一般不需特意追肥，花期适当追施磷钾肥。病虫害较少，在环境长期闷热且土壤过湿不透气时易发生立枯病，应注意防治白粉虱等小型害虫。多采用扦插繁殖。

甜薰衣草株型美观，花和叶均具有较好的观赏性，芳香怡人，花期较长，比较适合作为主题花卉营造花园。甜薰衣草株型饱满美观，适合作中型盆栽，可布置于起居室、书房和阳台。

十二、莲

莲（*Nelumbo nucifera*）为莲科莲属水生植物，是世界著名的水生花卉，也是中国十大名花之一，根茎可作为蔬菜食用也可作为药用。莲原产于印度，很早便传入我国，历史记载在南北朝时期莲藕的栽培就已普及。中国在《诗经》中就有“彼泽之陂，有蒲与荷”的诗句，北魏贾思勰撰写的《齐民要术》中有种莲子的方法，由此可见当时莲已经作为蔬菜栽培。现在莲在中国各地普遍栽培，世界上将莲作为蔬菜栽培的还有日本、印度、东南亚及非洲等地。欧、美洲等同样将其作为观赏植物，可种于池塘、水池或花盆中，深受广大人民群众喜爱。

（一）形态特征

莲为多年生水生草本植物。根茎横生、肥厚，中间有许多纵直的孔道，外生须状不定根。节上生叶，露出水面；叶柄着生于叶背中央，粗壮，圆柱形，多刺；叶片圆形，直径 25～90cm，全缘或稍呈波状，上面粉绿色，下面叶脉从中央射出，有 1～2 次叉状分枝。花单生于花梗顶端，花梗与叶柄等长或稍长，也散生小刺；花直径 10～20cm，芳香，红色、粉红色或白色；花瓣椭圆形或倒卵形，长 5～10cm，宽 3～5cm；雄蕊多数，花药条形，花丝细长，着生于托；心皮多数埋藏于膨大的花托内，子房椭圆形，花柱极短。开花后结“莲蓬”，倒锥形，直径 5～10cm，有小孔 20～30 个，每孔内含果实 1 枚；坚果椭圆形或卵形，长 1.5～2.5cm，果皮革质，坚硬，熟时黑褐色。种子卵形，或椭圆形，长 1.2～1.7cm，种皮红色或白色。花期是 6—8 月，果期是 8—10 月。

（二）生活习性

1. 分布状况

莲起源于印度，在中国分布十分广泛，从东北大地到海南岛，从东海之滨到西藏高原都有它的踪迹，我国栽培主产区在长江流域和黄淮流域，以湖北、江苏、安徽等省的种植面积最大。

2. 生长特性

莲的生长发育喜温喜光，最适生长温度为28～30℃，昼夜温差大，利于莲膨大。在整个生育期内不能离水，适宜水深在100cm以下。同一品种在浅水中种植时莲藕节间短，节数较多，而在深水中种植时节间伸长变粗，节数变少。对土质要求不严格，最喜土层深厚、有机质含量丰富的土壤。

（三）栽培技术

莲要求在炎热多雨的季节生长，一般都在当地日平均气温稳定在15℃以上，水田地温稳定在12℃以上时种植。目前常用的栽培方式为池塘湿地栽培模式，也可盆栽种植。

1. 溏地栽培模式

（1）藕种选择。种藕一般于临栽前挖起，选择藕芽健壮，至少具有2节以上充分成熟的藕身、质量在500g以上的主藕作为藕种。在第二节节把后1.5cm处切断种植，种藕挖起后要及时栽种。

（2）排藕定植。排藕方式很多，有朝一个方向的，也有几行相对排列的，各株间以三角形的对空排列较好，避免拥挤。定植时要四周边行藕头一律向田内，如当天栽不完，洒水覆盖保湿，防止叶芽干枯。

（3）藕田管理

①摘叶、摘花。定植后1个月左右，应摘去浮叶，使阳光透入水中提高地温。夏至后有5片或6片立叶时，荷叶茂盛，已经

封行，此时不做处理。

②追肥。藕喜肥，一般以基肥为主，基肥约占全期施肥量70%，追肥约占全期肥量30%。保护地栽藕一般追肥2次，第一次为提苗肥，在第一片立叶展开时，每公顷施150kg尿素；第二次追肥是在封行前主鞭长4片或5片立叶时，每亩施复合肥20kg，如2次追肥后生长仍不旺盛，15d后即在夏至前再追肥1次，夏至后停止追肥。施肥应选晴朗无风的天气，不可在烈日的中午进行，每次施肥前应放浅田水，让肥料吸入土中，然后再灌水至原来的深度。追肥后泼浇清水冲洗荷叶。

（4）病虫害防治。病害主要有腐败病，虫害有蚜虫、斜纹夜蛾，应及时防治。腐败病是莲藕种植普遍发生的病害，主要危害莲藕的地下茎，造成茎变成褐色或腐烂。发病初期，地下茎外表症状不明显，严重时地下茎呈褐色至紫黑色腐烂。发病最严重时，全田一片枯黄，似“火烧”状。挖出病株地下茎检查，可见藕节上生出蛛丝状且呈粉红色的黏质物，有的病藕表面呈现水渍状斑。斜纹夜蛾是杂食、暴食性害虫，喜温喜湿，春末夏初幼虫开始活动，以莲藕叶、茎为食。7—9月大面积发生，可使荷叶叶片蚕食殆尽，造成莲藕大幅减产。

（5）采收。采收方法有2种：一是挖大留小，分次采收。采收时，先将田间灌5～10cm深水，选未展开的立叶，用手探摸藕的大小，如达到采收标准挖出主藕，子藕和莲鞭留在田中，让其继续生长。二是一次性收获。当终止叶出现后，其叶背微呈红色，基部立叶叶缘开始枯黄时，藕已成熟。在挖藕前10d左右，将藕田排干，用铁锹挖取。

2. 盆栽模式

盆栽栽培比较简单，宜选微酸性、富含腐殖质的塘泥作栽培基质。北京地区一般清明前后一周左右种植。选具完整无损的顶芽、并具2～3节的壮实的藕作种。每缸种2支，栽种时顶芽朝下沿缸边斜插入泥中，使尾节翘出泥外，做到“藏头露尾”，而另一支从相对的盆边顺向插入。保持5cm左右的浅水，至5月中旬后浮叶较多时缸水可增加至10～15cm，日后在全光照下培养。

6月上旬须提高水位至20cm左右，不能无水。荷花喜肥，若生长期叶显黄瘦，可施加复合肥或将小块充分腐熟的有机肥塞入盆中央，也可浇施肥液。若叶片凹凸不平叶色浓绿，为肥重，可多次加水淋去过量肥，故宜薄肥勤施。当立叶抽出布满缸面时，可将下部过多的浮叶、烂叶除去。对于易倒伏的重瓣型、重台型、千瓣型等品种应插苇竿扶持花梗。缸中滋生的各种浮萍、青苔及绿藻随时捞除干净。

（四）产业融合应用

1. 保健功能

每100g藕含水分77.9～89g、淀粉约20g、维生素C 25～55mg以及棉籽糖、水苏糖、果糖、蔗糖及多酚化合物等。可炒食或腌制咸藕及蜜饯糖藕或加工成藕粉。每100g莲子含蛋白质16.6～17g、碳水化合物（主要是淀粉）61.8～66.8g及磷等，可鲜食或制成糖莲子。此外，藕节荷叶、莲子心、莲蓬均可入药。荷叶又是良好的包装材料。早藕能在伏缺时，供应市场；老藕可在春缺时，供应市场。适宜水塘、湖荡、低洼田栽植。

2. 景观功能

莲的种植历史悠久，适应性强，种植技术相对简单，产业规模大，花大、叶大、景观时空最大，文化底蕴十分丰厚，是将社会效益、经济效益、生态效益和文化效益结合得最为紧密和完美的一类作物。许多产区以莲藕或莲子为主，辅以花莲或睡莲，打造莲—乡村文化旅游体验模式，接待游客参观、旅游和文化体验，成为产区增收致富的有效途径之一。在莲藕种植主要区域，将公路沿线打造成莲藕产业示范区、生态产业观光园，以莲藕产业的发展撬动旅游观光、农家乐集群等第三产业的发展。

（五）常见栽培品种

1. 鄂莲一号

由上海地方品种系选而成，极早熟。入泥深 15～20cm。叶柄长 130cm，叶椭圆形，叶径 60cm，开少量白花。单支重 5kg 左右，皮色黄白。

2. 马口白莲

株高 193cm，叶径 81cm。花单瓣，白色，开花少。主藕具有 4～6 节段，长 100cm，中间节段长 13cm，横径 6cm。横断面椭圆形，通气孔道较大。藕头长筒形。表皮白色，皮孔少而不明显，顶芽淡黄。单支藕重 2.7kg，晚熟，生育期 210d，抗逆性较强。

第二章
特色观食两用蔬菜作物

一、番茄

番茄（*Lycopersicon esculentum*）又称西红柿，为茄科番茄属一年生或多年生的半直立或蔓生草本植物。番茄属分为有色番茄亚种和绿色番茄亚种。番茄起源中心是南美洲的安第斯山地带，栽培番茄是由野生番茄驯化而来，番茄果实变大经历了从醋栗番茄到樱桃番茄再到大果栽培番茄的两次进化过程。大约17—18世纪传入中国。番茄栽培品种极多，是世界各国特别是发达国家无土栽培面积最大、产量最高的主要蔬菜。粉果型番茄和樱桃番茄口感佳，即可作为水果鲜食，也可烹调食用；硬果番茄多用于加工成番茄制品如番茄酱、沙司、果汁、果脯等。番茄果型和颜色繁多，也是很好的观赏植物材料，可选择无限生长型品种通过无土栽培的方式打造番茄树形成景观，也可选择矮化品种作物作为居室盆栽植物。

（一）形态特征

番茄为一年生或多年生草本植物，多数品种为半直立性或半蔓性。按顶芽生长习性，茎可分为无限生长类型（非自封顶生长类型）和有限生长类型（自封顶生长类型）。番茄的叶片、茎秆上密生泌腺和腺毛，有强烈气味，叶羽状复叶或羽状深裂，长10～40cm。番茄的花为良性花，自花授粉，复总状花序，花冠黄色，直径约2cm，辐射状，5～7裂，裂片披针形。浆果扁球状或近球状，果实颜色多样，如红色、橙色、紫色和混合色等。

（二）生活习性

1. 分布状况

番茄的起源中心是美洲的安第斯山地带，在秘鲁、厄瓜多尔、玻利维亚等地，至今还有大量的野生种分布，墨西哥较早进行驯化栽培。番茄是全球消费最多的蔬菜之一，全球主要番茄生产国和出口国有中国、意大利、美国、希腊、土耳其、葡萄牙和西班牙。中国是世界上番茄种植面积最大，产量最多的国家，山东、新疆、内蒙古、河北、云南、广西等地是我国番茄种植的主产区，种植方式上北方以保护地为主，南方以露地为主。

2. 生长特性

番茄是一种喜温性的蔬菜，在正常条件下，适宜生长温度是25～28℃，根系生长最适土温为20～22℃。番茄是喜光性作物，在一定条件内，光照越强，光合作用越旺盛。一般以土壤湿度60%～80%、空气湿度45%～50%为宜。番茄适应性较强，对土壤条件要求不太严格，但以土层深厚、排水良好、富含有机质的肥沃土壤为宜。

（三）栽培技术

番茄在京津冀地区主要作为设施蔬菜栽培，近年来也常作为盆栽观食两用蔬菜种植。

1. 设施栽培模式

（1）品种选择。观赏型番茄一般应选择抗病性强、适应性好，坐果率高，不易裂果，挂果期长，周年均可播种育苗的番茄品种。番茄是喜光、喜温植物，适宜生长温度是25～28℃，在环境好的智能温室可以周年生产，北方露地生产建议清明节过后定植。番茄为冬春季育苗，株高达18～20cm，5～6片真叶时可以定植，育苗期约50～55d；夏秋季节育苗，株高达10～15cm，

4～5片真叶时方可定植，育苗期约30～35d；可根据定植时间确定播种日期。

（2）育苗

①播种催芽。番茄育苗一般采用72孔穴或105孔穴的穴盘，直接使用商品基质，装盘后压穴，播种深度1cm为宜，每个孔穴1粒种子，播种后覆盖1层蛭石刮平，露出网格线，然后浇透水。冬春季育苗时，播种后需地膜覆盖催芽或放入出芽室催芽，以确保出苗整齐度和出芽率。夏秋季育苗，播种后若无催芽室可将播种后穴盘上覆盖双层遮阳网进行催芽，既可以降低光照强度、控制土壤温度，也可以起到保湿的作用。番茄的适宜出芽温度为28～30℃。

②苗期管理。幼苗出土60%以上时，移出催芽室或撤去覆盖物，置于苗床进行水肥一体化管理。白天温度25～28℃，夜间15～18℃。当番茄幼苗子叶展平后开始施肥，可使用0.1%～0.2%的保利丰育苗肥，平均5～7d喷施1次；随着秧苗的生长，提高施肥浓度，2片真叶展平以后施肥浓度提高到0.3%，每周喷施2～3次。

③炼苗。定植前7～10d，适当降低温度，加大通风量，控制水肥，有利于提高种苗抗性，有助于定植后缓苗。

（3）定植。结合整地每亩施优质腐熟有机肥2 500～5 000kg，然后采用机械深翻土地30cm，做高台垄，铺设滴灌管后覆盖黑色地膜。采用大小行定植，大行距80cm、小行距50～60cm，株距40～45cm，每亩定植2 100～2 400株。

（4）田间管理

①环境控制。白天温度保持在25～28℃，夜间15℃～18℃，不低于15℃。番茄是喜光作物，在温室内定植需要采用透光性好、防雾滴棚膜，在露地定植需在光照好的地块定植。在夏秋季栽培应适当遮阳降温。

②水肥管理。定植后及时浇水，夏秋季番茄定植后3～5d再

浇一次缓苗水。第1穗果果径长至2～3cm时浇1次水，并结合浇水追施大量元素平衡型水溶肥，以后视天气情况每隔7～10d浇一次水，保持地面见干见湿；盛果期时，5～7d浇一次水，每隔一次浇水追施高钾型水溶肥。

③株型调控。无限生长型番茄品种适宜单秆整枝或双秆整枝，即摘除顶芽以外的全部侧芽，也可保留顶芽和第一穗果下第一侧枝，去除其他多余侧芽。番茄长季节栽培，注意结合落蔓、绕秧及时去除底部老叶。

④保果疏花。设施内番茄生产可采用熊蜂授粉技术，露地生产自然授粉即可。樱桃番茄一般不需要进行疏花蔬果。大果型或中果型番茄，第1穗果留3～4个果实，果实过多会影响植株的营养生长；第2穗果以后，留3～5个果，去掉畸形花、末梢小花。

（5）病虫害防治。在病虫害防治上坚持“预防为主，综合防治”的原则。保持田园整洁，及时去除病残体。首先采用物理防治，药剂防治为辅，药剂防治优先采用粉尘法、烟熏法，可使用异丙威、多菌清烟剂。在干燥晴朗天气也可喷雾防治，注意用药一般选择在傍晚。

2. 盆栽模式

（1）品种选择。盆栽番茄选择抗性强，易坐果、植株不易过高的有限生长型品种，如矮生红铃、矮生黄铃、金玉等。

（2）播种育苗。家庭种植可以直接播种育苗，也可从集约化育苗场购买商品苗。生产企业育苗时可采用集约化育苗方式，具体方法可以参照“栽培技术”中的育苗方法。

（3）栽培容器的选择。若选择矮化品种单株定植，需采用直径和深度均大于20cm的花盆。若选择普通樱桃番茄品种，栽培过程中需使用栽培架，可选择栽培面积800cm^2、深度20cm以上的花盆定植，过小的盆不利于植株生长和结果，也不利于盆栽造型，可根据盆的大小确定定植株数。

（4）上盆定植。选择4～5片真叶的幼苗定植入盆。若选择花盆为栽培容器，定植前先将花盆清洗干净，盆底孔放置瓦片，然后装好营养土。营养土可以选择商品栽培基质和有机肥按照体积比1∶1比例混合，基质含水量在40%左右。将穴盘苗或营养钵苗栽入盆中，随后浇透水，直到盆孔有水渗出。

（5）环境控制。番茄全生育期，白天温度保持在22～25℃，夜间保持在15～18℃。应该在光照条件好的温室、庭院种植或阳台种植。在夏季，需使用遮阳网或遮光帘有利于降低光照强度和温度。

（6）栽培管理

①矮化品种。矮化樱桃番茄属于自封顶品种，植株矮小，节间极短，一般不需要搭架。可根据造型需求，留3～4个侧枝，主秆和挂果多的侧枝可用小竹竿支撑固定，防止倒伏。在盛果期需要加强水肥管理，有助于保花保果。栽培过程中注意及时去掉下部老叶，有利于通风，防止发生病害。

②高秆品种。植株较高，需要搭建栽培架，可防止植株倒伏，有利于落秧、绕蔓。高秆品种多采单秆整枝的方式，保留顶芽，打掉其他侧芽，根据栽培架形状在晴天上午进行整枝，并且及时打掉基部老叶、病叶。在盛果期每隔7～10d追一次高钾水溶肥，以保证果实生长所需营养。

（7）病虫害防治。盆栽观赏番茄多选择抗病、抗逆性强，易于栽培的品种，病害发生较少，主要防治蚜虫、白粉虱、潜叶蝇等虫害，坚持“预防为主，综合防治”的原则，主要采取物理防治措施，使用防虫网和色板诱杀等技术，在室内栽培不建议使用药剂防治。

（四）产业融合应用

1. 保健功能

番茄中含有丰富的番茄红素、维生素C、维生素E及果酸等营养成分，具有美容护肤、预防动脉硬化和冠心病、高血压、抗衰老、利尿等作用。番茄性微寒，对于脾胃虚寒或是月经期间的女性朋友来说，应注意不能生吃，以免加重体内寒性。番茄食用方法多样，可以鲜食，也可烹饪出美味可口的菜肴，还可以加工成番茄酱、果脯等深加工产品。对于还未成熟的青色番茄，不宜食用，这是由于其中含有龙葵碱，具有一定的毒性。

2. 景观功能

番茄又称西红柿，不仅形状多样颜色艳丽，而且寓意“柿柿如意”，无论是叶子、果实和姜黄色花穗均具较高的观赏价值。在景观打造方面，可用于大型观光温室走廊两侧形成景观大道，也可利用无限生长型品种用于顶部廊架的美化，打造“番茄树”景观；矮化的盆栽番茄也可用于花坛、庭院、阳台的景观布置。

（五）常见栽培品种

1. 矮生红铃

矮生红铃是北京绿金蓝种苗有限公司选育的矮化型樱桃番茄品种，该品种植株高 20～30cm，第 7～8 节开始坐果，果实圆球形，红色，单果重 10～15g，单株结果数量可达 100 余个。该品种属于早熟品种，耐热性、抗病性强，不耐水湿。栽培环境温度白天控制在 25～30℃，夜间不低于 15℃。水肥管理采取见干见湿的方式，不宜小水勤浇。一般观赏期在 60～80d 左右。

可用于花坛、庭院、阳台的景观布置，观光园区可以盆栽番茄作为产品，整盆出售，每盆单棵售价在 30～50 元不等，经济效益明显。

2. 福特斯

福特斯的果实红色、鲜亮，较硬，口味佳，商品性好，平均单果重 10～15g，果穗排列整齐，每穗 10～12 个，单果收获为主，也可以串收。生育适温为 20～26℃，开花结果温度为 28～30℃，15℃以下或 35℃以上不利于开花结果。抗叶霉病、番茄黄化曲叶病毒病、根结线虫，适合早春、早秋和秋冬于保护地种植。

福特斯品种，属于无限生长型品种，适合采摘园区在设施内进行长季节栽培，果实酸甜可口，深受消费者青睐。该品种坐果能力强，果实鲜亮，较硬，耐储运，适合规模化生产，供高端商超出售。

3. 京采6号

京采6号是高品质草莓番茄品种，无限生长，单果重100～150g，正圆形，粉红色，番茄风味足，有明显绿肩。该品种为早熟品种，抗烟草花叶病毒病、黄化曲叶病毒病、叶霉病、枯萎病、根结线虫病，栽培管理简单，适合采摘园及家庭种植。幼苗期白天温度控制在20～25℃，夜间温度不低于15℃，温度过低会影响花芽分化。开花坐果期白天保持20～30℃，夜间15～20℃。在盛果期，适宜控水，增加施肥浓度，有利于草莓番茄增加甜度和果实风味。

京采6号番茄品种，抗病性强，果实风味浓，栽培管理简单，可以进行设施、露地、庭院、阳台栽培。如果应用配套的高品质栽培技术，可使番茄甜度增加，风味更浓。生产高品质草莓番茄，需要适宜控水，增加营养液浓度，多采用无土栽培的方式，有利于水肥精准调控，产量较普通栽培低，果实多精装后按盒出售，多供应高端市场，如休闲农业园个性化定制、会员配送等。

二、观赏椒

观赏椒（*Capsicum annuum*）又名五彩辣椒、樱桃椒，是辣椒的变种或者品种群。五彩观赏椒又被称为五彩椒发源于热带美洲地区，在我国各地均有栽培。观赏椒是优良的观果盆栽，果实的颜色多样，有红、紫、白、绿、黄五种颜色，富有光泽，活泼亮丽，具有很好的观赏价值。

（一）形态特征

观赏椒属多年生草本植物，但常作一年生栽培株，高 30～60cm，茎直立，常呈半木质化，分枝多，单叶互生。花单生叶腋或簇生枝梢顶端，花多色，形小不显眼。花期 5 月初到 10 月底。果实簇生于枝端。同一株果实可有红、黄、紫、白等各种颜色，有光泽，盆栽观赏很逗人喜爱。也可以食用，风味同青椒一样。

（二）生活习性

1. 分布状况

观赏椒原产热带美洲地区，中国各地均有栽培。

2. 生长特性

喜阳光充足、温暖的环境，怕霜冻、忌高温；喜湿润、肥沃的土壤，耐肥，不耐寒，能自播。果实发育适温为 25～28℃。适温：苗期 20℃，开花期 15～20℃，果实成熟时期 25℃以上，低于 10℃或高于 35℃发育不良。属短日照植物，对光照要求不严，但光照不足会延迟结果期并降低结果率，高温干旱与强光直射易发生果实日灼或落果。结果期要求空气干燥，雨水多则授粉不良。

（三）栽培技术

观赏椒可采用地栽模式或盆栽模式种植。

1. 地栽模式

（1）播种育苗。根据观赏时间合理安排播种期。育苗前做好种子处理，先把种子倒入 55℃温水中搅动，直至 35℃停止，然后用 10％磷酸三钠溶液浸泡 20min 后冲洗干净，再常温浸种 8～12h 后放在 28～30℃条件下催芽，一般 2～3d 后 80％胚芽露出时就可播种。出苗时温度应控制在25～30℃，出苗后温度应保持25～26℃，并适当控制水分，防止小苗徒长，苗期用2g/kg尿素+3g/kg磷酸二氢钾溶液叶面喷肥。当幼苗长至17～20cm、具有6～8片真叶时移栽定植。

（2）定植。选择前茬没种过茄科作物的田块，定植前，深耕细耙，施足基肥，亩施入腐熟鸡粪1 000kg，三元复合肥30kg，起畦，畦面宽1m，高25cm，畦面要平整，采用双行定植，株距30～35cm，品字形定植，株型较大的品种株距为50cm，定植时保持根部的基质完整，以防伤根，种后马上淋足定根水。

采用露地栽培时，将优质农家肥15 000kg/hm²，氮、磷、钾三元复合肥300kg/hm² 均匀撒在地表后，深翻25～30cm，整平耙细后起高40cm的垄，在垄上覆盖地膜，定植株距30～40cm。

采用盆栽时，选用规格为30cm×40cm的花盆，装满由菜园土加有机肥混合而成的基质，每盆栽植1株。

（3）定植后管理。在供足底肥、底水的基础上，合理追肥灌水。缓苗后灌1次大水，开花结果期灌水一次并追肥，以后每隔10～15d结合灌水追肥一次，每次追施氮磷钾三元复合肥300～375kg/hm²，灌水要做到雨天不灌、气温低时不灌、中午不灌。灌水后注意防倒伏。采用盆栽时，开花结果时加强水肥管理，其他管理与露地栽培一致。观赏辣椒虽一般以观赏为主，但亦可食用，可根据各自需要决定是否采收。

（4）肥水管理。定植后要及时查苗补苗，保持土壤的湿润。种后7d淋一次1%的三元复合肥水，促进植株的生长，开花前10d左右，亩追施氮磷钾三元复合肥1kg。第一次采收后，亩再追施三元复合肥20kg、尿素10kg，采用穴施，离根基部15～20cm处施肥，以免造成烧根，以后每采收一次均要追肥。

（5）整枝。辣椒一般为2杈分枝，主枝以下侧枝应及时疏除，主枝上的侧枝适当保留，以利通风透光，减少养分消耗，促进开花结果，增加结果数。为提高抗风、抗倒能力，这些观赏辣椒要采用支架栽培或吊绳栽培，插竹支架，选择在开花前，结合中耕培土。

(6) 病虫害防治。观赏辣椒的主要病害有病毒病、炭疽病和疫病等。虫害主要有蚜虫、螨类和白粉虱等。高温天气减少灌水可降低疫病发病率，发病后用25%甲霜灵可湿性粉剂500倍液或72%霜霉疫净可湿性粉剂1 000倍液喷雾防治。防治病毒病一是要防治蚜虫，二是发病后要及时喷药，可用1.5%植病灵乳油1 000倍液或20%病毒A可湿性粉剂500倍液喷雾防治。白粉病则一般用15%三唑酮可湿性粉剂1 000倍液喷雾防治。观赏辣椒虫害有蚜虫、害螨等，防治的关键是尽早发现，及时喷药防治，家庭种植观赏出现虫害时，即可用家用杀虫气雾剂直接喷杀害虫，防效明显。

2. 盆栽模式

(1) 盆器选择。从观赏的角度考虑，对花盆的形状、颜色、图案、规格、材质等方面选择要有所讲究，塑料花盆具有价廉、轻便以及颜色、形状、图案、规格丰富多样的优点，目前盆栽观赏辣椒多采用小型塑料花盆进行栽培；从种植的角度考虑，盆栽辣椒植株大小与花盆规格要配套，植株越高大的盆具规格应越大。盆栽辣椒的栽培基质可根据种植的场所、用途及基质来源等方面灵活确定。常规的土壤栽培，选择肥沃疏松、病虫源少、pH 6.0～7.0的园土，也可加入适量的炉渣、蛭石、细沙或泥炭土等，按照一定比例配制。目前大规模基地盆栽多采用无土基质栽培，特别是室内采用无土栽培，具有洁净的优点。基质主要有泥炭土、蛭石、珍珠岩等，也可以掺入适量蚯蚓粪作为栽培基质。

(2) 种子处理与播种。小规模生产可采用50～55℃的温汤浸种，并连续搅拌，待温度自然降低后，用温水冲洗掉附在种子上的黏液，浸泡24h。捞出后即可播种于穴盘，一般基地规模生产为了方便一般不进行浸种。观赏辣椒苗期长，可根据需要采取不同规格（50孔或105孔），每穴播种2粒。穴盘放置于育苗棚中，浇透水，再覆盖一层薄膜，出苗后将薄膜撤去。当基质缺水时及时浇水，每次都要浇透。苗期喷代森锰锌、百菌清等预防苗期病害，喷施0.5%磷酸二氢钾或叶面肥，增加幼苗营养，培育壮苗。

（3）定植。观赏椒5～7片真叶、苗龄55～60d时，即可上盆。每盆定植1～2株健壮幼苗，一般大型辣椒单株，小型观赏辣椒一般采取双株定植。定植前先将基质淋透水，栽苗不要太深，覆盖根系即可，定植后浇足定根水。

（4）定植后的管理

①肥水管理。定植后，全生育期共需追肥3～5次，分别在定植后10～15d左右、坐果初期和结果盛期等关键时期，每次施用1%复合肥水溶液，结果盛期可增施磷钾肥，以便保花保果，并且视植株生长情况及时浇水，夏天一般在早晨或黄昏适量浇水，见干见湿，烈日下不可中午浇水。

②植株调整。为了使盆栽观赏椒保持良好姿态，提高观赏效果，应采取相应的植株调整措施。主要有转盆、摘心、摘叶及植株清理、整形与造型、喷施植物生长调节剂等手段。

③病虫害防治。主要病害有病毒病，盆栽观赏椒主要虫害是蚜虫。病毒病可在育苗时进行浸种消毒来预防，夏季温度过高时，要适当遮阳降温。蚜虫可用除虫菊素等生物农药防治。

（四）产业融合应用

1. 营养保健价值

观赏椒富含维生素A、B、C以及β胡萝卜素，糖类、纤维质、钙、磷、铁等能起到增强免疫力的作用，对抗自由基的破坏，保护视力，具有很好的营养价值。观赏椒具有温中健胃、散寒祛湿等功效。内服可用于治疗胃寒饱胀、消化不良、食欲不振、风寒感冒等；外用则能促进皮肤的血液循环，对于治疗冻疮、风湿痛等也有不错的效果。

2. 观赏价值

观赏椒具有体态娇小、株形优雅、好栽易养、椒果奇特、果色多变、色彩艳丽、观赏价值极高的特点，观赏、食用一举两得，属观赏型蔬菜的一种。

（五）常见栽培品种

观赏椒按果实的颜色划分，有红、黄、紫、橙、黑、白、绿色等类型；按果实的形状分，有线形、羊角形、樱桃形、风铃形、蛇形、枣形、指天形等类型。观赏椒有许多品种，现介绍其中的几个适合京津冀地区种植的特色品种。

1. 风铃观赏椒

果形像风铃，果长4cm左右，果顶宽4.5cm左右，味较辣；嫩果期鲜绿色，成熟后转为鲜红色，结果较迟，属晚熟品种；株型开张，株高50cm，单株挂果30～40个，适宜较大花盆栽培；盆栽时要注意控制株高。

2. 梦都莎观赏椒

果形新奇，呈狭长、扭曲的羊角形，果实朝上生长，长5cm左右，味极辣；果实颜色渐变，开始呈白色，后变黄色、橙红，最后为红色；每株结果30～40个，整株果实可同时呈现几种颜色，在绿色的叶片衬托下分外显眼，是秋季室内盆栽市场的理想品种。

3. 彩星椒

果实呈牛角形，长3.5cm左右，粗1cm左右，味较辣；果色初为黄白色，成熟后为红色；株型紧凑，株高15cm左右；不同层次果实呈现不同颜色，观赏性好。

4. 紫簇椒

果实呈牛角形，长3.5cm左右，粗1.3cm左右；味较辣；果实为紫色，成熟后呈红色；株型紧凑，株高19cm左右；果实簇生向上，鲜艳美观。

5. 五彩椒

株高 15～35cm，开展度 45～60cm。小果形，果实长圆锥形，近似三角形，果顶朝上。果长 2.5cm 左右，果宽 1.6cm 左右，单果重 2～10g，辣味强，坐果力强，结果数多。同一株果实可同时有奶白、浅黄、橙黄、红 4 种颜色，具有很高的观赏价值。

三、葫芦

葫芦（*Lagenaria siceraria*）为一年生蔓性草本植物。有着悠久的栽培历史，广泛分布于世界各地。至今在亚洲、非洲、南美洲等地区都有广泛的种植和栽培。中国是葫芦重要发源地之一。

（一）形态特征

大多数葫芦科的植物是一年生的爬藤植物，一年生植物的根为须根；茎通常具纵沟纹，匍匐或借助卷须攀缘。卷须侧生于叶柄基部，单一或分叉，常螺旋状。叶互生，通常为单叶，多为掌状分裂，有时为复叶，无托叶。叶互生，通常为 2/5 叶序，无托叶，具叶柄；叶片不分裂，或掌状浅裂至深裂，稀为鸟足状复叶，边缘具锯齿或稀全缘，具掌状脉。花单性，雌雄同株辐射对称，单生。雄花：花萼辐状、钟状或管状，5 裂，裂片呈覆瓦状或开放式排列。雌花：子房下位，由 3 心皮组成，1 室，侧膜胎座，常在中间相遇，少为 3 室，多为瓠果。

（二）生活习性

1. 分布状况

葫芦科广泛分布在全球热带和亚热带地区，中国原产 20 属约130种，引种栽培的有7属约30种。至今在亚洲、非洲及南美洲热带、亚热带地区都有广泛的种植和栽培。

2. 生长特性

大多数葫芦为一年生草本植物，不耐寒、喜温暖、湿润、阳光充足的环境，生长最适温度在30℃左右，适宜在排水良好的微酸性土壤中生长，喜土杂肥。

（三）栽培技术

葫芦种植以廊架栽培为主，也可盆栽。

1. 廊架栽培

（1）直播。种子在15℃以上发芽，适温20～25℃。直播为穴播，穴距60cm，每穴2～3粒，播前浇透水，播深5cm左右，覆土踩实即可。

（2）育苗。葫芦育苗以谷雨节前后为好，苗龄35d左右，筛选颗粒饱满的新种子，用30℃的温水浸泡种子4～6h，然后用清水洗净，盖上湿润纱布置于温暖向阳处，7d即可生芽。将生芽的种子种芽向下栽入装满基质的50孔穴盘中，上面覆一层蛭石，用透明薄膜盖严，置于向阳处，约7d可破土，揭去薄膜，保持基质湿润，培育壮苗，长出3～4片真叶时即可进行定植，移栽前一周炼苗。

（3）移栽。带土移栽，种植穴施少量农家肥，浇透水后定植。

（4）田间管理

①适时搭架。植株高度达到50cm左右进行搭架，便于秧蔓缠绕。

②打顶。植株主蔓生长到2m左右进行摘心，侧蔓生长坐果后留两片叶进行打顶绑蔓。一般每株留两条子蔓。当子蔓爬上秧架结果后，在子蔓的顶部找一个健壮的侧蔓，进行第二次打顶，一般每条子蔓留2～3条孙蔓，孙蔓可以任其自然生长。

③整枝打杈。经常清除植株上的细弱的侧蔓，以改善植株的内部通风、透光条件。

④水肥管理。葫芦坐果后要及时浇水施肥。

⑤病虫害防治。葫芦的主要虫害是蚜虫，虫害严重时可用3%的除虫菊酯或1.8%阿维菌素乳油3 000倍液，每5d一次，交替喷3～4次即可有效防治。病害以白粉病为主，发现病株病叶及时剪除；发病早期可喷50%的多菌灵、25%苯醚甲环唑乳油，2 000～2 500倍液喷雾防治，交替喷施2～3次。

2. 盆栽葫芦

（1）选土。选用疏松的沙壤土，按10∶1的体积比，施用腐熟的有机肥混均。

（2）定植。每盆定植壮苗2株。

（3）定植后管理。待株高50cm时在底部3个叶处打顶，待侧枝开始现蕾，留3～4片叶二次打顶，每株留2条孙蔓。同时打掉多余的细弱枝条，以利于通风透光。

（4）人工授粉。盆栽葫芦由于数量少，蜂源少，必须人工授粉才行。上午10点前时最佳授粉期。授粉时用干燥的小棉团，从雄花中采取花粉，迅即接到雌花蕊里。

（5）疏果。果实坐住后，将畸形果掐除。

（四）产业融合应用

1. 保健功能

葫芦在未成熟时，能当蔬菜吃，还能治病。葫芦香甜、光滑、无毒，其藤、须、叶、花、籽、壳可作为治疗多种疾病的药物。葫芦含有蛋白质和多种微量元素，有助于增强免疫功能。同时，葫芦含有丰富的维生素C，可以促进抗体的合成，提高人体的抗病毒能力。从葫芦中分离出两种胰蛋白酶抑制剂，可以抑制胰蛋白酶，降低血糖。葫芦具有清热，解暑，止渴，除烦，利水。

2. 景观功能

适合不同品种搭配进行廊架栽培，既可观花、观果，又是很好的遮阴材料，果熟后加工成工艺品，悬于室内别具风趣。

（五）常见栽培品种

适合于京津冀地区种植葫芦品种丰富，有亚腰葫芦、瓢葫芦、长柄葫芦、长筒葫芦、花皮葫芦、异形葫芦等60余个品种。

1. 亚腰葫芦

亚腰葫芦是一个常见的品种，古今种植都非常普遍。它的形状长得很可爱，像两个摞起来的球体，上小下大，中间有一个纤细的“蜂腰”，它的名字因此叫“亚腰葫芦”，俗称“亚葫芦”。亚腰葫芦是人们对腰很细的葫芦的一种叫法，它是葫芦大家族中的一员，大小差异较大，文玩中常见的手捻葫芦也是一种亚腰葫芦。

2. 瓢葫芦

一年生草本植物，果实比葫芦大，果实呈梨形的葫芦叫瓢葫芦，又称匏瓜。果实成熟后，果壳对半剖开，掏去果瓤即成为瓢。由于它的用途越来越小，人们已经很少种植这种瓢葫芦了。虽然它作为瓢的用途已经不大，但它的新用途又在被发现，人们已尝试用它制作工艺品，制作的各种精美的工艺品，同时在京津冀地区的一些山区有食用晒干的瓢葫芦条的习俗。

3. 长柄葫芦

茎蔓性，具柔软茸毛，蔓长8～10m，主蔓容易产生子蔓，生长势极旺盛。叶绿色，为浅缺刻近似圆形，叶片大，具柔软茸毛，叶脉放射状。雌花白色，单生，花瓣5片，柱头3个。一般主蔓30节以后侧蔓第2～3节开始有雌花。以子蔓和孙蔓结果为主。长柄葫芦下部膨大似一个圆球体，表面光滑，表皮色以青绿为主，间有白色斑。

四、南瓜

南瓜（*Cucurbita moschata*）属葫芦科南瓜属，一年生蔓生草本植物，原产墨西哥到中美洲一带，世界各地普遍栽培，明代自日本、东南亚等地传入我国。南瓜属作物共有5个栽培种，不同文献中名字叫法不同，一般可分为南瓜（中国南瓜）、笋瓜（印度南瓜）、西葫芦（美洲南瓜）、墨西哥南瓜（灰籽南瓜）和黑籽南瓜，目前我国广泛种植的为前3种。南瓜除食用功能外，还兼具休闲景观功能，其变种极多，果实颜色鲜艳，具有单色、双色、三间色等。有些则造型奇特，或巨大、或趣巧精致，观赏性强，能花盆廊架栽培，又可食用，称为观食兼用南瓜。

（一）形态特征

一年生蔓生草本植物，茎节部常生根，叶柄粗壮，叶片宽卵形或卵圆形，质稍柔软，叶脉隆起，卷须稍粗壮，雌雄同株，果梗粗壮，有棱和槽，因品种而异，外面常有数条纵沟或无，种子多数，长卵形或长圆形。

（二）生活习性

1. 分布状况

原产墨西哥到中美洲一带，世界各地普遍栽培，亚洲栽培面积最大，其次为欧洲和南美洲，中国普遍栽培。

2. 生长特性

南瓜是喜温的短日照植物，最适生长温度为15～32℃，耐旱性强，对土壤要求不严格，但以肥沃、中性或微酸性沙壤土为好。

（三）栽培技术

可分为生产栽培和景观栽培两类，生产栽培包括露地栽培和设施栽培，蜜本等中大型菜用、籽用南瓜为露地栽培；贝贝南瓜、奶油南瓜等品质好、效益高的小果型南瓜以设施栽培为主。景观栽培是近年来随着我国休闲农业发展而兴起的一种栽培模式，栽培场景为休闲园区。

1. 露地栽培模式

露地栽培一般播种株距 60～80cm，之字形播种，大垄双行对爬，小行距 80cm，大行距 420cm，亩定植 400～500 株。

（1）整地施肥。选择富含有机质、排灌良好的沙壤土地块，每亩施有机肥 4 000kg，复合肥 30kg 作基肥。

（2）催芽直播。温汤浸种后，再用 50%多菌灵浸泡种子 30min，置于 28～30℃环境中催芽，70%左右种子露白即可播种。

（3）栽培管理

①肥水管理。定植 10d 左右每亩浇水追施复合肥 10kg；坐瓜后灌 1～2 次大水并随水追施 10kg 复合肥，促进幼瓜快速膨大；定瓜后，适当控水，提高品质。

②整枝压蔓。单蔓整枝，当瓜蔓长 60～70cm 时开始压蔓，每 40～50cm 压蔓 1 次，促进生不定根，提高植株养分吸收效率，每株坐瓜 2～3 个，然后摘心。

③病虫害防治。使用乙嘧酚和醚菌酯混剂或乙嘧酚磺酸酯防治，每间隔 7～10d 用药 1 次，防治白粉病；南瓜整体抗病力强，苗期有少量的蚜虫、白粉虱危害，可采用黄蓝板、银灰膜覆盖趋避。

（4）采收上市。移栽后 90d，瓜皮转黄上灰成熟，用果剪摘瓜，轻摘轻放，可贮藏 2 个月以上，视市场行情上市，以获得较好的收益。

2. 设施栽培模式

（1）品种选择。春大棚栽培宜选择耐低温弱光、抗性好、高产等品质佳的品种，如贝贝类型南瓜，品种有上海惠和的贝贝一号、贝贝二号等。

（2）培育壮苗。用55～60℃的温水搅拌浸种10～15min，水温降至30℃左右继续浸种6h。浸种后放28～30℃恒温箱中催芽。待有70%左右种子露白后，即可播种，播种时选择商品育苗基质，32孔穴盘装盘，将种子放平，深度1～1.5cm，覆盖基质浇透水，覆膜后3～4d即可出芽。早春苗期约30～35d，秋季苗期约为25d。秋季种植时也可采取浸种催芽后直播的方式。

（3）整地定植。选择土壤肥沃、排灌良好、有机质含量丰富且前茬没有种植过葫芦科作物的地块进行种植。

①重施底肥，整地做畦。每亩施用有机肥6 000kg，三元复合肥40kg，硫酸钾20kg。底肥均匀撒施后旋地，按75cm行距做小高畦。畦高20cm，畦面宽60cm，沟宽45cm，覆盖1.2m宽黑色地膜待定植。

②定植及缓苗期管理。幼苗长至2叶1心时定植，小高畦双行栽培，株距45cm。定植后覆盖小拱棚，浇定植水，定植后前3d闷棚，提高土温促生根缓苗。第4d小拱棚昼揭夜盖，使棚内温度白天保持在28～32℃，夜间保持在15～18℃。定植后7～10d后，浇缓苗水，每亩追施尿素5kg，促苗早发。

（4）整枝授粉。定植后30～35d，蔓长25～30cm时开始吊蔓，采用双蔓整枝方式，其余侧蔓及7叶以下的雌花打掉。8～12片叶雌花人工授粉。授粉后5～7d，进行定瓜，每条枝蔓留瓜3个。一般在14～18片叶之间、第1茬南瓜长到直径7～8cm时进行第2茬瓜的授粉。

（5）追肥促膨瓜。水肥策略为前轻后重，每茬瓜定果后，每亩随水追施高钾水溶肥10kg，滴灌浇水5～6h，以后每隔10～15d浇水1次，浇2～3次。

（6）病虫害防治。设施栽培主要病害有病毒病、白粉病，虫害主要是蚜虫。大棚应及时安装防虫网，伸蔓后用氨基寡糖素

500 倍液或毒必克 800 倍液，每 7～10d 喷雾 1 次，连续 2～3 次预防病毒病；缓苗后喷施四氯间苯二腈 500 倍液，第 1 茬果开花前喷施 1 遍嘧菌酯 1 500 倍液，生长中后期每间隔 10d 喷施 1 次氟硅唑 1 500 倍液以及注意打除老叶，加强通风等预防白粉病。

（7）适时采收。贝贝南瓜从开花到成熟约 30～35d 左右。采收标准是瓜柄失绿变黄或出现纵裂纹并木质化，南瓜绿色表皮开始转暗，为最佳采收期。

3. 景观休闲栽培模式

（1）种植适期。北京地区露地和大棚栽培分春秋两季种植，温室周年可种植；露地或盆栽种植一般春季在 3 月下旬播种，秋季 7—8 月播种。

（2）培育壮苗。选择商品基质，基质提前使用 500 倍对二甲基氨基苯重氮磺酸钠或 800 倍多菌灵喷雾消毒，防止猝倒病。苗期淋 1～2 次 1％的复合肥溶液。保持适宜的温度和土壤湿度，一般早春棚内温度以 25℃左右为宜。

（3）定植

①温室栽培。3～4 片真叶定植，每亩有机肥 4 000kg，复合肥 30kg 作基肥，定植前 10d 进行高温闷棚，以杀菌灭虫。一般密度为 1 200 株/亩。定植选择晴天早上或傍晚，定植前后需浇透水。

②盆栽栽培。选择直径 25～35cm，高 30～40cm 的花盆为宜，培养土可用泥炭土、河沙、珍珠岩按 5∶3∶2 的比例混合配制，装入培养土前每盆可加入 250g 左右的鸡粪作基肥。

（4）生长管理。定植后保温控水促进生根，缓苗后以促为主，用 1％的复合肥水溶液淋根，保持土壤湿润；生长盛期及开花结果后需水肥较多，每星期淋 1 次 2％的复合肥水溶液；果实定个后，每亩追施复合肥 10～20kg，促进幼瓜膨大；采摘前 20d 停止浇水，促进糖分积累；盛果期、采收期视植株的坐果情况和叶色，再追施一次肥料。

(5) 引蔓整枝。1m以下侧蔓打掉，苗长至25～30cm时，开始吊绳绕蔓。主蔓上棚架后可适当多留1～2条侧蔓增加结果。

(6) 人工授粉。开花后采用人工授粉，选择当天开花的雄花，除去花冠，将雄蕊的花粉涂到雌花柱头上，授粉以早8点到10点最佳。

(7) 病虫害防治。南瓜易发生白粉病、病毒病、枯萎病、蚜虫、螨类等病虫害，可用灭病威800倍+800倍多菌灵或600倍三唑酮喷施防治白粉病，用40%乐果乳油800～1 000倍或蓟蚜清1 000倍喷雾防治蚜虫。

(8) 采收。观赏南瓜以观赏为主，待果实充分老熟，果皮变硬时采收，然后晒干，具有欣赏价值；如用于食用的，需在成果后20d左右，果皮没有变硬前采收。

(四) 产业融合应用

1. 营养功能

南瓜全株均可食用，果实可粮可菜还可赏，中国南瓜多食用老熟果，西葫芦和印度南瓜多食用嫩果；南瓜性甘温，入脾胃有消炎止痛、解毒等功效；每100g南瓜鲜果果肉中含水分97.1～97.8g、碳水化合物1.3～5.7g、维生素C15mg、胡萝卜素5～40mg，此外，还含有维生素B_1、维生素B_2和维生素B_3等多种维生素以及铁、钙、镁、锌等多种矿质元素。果实可加工成果脯、饮料；种子含南瓜子氨基酸，有清热除湿、驱虫的功效，对血吸虫有控制和杀灭的作用，经常食用南瓜种仁对男性前列腺炎、胃病、糖尿病等具有一定疗效，还可起到降血脂、防止头发脱落、抗衰老等作用；藤有清热的作用，瓜蒂有安胎的功效，根治牙痛，花可煮汤，根利湿热，通乳汁等。

2. 景观功能

南瓜还具有较高的景观价值，以观赏南瓜为例，以果实作为观赏对象，形状奇特，色彩丰富，可以表现出双色和多色，有些品种甚至具有营养丰富、保健功能突出的特点，可用来装饰园林长廊，也可种植于瓜果采摘园区，已经成为观光园区重要的景观栽培装饰品类，深受广大市民喜爱。

观赏南瓜还可用于园林绿化、造型布景之用，其果实成熟后，果皮角质化程度和纤维化程度高，果壳坚硬，可作为玩具或装饰品长期保存，观赏期长达 6 个月到 1 年左右；也可将形状颜色大小各异的果实进行巧妙配置后，装到草篮中进行观赏；还可于果实表面雕刻艺术字或绘上鸟、虫、蝶等图案，作为艺术品陈列于居室、客厅、橱窗中，具有较高观赏价值。

（五）常见栽培品种

1. 密本南瓜

密本南瓜属中国南瓜栽培种，抗逆性强，适应性广，单果重 1.5～3kg，头大尾小，瓜皮橙黄色，肉厚，其味甘，肉质粉面，口感细腻，细致，水分少，是栽培南瓜中品质较好一种，适合烹调和深加工。

2. 贝贝南瓜

贝贝南瓜属迷你型南瓜，单瓜重约 250～350g，瓜皮薄、口感粉糯，全生育期 100d 左右，采用 2 蔓或 3 蔓整枝，单株结瓜 8～10 个，每亩产量在 3 000～3 500kg 左右，北京地区年可栽培 3 茬，具有较高的经济效益。

3. 多翅瓜

多翅瓜又叫麦克风，果实上细下粗，底部为绿色或黑色，上部为黄色，有淡黄色红色相间条纹，以绿黄两色为主，作观赏用，果长 8～15cm 不等，平均果重约 100g。该品种南瓜在颜色、形状、大小方面具有较多差异，可分为 40 余种类型。

4. 鸳鸯梨

鸳鸯梨南瓜又叫玲珑、顽皮小孩，果实呈梨形。果实底部为绿色，顶部金黄色，有淡黄色条纹，以绿黄两色为主，观赏用。

5. 桔瓜

皮色淡黄色带橙色条纹，单果重 200～500g，桔瓜肉质粉质，有独特甜味，口感好；单蔓可结果 3～4 个，膨大快，播种后 80～90d 即可收获，贮藏性好，常温下可保存 2～3 个月，可做装饰用。

6. 巨型南瓜

巨型南瓜瓜型巨大，单瓜重一般可达 250kg 以上，果皮色彩艳丽，观赏价值高，常见品种有美国的 Zucca、Atlantic 和 gaint 等。

五、叶用甜菜

叶用甜菜（*Beta vulgaris*）为藜科甜菜属的二年生草本植物。一般俗称君达菜，是中国仅有的甜菜种质资源，在中国已有 2 500 多年栽培历史。其叶片肥厚，叶柄粗长，抗寒能力强且耐酷暑，既可不断播种采食幼株，也可栽植一次连续采食叶片，供应时间长，为大众蔬菜。其块根色素含量高，无毒副作用，可合成食用色素。在中国南方地区，叶用甜菜主要用作畜牧业的青贮及鲜饲料。其中有些叶用甜菜品种叶梗呈紫红色、奶白色、明黄色，颜色非常艳丽，极具观赏价值。可用作花坛作地被植物，也可用作居室盆栽植物。

（一）形态特征

叶用甜菜为二年生草本植物，植株矮生或直立，根系发达呈长圆锥状，侧根发达。营养生长时期茎短缩，生殖生长时期抽生花茎。叶片肥厚，卵圆形，表面皱缩或平展，有光泽，呈绿色或紫红色。叶柄发达，宽短肥厚或窄长肥圆。花淡绿略带红色。果实为聚合果，含 2～3 粒种子，种子呈肾形，棕红色。

（二）生活习性

1. 分布状况

叶用甜菜主要分布于土耳其、希腊等地中海沿岸国家。在我国中部的长江、黄河流域以及西南地区都有广泛的分布。

2. 生长特性

叶用甜菜喜冷凉湿润，适应性强，耐高温、低温，耐肥，耐盐碱。其发芽适温为18～25℃，4～5℃可以发芽，但速度较慢，日均气温13～18℃时生长较好。低温、长日照促进花芽分化。对土壤的要求不严格，土壤的pH以中性或弱碱性为好。

（三）栽培技术

叶用甜菜可露地、设施栽培，管理简单，也可盆栽作为景观。

1. 地栽模式

（1）种植季节。叶用甜菜喜冷凉润湿的气候条件，但适应性较强，耐高温也耐低温。栽培季节分为春、秋两季，而以秋季栽培为主。春播2—4月可陆续播种，以采收幼苗为主；另外也可利用甜菜耐热力强的特点，在6月播种，8—9月采收供应。

（2）选地。选择地势平坦、排水良好、土质肥沃的平川地或平岗地种植。忌选低洼易涝地块。土壤酸碱度以中性或微碱性为宜。要进行轮作，不能重茬，否则会影响叶用甜菜的产量和质量。

（3）整地。深翻深松，翻地深度为20～25cm，深松深度30cm以上，翻、耙、深松、起垄、夹肥、镇压，达到播种状态。垄距50～60cm小垄或90～110cm大垄。结合整地，每亩施有机肥2.5～3t。

（4）良种选择及处理。选种时，应选择优质、高产、抗逆性强的品种。叶用甜菜的种子是植物学意义上的球果，果皮革质，皮厚不易吸水发芽，播种前要将聚合果搓散，以免出苗不匀，然后使用温汤浸种4～6h，催芽进行播种。

（5）播种育苗及田间管理。以幼苗供撒播，分期剥叶采收的条播或育苗移栽。条播行距25～30cm，间苗后株距20～25cm，育苗移栽定植株行距25cm×35cm。育苗每亩需种子1.5～2kg，约可定植0.6hm^2。苗龄30d左右。

在种子出苗前注意查看种子萌动及发芽情况，如发现有芽干现象应随时进行坐水补种，育苗移栽后如发现缺苗要及时进行补栽。

（6）采收。采收幼苗的播种后50～60d或定植后30～40d开始采收；剥叶采收的定植后40～60d，待有6～7片大叶时开始采收，一般每10d左右剥叶一次，每次剥叶3～4片，留3～4片大叶。叶用甜菜耐肥，耐碱，每次采收后要结合灌水施以较浓厚的速效氮肥一次。勤采轻采和施足追肥，不断促进新叶的生长是丰产的关键。采收到中后期，应在收后及时中耕培土，以促进新根发生，防止倒伏。每亩的产量，采收幼苗的1 500～2 000kg，剥叶采收的5 000kg以上。

（7）病虫害防治

①甜菜褐斑病。甜菜褐斑病主要危害叶部，是由多种致病菌引起的流行性病害，它的发生常常会影响其观赏价值。此病致病菌较多，因此要采取预防与综合防治相结合，发病初期可用65%代森锌可湿性粉剂300～500倍或75%四氯间苯二腈可湿性粉剂600～800倍液或70%甲基硫菌灵可湿性粉剂1 000倍液喷洒，防治效果好。

②立枯病。播种前将种子进行药剂处理，每100kg种子用0.8kg的50%四甲基秋兰姆二硫化物或者75%对二甲基氨基苯重氮磺酸钠可湿性粉剂拌种。再用种子重量的0.8%对二甲基氨基苯重氮磺酸钠药剂浸种，100kg种子浸入0.8kg对二甲基氨基

苯重氮磺酸钠兑 70kg 水配成的浸种药液中 24h 后，捞出风干播种。用 75%对二甲基氨基苯重氮磺酸钠可湿性粉剂 800～1 000 倍灌根。

③跳甲。跳甲属鞘翅目、叶甲科，跳甲种类很多，以甜菜跳甲和黄条跳甲为主。多发生在 5 月上、中旬，甜菜幼苗出土后，跳甲便是危害盛期，可用 80%敌百虫可溶性粉剂配成毒土撒施土表浅土（药：土＝1：50～100）毒杀虫蛹；用 5%卡死克 1 000～2 000 倍防治成虫。

④红蜘蛛。发生时间在 6 月上旬至 8 月上旬，少量发生时点片防治，用 73%克螨特乳油、15%哒螨灵乳油 800～1 000 倍液机械喷雾防治，连续 2～3 次，药剂交替使用。

2. 盆栽模式

（1）选土。基质选择疏松通气性好的园土加有机肥和复合肥，也可无土基质栽培，使用的基质必须清洁，彻底消毒。营养全面，无病虫害。一般选用草炭、蛭石、珍珠岩、蘑菇废料和洁净的河沙做基质。尽量不用化学肥料，较多地使用如麻渣、花生饼等有机肥，亦可用发酵菌堆制或使用以牛羊粪为主要原料的充分腐熟的有机肥。

（2）选盆。选购大小适宜的花盆，可选择塑料花盆、泥瓦盆或木盆。

（3）移栽。直径 20～25cm 的圆口花盆以每盆 2～3 株为好。长方形栽培槽株距 12～15cm 为宜。尽量选择同品种同色系的幼苗移栽，便于造型摆放，提高观赏性。

（4）环境控制。叶用甜菜喜冷凉湿润，适应性强，盆栽甜菜营养有限，为保证肥水供给，须勤浇肥水。

（5）定植后管理。定植前应施足底肥，生长期需勤追肥，以偏氮复合肥为宜。每 10d 左右追施一次。注意排水通风，及时修剪残叶老叶，及时采收。采取预防与综合防治相结合的手段预防褐斑病、红蜘蛛等病虫害的发生。

（四）产业融合应用

1. 营养保健功能

叶用甜菜性凉味甘，能清热解毒、行淤止血。可补中下气，理脾气，去头风，利五脏。是一种营养价值很高的蔬菜，含有丰富的维生素 B_2，还含有多种人体需要的元素铁、铜、钾、钙、钠，叶用甜菜的维生素 A、C 也是很丰富的。可以吃嫩叶，也可以用来煮汤或熟酱蘸食，有很好的清热祛火的作用，同时也可以祛脂降压，有很好的解毒作用及提高免疫力等功效。注意一定不要和鸡蛋同炒，如果叶用甜菜与鸡蛋一起同炒会产生毒性。叶用甜菜的糖分很高，可用来制作糖类。有些叶用甜菜其块根颜色紫红，色素含量高，无副作用，可合成食用色素。

2. 景观功能

我国现有的叶用甜菜有 5 种类型，白色叶用甜菜、绿色叶用甜菜、红色叶用甜菜、四季叶用甜菜和卷叶叶用甜菜。叶柄的颜色分红色、绿色、白色、黄色。颜色艳丽，有极高的观赏价值。园林绿化方面可作盆栽，用于花坛、花境和园林景点的布置。群植效果甚佳，适宜公园、草坪一隅、河湖岸边布置。可搭配不同颜色摆盆，设计不同的园艺造型。

（五）常见栽培品种

1. 紫甜 1 号

叶柄紫色，颜色漂亮，叶片绿色，叶柄较长，宽度中等，植株生长整齐，长势旺盛，株型紧凑，耐热、耐寒、春季种植，掰叶收获，可以一直收获至冬季，可作特菜栽培，也可作观光性蔬菜栽培。

2. 红梗甜菜

叶柄和叶脉均为红色。叶柄窄而长，腹沟明显。叶片淡绿色、绿色或紫红色。耐热，品质好。

3. 金叶甜菜

叶柄为植物中少见的黄色，颜色亮丽，叶柄较长，植株株型紧凑，生长整齐，长势旺盛，耐寒耐热，大株栽培掰叶收获，可以连续采收几个月。也可作特赏蔬菜与其他颜色甜菜组合栽培，组字造型，做观光蔬菜栽培。

白梗甜菜：叶柄宽而厚，白色。叶片短而大，页面有波状皱褶。柔嫩多汁，品质较好。

六、秋葵

秋葵（*Abelmoschus esculentus*）是锦葵科秋葵属的一年生草本植物。秋葵在欧美等国家种植历史悠久，在国外被列为新世纪最佳食品名录，也被许多国家定为运动员的首选蔬菜，有“奥运蔬菜”的美誉。秋葵可食用部分不仅滑润不腻、风味独特，而且具有健胃、润肠和强肾的功效。秋葵属植物的花大而美丽，可供园林观赏用。有些种类还可入药。

（一）形态特征

秋葵根系发达，直根系，吸水吸肥能力强。茎圆柱形，直立生长，高1～2m；从基部节位发侧枝，自着花节位起不发侧枝。叶互生，呈掌状5裂，裂片披针形。叶柄长，中空；花呈掌形分裂，有5～7个裂片。花为完全花，花瓣倒卵形，长4～5cm。花期较短，仅有数小时，当天即凋谢；果实为蒴果，筒形尖塔形，长约10cm，先端尖细，略有弯曲。果色绿色或紫红色。果实有黏滑物质，具有特殊香味或者风味；种子球形，绿豆大小。

（二）生长习性

1. 分布状况

秋葵作为一种高档营养保健蔬菜而风靡全球。原产于非洲，目前在欧洲、非洲、中东以及东南亚地区广泛种植。我国于20世纪60年代从国外引进，目前在我国各地的种植面积呈迅速上升趋势。除满足国内市场外，加工品还出口到中国香港、中国台湾以及欧美地区。

2. 生长特性

秋葵耐热怕寒，喜温暖潮湿的气候，喜光照时间长，耐旱不耐涝。发芽和生长最适宜温度是26～30℃，月平均温度要求高于17℃，否则影响开花结果。夜温不能低于14℃，否则会生长不良。因此种植过程中应当确保无霜出现，开花结果期最好处于当地种植最为温暖湿润的季节。秋葵对土壤适应性较强，土壤疏松肥沃、保水保肥性强的壤土或沙壤土为宜。

（三）栽培技术

秋葵作为特菜的一种，种植较简单，在京津冀地区主要为露地种植。

1. 播种育苗

秋葵喜高温，一般在3月中旬育苗。由于秋葵种子较硬，一般播种前需要在热水中浸种12h，然后用湿的纱布包裹种子在30℃的催芽箱中催芽，有60%以上的种子露白即可播种。选用72孔的穴盘，将拌好的基质填入穴盘，用另一空的穴盘底部轻压基质，使基质离穴盘表面的高度为2cm左右。将催好芽的种子播在穴盘孔中，每孔一粒即可。最后盖一层2cm厚的蛭石，浇足水即可。播种后盖一层白色薄膜保温保湿，4～5d后即可陆续发芽，出芽率达60%以上时应及时撤掉薄膜。发芽期间应保持白天温度在25～30℃，夜间温度15～18℃，苗龄在30～40d，秋葵幼苗4～5片叶即可进行定植。

秋葵一般在地温高于15℃左右直播。播前也需要浸种12h，后在催芽箱中30℃下催芽24h，待种子露白时播种。先浇水，后播种。以穴播为主，穴的深度为2cm，每穴播3粒左右。幼苗出土后及时间苗、定苗，每穴保留 1 株苗。

2. 选地整地

选择地势平坦、通风向阳、排水方便、疏松肥沃、富含有机质的壤土或者沙壤土地块。定植前 1 周结合深耕整地，每亩使用商品有机肥 3t，增加有机质的含量，复合肥 30～40kg。做成 70cm 的大行，45cm 的小行，畦宽 20cm。定植前需铺设滴灌设施。

3. 移栽定植

每畦 4 行，株距为 40cm。秋葵是喜光作物，定植过密影响通风和透光，产量和品质降低。若定植太稀，会使总产量下降。定植必须在晴天上午进行，定植后及时浇定植水。

4. 田间管理

（1）水肥管理。定植一周后浇一次缓苗水，促进根系生长。在门荚坐住后，根据土壤墒情和植物长势每隔 10d 浇一次水。由于秋葵采收期较长，在结荚盛期，每隔一周浇一次水，保证充足的水分供应。由于夏季气候炎热，地表温度较高，应选择上午 9 点之前或傍晚时分进行灌溉，避免高温浇水伤根。建议使用滴管进行灌溉，既能保证灌溉均匀，又能提高水分利用率。

秋葵生长期较长，根系发达，对肥料需求量较大。在施足底肥的情况下结合浇水适当追肥。生长前期以追施氮肥为主，中后期以追施磷钾肥为主。秧苗有 4～5 片真叶时第一次追肥，结荚初期第二次追肥，以后每隔半个月追一次肥。

（2）株形整理。在秋葵定植之后，需要注意株形整理。注意侧枝的去除，避免浪费营养，促进主枝生长结果。并且注意如果在植株过低时结果，可以将下部的花去除，先促进植株生长。对于生长中后期的秋葵，一些老叶子要及时地清除，并且注意通风和阳光照射。

（3）中耕除草。为了促进根系生长，秋葵出苗后及时中耕除草。为了防止植株倒伏，封垄前需培土。在第一朵雌花现蕾前应加强中耕，适当蹲苗，利于根系发育。

5. 病虫害防治

在北京地区，秋葵陆地栽培病虫害发生较轻。目前发现的主要害虫是蚜虫，通常采取“预防为主，综合防治”的防治措施。首先在种植区悬挂黄蓝粘虫板，定期调查害虫虫口密度。其次是注重使用天敌昆虫。异色瓢虫是蚜虫的天敌，自然界就存在异色瓢虫。当蚜虫发生较轻时，不需要喷施药剂，依靠自然界中的天敌就可以起到很好地防治效果。当蚜虫发生较重时，需要进行化学防治，推荐使用 10%吡虫啉可湿性粉剂 10～20g/亩，5%啶虫脒乳油 24～30mL/亩，或 22%螺虫・噻虫啉 3 000～5 000 倍液。

6. 采收

秋葵长到 8 个结节的时候便开始开花，在温度适宜的情况下结果，4～7d 的时间便可以采收果实，一般果实长到 15cm 长的时候便可以采收，采收过早容易造成产量低下，采收过晚容易导致果实老化导致出现粗纤维的增加，影响口感。秋葵一般单果重为 30g。

（四）产业融合应用

1. 营养保健功能

秋葵因其营养价值丰富已经逐渐被广大消费者喜欢，作为人们餐桌上常见的蔬菜品种。秋葵幼果中含有大量的黏滑汁液，具有特殊的香味，味淡性寒，含有丰富的蛋白质、膳食纤维、维生素以及多种矿物质。秋葵既可以凉拌也可以热炒，还可以做成汤菜，营养价值可谓极其丰富。秋葵具有润肠通便、延缓衰老、减肥、抗疲劳、增强身体耐力和抗癌能力、提高机体免疫力、保护心脏等功效。

2. 景观功能

秋葵花期较长，花大而艳丽，有黄、白、紫各种不同的颜色，因此可作为观赏植物栽培。在崇尚生态、向往自然的当今时代，推广秋葵种植，在发展生态景观农业方面大有作为。

（五）常见栽培品种

1. 绿伞

果实颜色深绿且有光泽，肉质柔软品质好。果实形状好，光滑顺直，成品率高。生长旺盛，耐热耐寒性强，栽培容易。

2. 瑞泰星

从泰国引进的杂交一代秋葵品种，该品种表现优良，早熟，植株长势强健，分枝能力中等。果型细长整齐，大小均匀，颜色偏深绿色，光泽度好。果实商品性极佳，产量高，口感好，对病毒病具有一定的抗性。

七、紫白菜

紫白菜（*Scabiosa atropurpurea*）为十字花科芸薹属二年生叶菜，是普通大白菜与紫甘蓝杂交选育的新白菜品种之总称。目前北京地区种植较多的是韩国选育的品种紫宝、紫裔。其亲本大白菜是我国原产菜，在我国有 6 000 年以上的栽培历史，是百姓当家菜，素有“百菜之王”美称。而近几年新兴的紫色大白菜继承了大白菜原有各种优点的同时在营养元素、提升人体免疫力等保健方面作用更加突出，口感更好，特别是外观呈紫色非常漂亮、成规模种植更具有观赏性。

（一）形态特征

紫白菜为二年生草本蔬菜，杂交品种。外叶紫色或紫绿色，内叶紫红色或鲜红紫色。叶片有皱褶，叶球抱合。株高 35cm 左右，结球型近直筒，叶柄比普通白菜薄，单球重 1.3～2.5kg。叶片为基生叶对生，后互生，幼苗叶椭圆形，莲座叶倒卵型、全缘波状有锯齿。花茎叶无柄，花四瓣，异花授粉，虫媒花。种子近圆形。

（二）生活习性

1. 分布情况

紫色大白菜我国大约2006年开始选育，目前种植以韩国的紫宝、紫裔为主，南北方都有少量种植，市场表现良好。

2. 生长特性

紫白菜属半耐寒蔬菜、20～25℃为其生长适宜温度，进入包心期更喜冷凉气候，15～20℃利于包心。抗寒能力较强，能耐－5℃的短时低温，当前种植的紫宝、紫裔为中熟品种，生育期90～95d。栽培中后期缺钙易干烧心，光照不足叶色返青。

（三）栽培技术

紫白菜在我国南北方露地及保护地均可种植，京津冀地区主要是春秋两季露地种植，栽培方式以育苗移栽为主。

1. 育苗

（1）整地做畦。施足底肥、在日光温室或大棚内按7m×1.2m的面积做成数个苗畦。

（2）播种。春3月中旬（日温＞13℃）、秋8月10号左右，按照60～70g/亩的种量兑数倍细沙，放小水洇畦、水渗，均匀播种后覆1.5cm高的细土。

（3）定苗。种子顶土和齐苗各浇一次水、做到“三水齐苗”，2片真叶时按3～4cm间距剔除返青苗和病弱苗、6～8cm进一步定苗，注意保持光照，苗龄17d或6片真叶左右时定植。

2. 移栽定植

春种一般4月中旬畦栽，秋种8月下旬垄栽，株行距30cm×40cm左右带坨定植。亩施有机肥2 000kg、氮、磷、钾（20∶20∶20）复合肥40kg。

3. 田间管理

（1）浇水。在修好排灌系统前提下、定植后1～2d及时浇缓苗水，大致每周浇一次，根据墒情小水勤浇，切忌大水漫灌，收获前10d停止浇水。

（2）追肥。每隔两周随水追施硫酸钾15、20、30kg/亩，中后期喷施过磷酸钙及微量元素肥料1次/周，收获前两周停止追肥。

（3）中耕。分次浇水后土表略干进行中耕除草、莲座期结合中耕培土。

4. 病虫害防治

紫白菜比普通大白菜抗病、突出病害是霜霉和病毒病，虫害为菜青虫和蚜虫。

（1）病害。叶面病害为害初期可用病毒1号乳油600倍液，霜霉病用四氯间苯二腈可湿性粉剂600倍液和25%瑞毒霉600倍液交替用药。

（2）虫害。虫害可用阿维菌素乳油1 000倍液或4.5%氯氰菊酯2 000倍液每周一次交替喷药。

5. 采收

当紫白菜球重达1kg以上形成商品菜时可根据市场需求分次采收。

（四）产业融合应用

1. 保健功能

跟普通大白菜相比，紫白菜营养更加丰富，高出两倍或更高，每100g紫白菜中就含有4g的蛋白质、2.6g粗纤维和60mg的维生素，以及钙、铁、锌、硒等元素。紫白菜呈紫色，是因为其叶片含有大量花青素，花青素具有提高人体免疫力、增强人体抵抗力、缓解眼部疲劳、预防视力下降作用，对高血压、癌症有预防作用，对骨质疏松、糖尿病有预防及治疗作用，对爱美的人还有美白、减肥、减脂、抗氧化等功效。

跟普通大白菜相比，紫白菜口感更好，适合生食、凉拌，香脆可口。由于紫白菜叶柄薄，煮、涮易熟，味美，为配餐精品。

2. 景观功能

可做园林景点景观布置，可做大中型农业观光园参观布景，林地风景区也可引进种植，居家盆栽或小院种植都可，在满足食用的同时还创造了一道美丽风景。

（五）常见栽培品种

1. 紫宝

外叶紫绿色，内叶紫红色，叶柄薄，花青素含量高；定植后70d左右可采收，单球重1.2～1.5kg左右；口感鲜嫩，抗病性较好，商品性佳。

2. 紫裔

外叶紫色，内叶鲜红紫色，球形直筒型，叶柄薄，干物质含量高，单球重1.5～2kg。花青素含量高，口感鲜嫩，商品性极佳。

八、苦瓜

苦瓜（*Momordica charantia*）葫芦科苦瓜属一年生攀缘状柔弱草本植物。苦瓜别名金荔枝、凉瓜，古称锦荔枝、癞葡萄，是葫芦科苦瓜属中的栽培种，一年生攀缘性草本植物。苦瓜由于果实含有一种苦瓜苷，具有特殊的苦味而得名。苦瓜原产于亚洲热带地区，广泛分布于热带、亚热带和温带地区。印度、日本及东南亚地区栽培历史悠久。徐光启《农政全书》提到，南方人甚食苦瓜。说明当时苦瓜在中国南方已普遍栽培。

（一）形态特征

苦瓜多分枝；茎、枝被柔毛。叶柄细长；叶片膜质，上面绿色，背面淡绿色，叶脉掌状。雌雄同株。雄花花梗纤细，被微柔毛；苞片绿色，稍有缘毛；花萼裂片卵状披针形，被白色柔毛；花冠黄色，裂片被柔毛。果实纺锤形或圆柱形，多瘤皱，成熟后橙黄色。种子长圆形，两面有刻纹。花、果期5—10月。

（二）生活习性

1. 分布状况

苦瓜原产于印度，广泛栽培于世界热带到温带地区。现主要栽培地区有印度、日本、中国台湾等，欧美国家主要作观赏种植。中国南北均普遍栽培，苦瓜栽培现分布于全国，以广东、广西、海南、福建、台湾、湖南、四川等省份栽培较为普遍。

2. 生长特性

苦瓜起源于热带，要求有较高的温度，耐热而不耐寒，苦瓜开花结果的最适温度为25℃左右。苦瓜属于短日作物，喜光不耐阴。苦瓜喜湿而怕雨涝，在生长期间要求有70%～80%的空气相对温度和土壤相对湿度。苦瓜对土壤的要求不太严格，南北各地均可栽培。一般在肥沃疏松，保土保肥力强的土壤上生长良好。

（三）栽培技术

苦瓜种植模式多种多样，既可以在温室、大棚、露地等进行生产性种植，也可以种植于长廊、篱笆、围墙等边角地块用于绿化兼食用，更可以采用基质栽培或水培等多种种植方法。

1. 地栽模式

（1）繁殖育苗。苦瓜播种可以直接播种，每穴种2～3粒种子即可。苦瓜在种植前应将种子放在50～55℃温水浸种约15min，再用30℃温水浸种10～12h。种子露白以后捞出洗干净然后进行播种。

（2）选地整地。苦瓜对土地要求不严格，各种土壤均可种植。但其根系较发达、侧根多，且根群较广，耐肥不耐瘠，喜湿忌渍水。因此，应选择近水源、土层深厚、疏松、排水良好的土地。种植前，土地要经犁翻晒白、沤熟、耙碎，使之达到深、松、肥、碎、平的要求，为高产打基础。

（3）适时播种。苦瓜秋植植期一般为7—8月，此时气候适宜，易管理，采收时间长，产量高。苦瓜冬植植期为11—12月，由于冬季气温低，种植时宜采用薄膜覆盖，实行膜下水肥一体化灌溉技术。既能保肥保水、提高地温、促进幼苗正常生长发育、提高产量，又能省工、省本。

（4）合理密植。苦瓜生势较旺，侧枝较多，生育期较长，必须有一个良好的群体结构才能夺高产。因此，种植密度（规格）要合理，一般种植的株行距为：等行距以80cm×200cm、宽窄行距以［100×（30+170）/2］cm为宜，亩植400～500株。

（5）施足基肥。播种种植时，先按种植规格犁开沟，在沟中挖穴，每亩用过磷酸钙100kg堆沤过的优质土杂肥或牛栏肥500～1 000kg，高浓复合肥7～8kg，硼砂1.5kg施于穴中翻匀，然后把种子点播于穴中，随后淋足水分，每穴种子不能直接接触肥料。

（6）搭棚与引蔓。当幼苗长至5～6片真叶时，应及时插竹搭棚。棚架一般搭“Ⅱ”字形棚架，让枝蔓均匀分布于棚架上。苦瓜分枝性特强，侧蔓多，应将主蔓基部距离地面50cm以下的侧蔓及上部不着生雌花的短、弱、过密的、衰老的、有病的枝叶及时摘除，使群体提高光合作用，减少养分消耗。

（7）肥水管理。苦瓜施肥用水应实行水肥一体化管理，且施肥应掌握“苗期轻施，花果期重施”的原则。开花结瓜前施15～20kg过磷酸钙一次，尿素12～18kg、氯化钾8～10kg；开花结瓜后施尿素20～35kg、氯化钾15～20kg。

（8）病虫害防治。主要病害有猝倒病、白粉病、病毒病等。白粉病于发病前可用四氯间苯二腈喷施预防；发病后用80%硫磺干悬浮剂600倍喷施。病毒病发病初期及时进行药剂防治，可用2%宁南霉素300倍液喷施。虫害常见的有瓜蚜、粉虱、蓟马等，可药剂喷杀。

2. 盆栽模式

（1）定植。苦瓜盆栽尽量选用较大较深的花盆，一般用长50～60cm长方形或方形花盆，每盆栽2～3棵幼苗，可以种成一排或对角线，栽植不要过深，栽后浇透水，过3～5d再浇缓苗水，温室栽培要根据温度情况定时观察基质适度控制浇水频率。规模盆栽生产一般采用商品专用盆栽基质，也可以自己配置盆土，推荐用园田土5份，腐熟有机肥3份，蚯蚓粪2份配制而成的培养土。要保证有机肥腐熟，没有蚯蚓粪也可因地制宜加入废弃食用菌废料以及炉渣代替等。

（2）温度控制。刚定植后管理的重点是提温促进缓苗。缓苗期内白天气温保持在25～30℃，夜间15～18℃，经一周左右幼叶长出。缓苗期过后，可进入日常管理，白天气温维持在20～28℃，夜间14～18℃，可进行一次中耕，尽量离开瓜苗附近浅锄。进入结瓜期，白天气温控制在25～28℃，夜间15～18℃。由于盆栽不同于地栽，本身盆土对温度缓冲度小，因此棚温控制尤为重要，以免气温过高造成“蒸苗”，早春栽培还要适度夜间增加保温措施。

（3）插立屏障式支架。苦瓜抽蔓后应及时引蔓上架，由于枝蔓不仅向上生长，而且主蔓生侧蔓，侧蔓生从侧蔓，整个植株还会不断地横向生长，因此，最好挂上爬蔓用网来供植株攀爬。或者用专业可调节架杆插成排架，成为一个小型廊架，蔓长30cm左右开始绑蔓，以后每隔4～5节绑蔓一次，或采用尼龙绳吊蔓。

（4）水肥管理。结瓜前期，对水肥需求量较少，一般保持土壤不干为原则。缺水时则小水浇灌，以后结合追肥进行浇水。苦瓜进入结果期后，茎蔓生长与开花结果均处旺盛时期，是需要水肥最多的时期，一般每隔7～10d亩滴灌瓜类专用水溶性肥料一次，应用高钾型圣诞树水溶性肥料取得较好效果，每次5～

10kg/亩，也可以一次性追施长效缓释性复合肥，浇水频率根据基质湿度每2～3d一次，在早或午后4～5点喷灌或滴灌。

（5）病虫害防治。苦瓜病虫害主要有白粉病、霜霉病、枯萎病和瓜实蝇等，盆栽蔬菜原则上以生物、物理防治为主，规模化盆栽使用黄板、蓝板和生物农药为主，提前做好防虫网等预防措施，每7～10d喷洒一次多菌灵或四氯间苯二腈等广谱性杀菌剂提前预防。

（6）采收。苦瓜谢花后12～15d，瘤状突起饱满，果皮光滑，顶端发亮时为商品果采收适期，应及时采收。过早和过晚采收都会降低苦瓜的品质和产量。用剪刀将果实的根蒂处剪断，进行收获。

（四）产业融合应用

1. 保健功能

苦瓜果味甘苦，成熟果肉和假种皮主要作蔬菜食用。《本草纲目》记载，苦瓜味苦，性寒，有去邪热、解疲乏、清心明目、滋养强身等功效，现代药理研究也表明其有降血糖、抗肿瘤、抗病毒、镇静心脏等作用。

2. 景观功能

苦瓜在景观功能方面有着得天独厚的优势，由于其是藤蔓性植物，分枝力也强，广泛地用于家庭或者农业园区的走廊园林绿化，同时亦可用作盆栽和园林景点的布置。在农家小院的庭院，搭架种上三五株苦瓜，当或白嫩或翠绿的苦瓜成熟时，炎炎夏日下即可遮阳去暑，又可作为夏日佐餐的一道味道极佳的凉菜。

（五）常见栽培品种

1. 苹果苦瓜

苹果苦瓜原产于我国台湾地区，是用野生山苦瓜与白玉苦瓜杂交而成的新品种。苹果苦瓜果形似苹果，成熟后表皮比较白，果面晶莹剔透，口感脆甜多汁，含糖量高，既可以直接当水果生吃，也可以作为蔬菜食用。这种苦瓜种植效益较高，同时也可以作为景观蔬菜进行栽培。

2. 黑苦瓜

黑苦瓜原产于我国台湾地区，其嫩瓜的皮色则是墨绿色（近似黑色），瓜条比普通苦瓜长，一般瓜长 25～30cm，瓜径 8cm 左右，平均单瓜重 500～600g，瓜肉较厚，苦味比普通苦瓜要淡得多，口感十分清脆爽口，品质极佳，除炒食、凉拌、烧汤、做馅外，还可生食。该品种极早生，宜密植，生长强健，结果力强，抗逆性强。

九、苤蓝

苤蓝（*Brassica oleracea*）十字花科芸薹属甘蓝种的一个变种，为二年生草本植物。水果苤蓝是 20 世纪 90 年代末从欧洲引进的特菜新品种。以膨大的肉质球茎和嫩叶为食用部位，球茎清香脆嫩爽口、营养丰富，嫩叶中营养也很丰富，特别是含钙量很高；经常食用能增强人体的免疫能力，对脾虚、火盛和腹痛等症有一定的辅助疗效，并具有消食积、去痰的保健功能，因此非常受消费者欢迎。

（一）形态特征

苤蓝为二年生粗壮直立草本植物，高 30～60cm。全株光滑无毛。茎短，离地面 2～4cm 处开始膨大而成为一坚硬的、长椭圆形、球形或扁球形、具叶的肉质球茎，直径 5～10cm；外皮通常淡绿色，亦有绿色或紫色者，内部的肉白色。叶长 20～40cm，其中有 1/3～1/2 为叶柄；叶片卵形或卵状矩圆形，光滑，被有白粉，边缘有明显的齿或缺刻，近基部通常有 1～2 裂片；花茎上的叶似茎叶而较小，叶柄柔弱。花黄白色；排列成长的总状花序；萼片4，狭而直立；花瓣4，展开如十字形；雄蕊4强；雌蕊1，子房上位，柱头头状。角果长圆柱形，喙常很短，且于基部膨大。种子小，球形，直径1～2mm，有极小的窝点。花期春季。

（二）生活习性

1. 分布状况

原产于地中海沿岸地区，由叶用甘蓝变异而来。在德国栽培最为普遍。16世纪传入中国，现中国各地均有栽培。

2. 环境条件

主要有以下四个方面的要求：

（1）温度。种子发芽适宜温度为20～25℃，15℃以下和30℃以上不利于发芽；茎叶生长的适宜温度为18～25℃；球茎生长适宜温度白天18～22℃，夜间10℃左右。球茎膨大期如遇30℃以上的高温，肉质易纤维化，品质变差。

（2）光照。属于长日照作物，在光照充足的条件下植株生长健壮，产量高、品质好，但光照条件太强会使球茎纤维增多而降低品质；若光照不足植株生长细弱，导致球茎小、品质差，产量低。

（3）水分。喜湿润的土壤和空气条件，球茎膨大期如水分不足会降低品质和产量。茎叶生长期比较耐旱，水分不宜过多。

（4）土壤和营养。最适宜在疏松、肥沃、通气性良好的壤土种植，质地过黏或者沙质土壤不适宜种植；需氮、磷、钾和微量元素配合使用，幼苗期需磷肥和氮肥较多，在球茎的膨大期需钾肥和氮肥较多；在生长期间还需要少量的钙、镁、硫、铜、锌、铁、锰、钼等元素供应。

（三）栽培技术

1. 育苗

（1）育苗基质准备。育苗基质可以直接选用商品育苗基质，如自己进行配比，则育苗基质通常选用草炭：蛭石：珍珠岩＝1：2：1的比例进行配比，在育苗基质中，可再加入10％的有机肥，如牛粪、羊粪等，或加入0.2％的氮：磷：钾＝15：15：15的三元复合肥混合做育苗基质。

（2）苗床准备。需苗床3m² 左右。条件有限的，可将苗床土先翻晒，平整成宽1.1m左右再挖成凹床，深5cm，整平即可。有专业育苗温室和苗床的，则省去整地做苗床的步骤，直接在钢制育苗床上育苗即可。

（3）播种育苗。选用105孔穴的穴盘进行育苗，8月5日至8月15日可进行育苗。可通过育苗播种机进行集约化育苗播种，也可人工进行播种。每孔播种水果苤蓝种子1粒，播种深1cm，播后覆1cm厚蛭石，浇透水。苗龄大约30d，苤蓝苗长至3～4片叶左右时可以进行定植。

（4）苗期管理

①温度管理。水果苤蓝出苗前要遮阴降温，温度控制在28℃以下，防止出现“高脚苗”。出苗后增加光照时间，温度不要超过30℃。

②水分管理。采取不干不浇水的原则，促进生根、防止徒长。浇水宜选在晴天早上或傍晚进行，避免中午浇苗，造成幼苗烫伤。随着种苗生长适当减少浇水量，促进种苗发根。

③定植前炼苗。移栽前一周左右加大通风。定植前1d最好打一遍杀虫剂和杀菌剂。

④壮苗标准。具3～4片真叶，叶片浓绿、无病叶；根系茂盛，根色白；无病虫危害及机械损伤。

2. 种植季节和茬口的安排

由于全国各地的气候条件不同，要根据当地栽培条件和气候情况以及消费者的需求来合理安排种植茬口。京津冀地区适宜在春季与秋季露地以及春季、秋季与冬季在保护地种植，具体时间如下表（2－1）：

表 2-1 种植季节和茬口安排表

茬次	播种育苗	定植	采收
春保护地	12月至1月	2月至3月	4月至5月
春露地	2月至3月	3月至4月	5月至6月
秋露地	7月上、中旬	8月上、中旬	9月底至10月底
秋冬保护地	9月上旬	10月上旬	12月至1月

3. 田间管理

（1）中耕蹲苗。缓苗后中耕松土1～2次，然后控制浇水“蹲苗”10d左右，以提高地温有利于根系生长。结合中耕还可以人工拔除杂草，不要用除草剂，否则会污染产品及土壤。

（2）浇水。结束蹲苗后要及时浇水，球茎开始膨大期要均匀浇水，经常保土壤湿润，以小水勤浇为好。千万不要大水漫灌，如果浇水不匀容易使球茎表皮开裂或者畸形，等到心叶不再生长时就接近成熟了，这时要停止浇水。

（3）追肥。若底肥施入少时，在球茎开始膨大时要追肥两次；若底肥充足，则追一次即可。可以每亩穴施活性有机肥200kg或者腐熟细碎的优质有机肥500～800kg。施肥后要结合浇水，保证土壤湿润，使肥料能够很好被吸收。在生长期间要进行叶面喷肥2～3次，可以用3/1 000浓度的磷酸二氢钾加3/1 000浓度的尿素混合喷施，要尽量喷在叶背面，并要避开中午温度高、阳光太强时喷施。

（4）温度调节。保护地种植要调节适宜的温度，白天一般控制在20～25℃，夜间一般控制在10℃左右，在冬春季节要多采取增温保温措施，夏秋季节要采取降温措施，早晚要及时通风换气。

4. 病虫害防治

一般保护地栽培很少发生病害，常见虫害有蚜虫和甘蓝夜蛾。

①蚜虫的防治方法。在保护地种植采取悬挂粘虫黄板，用40cm×25cm规格的每亩挂20块左右，风口和门口用25目的防

虫网封严，轻微发生时可以采用生物农药5%天然除虫菊1 500倍液喷雾防治。

②甘蓝夜蛾的防治方法。采用田间安装黑光灯诱杀的方法，在虫量比较少时选用生物农药0.36%百草一号水剂1 000倍液进行喷雾防治，喷雾时间适宜在早晚或者夜间进行。

5. 采收与储存

水果苤蓝作为一种特色蔬菜，采摘期也较长，从第一年的12月可一直持续采摘到第二年的5月。为保证产品新鲜、美观，可保留2～3片苤蓝心部叶片进行采收。储存时应放入塑料袋及保鲜袋中，放入冰箱冷藏室，储存适宜温度为3℃。若温度过高则会影响品质。

（四）产业融合应用

1. 保健功能

水果苤蓝维生素含量十分丰富，尤其是鲜品绞汁服用，对胃病有治疗作用。其所含的维生素C等营养素，有止痛生肌的作用，能促进胃与十二指肠溃疡的愈合。水果苤蓝内含大量水分和膳食纤维，可宽肠通便、防治便秘、排除毒素。苤蓝还含有丰富的维生素E，有增强人体免疫功能的作用。所含微量元素钼，能抑制亚硝酸胺的合成，因而具有一定的防癌抗癌作用。

2. 景观功能

在北方地区，可于日光温室前后进行套种，起到美化温室周边环境作用。

（五）常见栽培品种

1. 利浦

从荷兰引进的杂交一代品种，球茎扁圆形，表皮浅黄绿色，叶片浅绿色，株型上倾，适宜密植，单球重500g左右。口感脆嫩、微甜，品质极佳，抗病性较强，定植后60d左右可采收。

2. 紫苤蓝

从国外引进的品种中选育而成，球茎圆形或者高圆形，表皮紫色，叶片绿色，果肉白色，口感脆嫩，品质比较好，病害较轻，定植后 60～70d 可以采收。

十、羽衣甘蓝

羽衣甘蓝（*Brassica oleracea*）是十字花科芸薹属甘蓝种的二年生草本植物，又称绿叶甘蓝、牡丹菜，是甘蓝原始形态的变种。羽衣甘蓝所含营养丰富，含有多种维生素和矿物质，是餐桌上的特色营养美食。因其叶片形态美观，是盆栽观叶的佳品。近些年来在北京作为特菜或者作为景观观赏作物种植，也作为昌平区草莓套种的首选作物之一。

（一）形态特征

羽衣甘蓝是结球甘蓝的园艺变种。在形态上和卷心菜相似，最大区别是羽衣甘蓝的中心叶片不会卷成团。其大部分根系分布在 30cm 的土层中，主根不发达，须根较发达；茎直立生长，较粗壮，密生叶片；叶片较厚，被有蜡粉，叶柄较长，约占全叶长度的 1/3。叶片形状有 3 种：圆叶系列、皱叶系列以及羽衣系列。叶片颜色多样，外部叶片颜色多为蓝绿色和紫色，内部叶片颜色较为多彩，有白色、粉红色、黄绿以及紫红色等。总状花序，虫媒花，花黄色。果实为角果，表面光滑。种子球形，褐色，千粒重为 3～4g。

（二）生活习性

1. 分布状况

原产于欧洲地中海至北海沿岸等，在荷兰、英国等欧洲国家以及美国普遍栽培。我国栽培时间较短，一些观赏品种从日本、荷兰等地引入栽培。我国主要在一些大城市种植，包括北京、上海和广州等城市。

2. 生长特性

羽衣甘蓝喜冷凉的气候，极耐寒，能适应短暂的霜冻天气。种子适宜的发芽温度是 20～25℃。生长适宜温度是 20～25℃，夜间温度是 5～10℃。超过 30℃也能正常生长，但叶片质地较硬，食用品质会下降。喜阳光，属于长日照作物。在营养体生长期间，较强的光照有利于生长。羽衣甘蓝喜湿润的气候，在生长初期对湿度没有严格的要求，但是产品形成期需要较高的空气湿度。空气湿度达 70%～90%时，营养体生长良好，品质优，产量高。羽衣甘蓝对土壤要求不高，极易成活。在富含有机质的壤土中生长，有利于优质高产。适宜在中性或微酸性的土壤中栽培。

（三）栽培技术

在北京地区羽衣甘蓝主要以露地种植为主，也可以采取草莓套种羽衣甘蓝模式。

1. 地栽模式

（1）繁育种苗。通常采用集约化穴盘育苗技术。具体操作如下：选用 72 孔的穴盘和常规商品基质。将含水量为 60%的基质装满穴盘，穴盘表面用刮板刮平，用另一空的穴盘底部下压基质 1cm 左右。采用人工播种，每孔点 1 粒种子，播完用蛭石覆盖，用刮板把穴盘表面刮平。将播种好的穴盘整齐摆放到空地或者苗床上，向穴盘洒水，保证浇透。

苗期温度保持在 20～25℃，夜间温度不得低于 10℃，温度高时注意遮阴。

（2）选地整地。选择地势高、排灌方便、有机质和钙含量高的壤土作为定植地。每亩使用腐熟的农家有机肥 2～3t，翻耕整理后做宽 1～1.2m 的小高畦，在定植前安装好地插式旋转滴灌设施。

（3）移栽定植。等幼苗有 5 片真叶时就可以定植。露地栽培一年可以种植两季。春季栽培每年 2 月中旬在温室育苗，3 月中旬定植，4 月中旬以后开始采收。夏秋季栽培是 7 月中旬播种育苗，8 月中旬定植，9—10 月可以采收。

定植前先打定植孔，定植株距 25～30cm，行距 50cm，浇足定植水。

（4）田间管理

①肥水管理。缓苗成功一周后进行第一次追肥，每亩施用尿素 10～15kg，保证茎叶快速生长。每次采收完一次，要追肥一次，每亩追施尿素 10～15kg。

羽衣甘蓝整个生长季需水量较大，除每次追肥需要浇水之外，应需要经常保持土壤湿润。遇到降雨天气，应注意及时排水，防止发生涝害。

②株形整理。应及时去除老叶和黄叶，保证通风透气，减少病害的发生。

③中耕除草。幼苗缓苗成功后，及时中耕松土。既能提高地温，又能促进根系生长，去除杂草。在植株封垄前需要中耕除草 2 次，深度为 2～3cm。

（5）病虫害防治。病害主要有软腐病和黑斑病等，主要虫害有小菜蛾、菜青虫以及斜纹夜蛾等。防治软腐病和黑斑病建议使用 40％四氯间苯二腈悬浮剂 150～175mL/亩，或枯草芽孢杆菌可湿性粉剂 400～600 倍液。防治小菜蛾、菜青虫以及斜纹夜蛾等推荐使用甜核·苏云菌，该药由甜菜夜蛾核型多角体病毒（SeNPV）和苏云菌杆菌（Bt）为主要原料制成。纯生物制剂，低毒、低残留，对甜菜夜蛾有很好的防治作用。

（6）采收。羽衣甘蓝定植 30d 左右就可采收，此时叶片大约有 8 片叶片，叶片较嫩，食用口感较好。此后可根据植株长势，每半个月采收一次。

2. 草莓套种羽衣甘蓝模式

羽衣甘蓝与草莓套种是一种创新栽培模式，可种植在草莓温室的前后脚，也可单独进行盆栽，灵活性强。九月中旬可根据草莓定植情况在草莓日光温室内进行套种。羽衣甘蓝与草莓套种管理最为简单，景观效果最为突出。由于其可品可赏的品种优势，在京郊草莓种植园区内景观效果突出，可以给草莓种植户带来额外的经济收入。

（四）产业融合应用

1. 食用价值

羽衣甘蓝营养丰富，含有大量的维生素 A、B_2、C 及多种矿物质，特别是钙、铁、钾含量很高。羽衣甘蓝可以连续不断地剥取叶片，并不断地产生新的嫩叶，其嫩叶可炒食、凉拌、做汤，烹调后保持鲜美的碧绿色。

2. 景观价值

在北方地区，晚秋和初冬时节天气寒冷，没有适宜的景观作物。羽衣甘蓝叶片颜色鲜艳丰富，宛如牡丹花，是北方冬季较为稀少的观赏作物。羽衣甘蓝耐寒性较好、叶色鲜艳美丽、叶形形态迥异以及观赏期较长，迅速成为庭院、阳台、菜园、花坛以及农业观光园区的栽培品种。

（五）常见栽培品种

1. 京冠红 6 号

一代杂交矮性种。叶数多且排列紧密，叶缘卷曲，褶皱细致，外叶深灰绿色，内叶玫红色，显色早，均匀，着色面积大。株型整齐、紧凑，长势强；矮生，株高 18cm 左右。抗冻性强，赏食兼用。适宜生长温度为 5～20℃，可耐零下 5～6℃低温，阳光充足及冷凉的环境下颜色更加亮丽，株型紧凑。对土壤要求不严，喜疏松、肥沃、富含有机质的土壤。

2. 京冠白1号

一代杂交矮性种。叶数多且排列紧密，叶缘卷曲，褶皱细致。内叶奶白色，呈色早，着色面积大，外叶蓝绿色。株型丰满，株高约15cm。较耐冻，赏食兼用。适宜生长温度为5～20℃，可耐零下低温，阳光充足及冷凉的环境下颜色更加亮丽，株型紧凑。对土壤要求不严，喜疏松、肥沃、富含有机质的土壤。

3. 京莲白3号

圆叶类型，叶片舒展，略带波浪。内叶奶黄色，心叶微粉，外叶蓝绿色，着色均匀。叶数多，株型整齐，丰满，长势强健。抗冻性较强，赏食兼用。最佳生长温度为5～25℃，耐－5～－1℃低温，喜阳光充足及冷凉背风环境。对土壤要求不严，喜疏松、肥沃的土壤。苗期高温注意防虫，冬季低温注意控水。

十一、球茎茴香

球茎茴香（*Foeniculum dulce*）是伞形科茴香属茴香的变种。球茎茴香外形新颖，营养丰富，以柔嫩的鳞茎和嫩叶供食用，具有特殊的辛香味，并含大量胡萝卜素、维生素C和各种人体必需的氨基酸，是一种营养价值较高的新型保健蔬菜。球茎茴香原产于意大利南部，现主要分布在地中海沿岸地区。

（一）形态特征

草本植物，高约0.7m。茎直立，光滑，叶鞘边缘膜质；叶片为三四回羽状深裂的细裂叶，小叶成丝状，叶面光滑，被有白色蜡粉，叶柄基部叶鞘肥大，且互相抱合呈扁球形，为营养物质的贮藏器官，伞形花序；花柄纤细，花药卵圆形，淡黄色；雌雄同花，异花授粉。果实长扁椭圆形。花期5—6月，果期7—9月。

（二）生活习性

1. 分布状况

原产于意大利南部，主要分布于地中海沿岸和西亚地区。我国从20世纪70年代就从意大利引入。北京、天津、广东、四川等省份有栽培。

2. 生长特性

（1）温度。球茎茴香喜冷凉气候，在旬平均气温10～22℃条件下生长良好。种子萌发的适宜温度为20～25℃，生长的适宜温度为15～20℃，白天不宜高于25℃，夜间不低于10℃，过高或过低都将影响生长和品质。苗期能耐－4℃低温和35℃高温。幼苗在4℃左右低温下才能通过春化。

（2）水分。整个生长期对水分要求严格，尤其苗期和球茎膨大期应保持土壤湿润，不宜干旱，较大的空气湿度有利于其生长，且可使球茎脆嫩，品质好，否则生长停滞，膨大的叶鞘中机械组织发达，品质、产量均会下降。但若湿度过大、通风不良则会引起幼苗徒长，易发生猝倒病、菌核病。此外，球茎膨大期浇水不当，土壤及空气湿度忽大忽小，变化剧烈，容易造成球茎外层开裂。空气湿度以60％～70％为宜，土壤湿度以达到最大持水量的80％为好。

（3）光照。球茎茴香属长日照植物，营养生长阶段光照充足有利于植株生长、养分积累和球茎膨大，阴天对其营养生长不利。如果种植过密，叶片相互遮阴也会减弱光合产物积累，影响球茎膨大。

（4）土壤。喜欢肥沃疏松、保水保肥、通透性好的沙壤土，pH适宜范围5.0～7.0。球茎茴香在生长过程中需要营养全面，施肥时应氮、磷、钾和微量元素肥料配合施用，苗期要薄施，球茎膨大期重施，尤其对氮肥与钾肥需求量大，高氮是其高产优质的基础，生长初期和后期缺氮对植株影响较大。

（三）栽培技术

球茎茴香以露地或保护地直播为主。

1. 定植

球茎茴香春季定植时间为4月上中旬，当大田气温达15℃左右时为定植适期。秋季定植时间为8月下旬至9月上旬。冬春保护地栽培，定植时间为2—3月。定植前，每亩施有机肥料3 000kg以上，磷酸二铵20kg、硫酸钾15kg、尿素20kg，进行精细整地。整地后按160cm宽做畦（畦埂宽30cm），每畦栽4行，株行距为（25～30）cm×30cm，每亩栽5 550～6 670株。

2. 田间管理

定植后及时浇水，促进缓苗，10～15d后，每亩施尿素10kg，25d后再随浇水每亩施尿素15kg，间隔1周后每亩再施尿素7～10kg。球茎茴香的病虫害主要有白粉病、灰霉病、蚜虫、菜青虫等，要进行适时防治。

3. 适时采收

当球茎茴香从播种至采收球茎约75d左右，此时球茎长至250g以上，上市时要求无黄叶，根盘要切净，球茎上留5cm左右长的叶柄，其余部分全切去。秋季露地种植的一茬，为持续供应市场，可于立冬前连根挖起假植于阳畦，随需要随时上市。

4. 留种

球茎茴香为异花授粉作物，留种时应注意与不结球茴香隔离，一般8月上旬至10月初播种的都能采种。选择具有本品种特性的植株，按行距60～90cm、株距50～75cm选留球茎，在田间越冬。种株5月中旬开始抽薹现蕾，5月下旬至6月中旬开花，7月上旬结籽，7月底采籽结束。当年采收的种子，当年可以播种。

5. 病虫害防治

球茎茴香，特别是设施栽培的，由于连作，病害发生较重，易发生的病害主要有苗期的猝倒病、菌核病、根腐病、灰霉病、白粉病等。主要虫害有蚜虫、茴香凤蝶等。

病害防治方法为注意加强通风，降低空气湿度，避免大水漫灌。发病初期，可用50%乙烯菌核利可湿性粉剂500倍液，或50%腐霉利可湿性粉剂1 500倍液喷雾，或45%噻菌灵悬浮剂800倍液，或50%敌菌灵可湿性粉剂500倍液，或50%多·霉威可湿性粉剂700倍液防治，连阴天最好选用粉尘剂或烟雾剂防治，如腐霉利烟雾剂300克/亩等。

虫害防治上最好采取黄板诱杀和吡虫啉等杀虫剂蒸杀相结合的措施。采用黄板诱杀，25块/亩。也可以用2.5%高效氯氟氰菊酯乳油3 000～4 000倍液，或20%吡虫啉水溶剂3 000倍液，或1%苦参素水剂8 000～10 000倍液，或0.5%藜芦碱醇溶液800～1 000倍液，或0.65%茴蒿素水剂400～500倍液喷雾防治。

（四）产业融合应用

球茎茴香外形新颖，营养丰富，具独特的芳香和甜味，生食、熟食皆异常鲜美，是一种优质的保健型蔬菜。

十二、叶用莴苣

叶用莴苣（*Lactuca sativa*）为菊科莴苣属一年生或二年生草本植物。叶用莴苣原产于欧洲地中海沿岸和亚洲西部，由野生种驯化而来。叶用莴苣传入中国的历史较悠久，宋·陶谷《清异录》载："咼国使者来汉，隋人求得菜种，酬之甚厚，故名千金菜，今莴苣也。"说明莴苣是隋代传入中国的。叶用莴苣质脆，鲜嫩爽口，宜生食，故又名生菜。叶用莴苣营养丰富，含有蛋白、脂肪、各种维生素和矿物质，莴苣素味苦，有镇痛、催眠的作用。莴苣可入药，能利五脏，通经络，清胃热，可改善乳汁不通、小便不通、口臭等症状。根据是否结球，可分为结球莴苣和散叶莴苣两种，散叶莴苣外形美观，色彩多样，形似一朵花，栽种在阳台上不仅可以食用，也可以作为观赏植物。

（一）形态特征

叶用莴苣为菊科莴苣属一年生或二年生草本植物，高 25～100cm。基生叶及下部茎叶大，不分裂，倒披针形、椭圆形或椭圆状倒披针形，长 6～15cm，宽 1.5～6.5cm，互生于短缩茎上，叶面光滑或皱缩，叶缘波状或浅裂、全缘或有缺刻，颜色有绿色、黄绿色或紫色等。结球莴苣在莲座叶形成后，顶生叶随不同品种抱合成圆球形或圆筒形的叶球。莴苣的花序为圆锥形头状花序，花托扁平，花浅黄色，每一花序有小花 20 多左右，全株花期较长。种子为瘦果，黑褐色或银白色，成熟时顶端具伞状冠毛，能随风飞散，千粒重 0.8～1.2g。

（二）生活习性

1. 分布状况

叶用莴苣原产于欧洲地中海沿岸和亚洲西部，由野生种驯化而来。古希腊人、古罗马人最早食用，现欧洲、亚洲、美洲地区广泛栽培。中国于隋代引种，现各地均有栽培，在东南沿海，特别是大城市近郊、两广地区栽培较多。近年来，栽培面积迅速扩大，生菜也由宾馆、饭店进入寻常百姓的餐桌。

2. 生长特性

叶用莴苣喜冷凉环境，不耐寒不耐热，生长适宜温度为 15～20℃，生育期 90～100d。种子较耐低温，在 4℃时即可发芽，发芽适温 18～22℃，高于 30℃时几乎不发芽。生长期以 15～20℃生长最适宜，产量高、品质优，持续高于 25℃，生长较差，会使叶质粗老，略有苦味。根系发达，叶面有蜡质，耐旱力颇强，但在肥沃湿润的土壤上栽培，产量高、品质好。土壤 pH 以 5.8～

6.6 为宜。

（三）栽培技术

1. 地栽模式

（1）播种育苗。选择抗病、优质丰产、抗逆性强、商品性好、耐贮运的品种，选用 105 孔或 128 孔穴盘和适宜的商品基质每穴 1～2 粒种子进行播种育苗。播种后，为培育壮苗，夏秋季应采取遮阳降温措施，冬春季应采取加温保温措施，一般育苗期温度白天控制在 15～25℃，夜晚 8～15℃。壮苗标准为幼苗生长健壮整齐，根系发达，有 4～5 片真叶，叶色浓绿肥厚，无病虫和机械损伤。

（2）整地做畦。整地时，根据品种需求，每亩施入农家肥 3 000～5 000kg 或商品有机肥 500～1 000kg，氮磷钾复合肥 20～40kg，深翻 25～30cm，将肥料与土壤混合均匀。做畦时，一般做成宽 80～90cm、高出地面 15～20cm 的瓦垄高畦。畦面平整，上面覆盖地膜，冬春覆盖透明膜，夏秋季节覆盖银灰或黑色地膜。

（3）移栽定植。一般北京地区春茬在 3 月底至 4 月上旬，秋茬在 8 月中下旬开始定植，一垄定植两行，行距 30cm、株距 30cm，在地膜上打孔，栽植深度以不埋住心叶为宜，尽量避免损伤根系。

（4）田间管理

①温度管理。冬春栽培，应提高温度促进生长为主；秋延后栽培，前期宜适当降低温度。缓苗期昼温不超过 25℃，夜温 10℃以上为宜。缓苗后，白天温度保持 18～24℃，夜间温度保持 8～12℃。

②水肥管理。定植后浇定根水 1～2 次，浇足浇透，活棵后土壤含水量保持 60%～70%；发棵期间适当蹲苗，促进根系下扎；封行后少浇水或不浇水，一次灌溉不应过多，适宜少量多次，夏秋季适当增加浇水次数和单次灌水量。春季采收前 3～5d

减少或停止浇水，秋冬季采收前7～10d适当减少或停止浇水。

一般育苗定植缓苗后15～20d开始追肥，共追肥1～2次。一般追施氮：五氧化二磷：氧化钾（22：8：22）水溶肥10～15kg/亩。

③光照管理。冬春季节应保持光照充足，夏秋季节应适当遮阳降温。

④中耕松土。结合除草中耕松土1～2次。

（5）病虫害防治。叶用莴苣发生病害主要有霜霉病、灰霉病、斑枯病、叶斑病、软腐病、枯萎病、病毒病等，可选用250g/L嘧菌酯悬乳剂、50%啶酰菌胺水分散粒剂、80%烯酰吗啉水分散粒剂、430g/L戊唑醇悬乳剂等药剂预防和防治。害虫主要有甜菜夜蛾、斜纹夜蛾、菜青虫、蚜虫等，可选用苏云金杆菌可湿性粉剂、40%啶虫脒水分散粒剂、60g/L乙基多杀菌素悬浮剂等药剂预防和防治。使用化学药剂防治病虫害时，应注意合理混用、交替使用，防止和延缓病虫产生抗药性，严格掌握农药安全间隔期。

（6）采收。结球莴苣一般单叶球达到400g左右即可采收，散叶莴苣在植株长至150g后可根据市场需求进行适时采收。

2. 盆栽模式

（1）土壤选择。应选择结构良好、疏松适度、微酸性或中性的田园土或商品基质2份，加入1份腐熟有机肥，或复合肥50g/m^3，充分混匀。

（2）容器选择。可各种花盆、箱、人工搭建的栽培槽，深度以25cm为宜。

（3）播种育苗。盆栽叶用莴苣可选用直播或穴盘育苗移栽两种方式。

①直播育苗。将叶用莴苣种子轻轻撒在盆中，然后覆一层1cm的薄土或蛭石，浇透水即可。种子最好撒得稀疏些，给叶用莴苣后期生长留下空间。然后将其放在散光照射且通风的地方，

夏季最好覆盖一层遮阳网，尽量控制温度15～25℃，大约3～4d即可出苗，保持土壤湿润。出苗后若较密，可间苗或者移栽，株距保持15cm左右。

②穴盘育苗移栽。选用105穴的穴盘进行播种育苗，待苗长至4～5片叶，进行移栽定植，散叶莴苣株距15cm，结球莴苣25cm左右。

（4）管理技术

①温度。生菜喜冷凉，忌高温，发芽时温度控制在15～20℃，若高于25℃时，发芽受抑制或发芽不良，超过30℃则不发芽。生长期最适温度为白天15～20℃，夜间12～15℃。

②水肥。每隔3～4d浇1次水，结合浇水追施氮肥、磷肥，可撒在株间，或喷洒水溶肥，但均须避免接触叶片和根系。采收前1周停止施肥。

③病虫害防治。为了减少病虫害的发生，栽种不要过密。同时要及时去除病株。主要病害有霜霉病、软腐病、病毒病和菌核病等。药物可用四氯间苯二腈1 000倍液喷施；主要虫害是蚜虫，可用吡虫啉800倍液进行防治。

（5）采收。散叶莴苣播种后50d即可采收食用，平时也可间苗食用，可随长随吃；结球莴苣待叶球紧实后便可采收食用，若过迟则叶球内基伸长，叶球变松品质下降。

（四）产业融合应用

1. 保健功能

叶用莴苣是一种保健性蔬菜，含有甘露醇、橡胶、树脂和带有轻微苦味的莴苣素等，能刺激消化、增进食欲，有降低胆固醇、催眠、驱寒、消炎、镇痛、通便等作用，能使人体细胞产生干扰素来抑制人体健康细胞癌变和抗病毒感染。据报道，美国医学科学家安妮·威格莫尔用“生物疗法”使癌症病人的健康得到明显改善。其原因就是叶用莴苣中含有干扰素诱生剂，作用于正常细胞的干扰素基因后产生干扰素，抑制细胞癌变。但所含的干扰素诱生剂十分娇嫩，不耐100℃以上的高温，只有生食、凉拌等才能发挥其独特的作用。

2. 景观功能

生菜颜色多样，色泽亮丽，有绿色、黄绿色、紫色、红色等，尤其散叶莴苣簇生如绽放的大花朵，奶油生菜如含苞待放玫瑰，景观效果较佳。可在楼宇中打造绿植背景墙，可水培于园艺管道中作立体艺术景观，可摆于花坛作绿化造型，可盆栽进行家庭阳台种植。叶用莴苣的别称生菜与“生财”谐音，家中多盆栽以图吉利。

(五) 常见栽培品种

1. 富兰德里

奶油类型叶用莴苣，叶子呈卵圆形，嫩绿色，叶面较平，中下部横皱，后期心叶呈抱合状，叶球基部紧实，商品性好，叶质软，口感油滑，味香微甜，耐抽薹，抗干烧心，抗霜霉病。喜冷凉环境，生长适宜温度为15～20℃，生育期60～65d。种子较耐低温，在4℃时即可发芽，发芽适温18～22℃，发芽期不宜超过23℃，苗龄20～25d，苗期忌高温，亩栽培6 000～7 000株。适宜水培，水培过程中，注意水温不宜超过28℃。

富兰德里为精品奶油叶用莴苣品种，为植物工厂水培生菜首选，其外形似绿色玫瑰，采收时单株带根包装销售，保鲜效果及外观形状能够保持原有状态，多供应高端消费市场，深受消费者青睐。

2. 罗莎红

散叶莴苣，株型较小，圆正美观，叶簇半直立，叶片长椭圆形，多皱曲和缺刻，边缘呈紫红色，色泽美观，茎极短。喜冷凉环境，生长适宜温度为15～20℃，生育期70d左右，耐抽薹性和抗病性较好，亩产1 000～1 500kg左右，该品种兼食用与观赏的价值。

罗莎红为精品紫色叶用莴苣，含花青素较高，具有保健功能，且外形美观，在景观打造时，与绿叶菜进行组合造型，观赏效果较佳。

3. 橡叶绿

散叶莴苣，株型簇合成圆形，整齐一致，叶长卵圆形，叶片翠绿美观，心叶略黄绿色，叶片缺刻较深，叶缘波状，色泽美观。该品种一般定植后50～60d收获，生长期需充足的水分，移栽定植时需仔细小心。建议种植株行距30cm×25cm。同时夏秋茬种植时育苗应注意降温处理，以确保种子萌发和幼苗正常生长。

橡叶绿外形如花团锦簇，叶色为黄绿色，适宜盆栽家庭阳台种植，亦可进行管道水培立体景观打造，兼具食用和观赏价值。

第三章
特色观食两用药材作物资源介绍

一、桔梗

桔梗（*Platycodon grandiforus*）是桔梗科桔梗属的一种多年生草本植物。主要分布于中国、朝鲜半岛、日本和西伯利亚东部地区。桔梗也叫作铃铛花、白药、土人参等，以其干燥根入药，有祛痰、镇咳、抗炎、降血糖、抗过敏、抗肿瘤及提高免疫力等广泛的药理活性。桔梗根除药用外，也是一种药食同源、营养丰富的食品，根中富含多糖、粗纤维、蛋白质、矿质元素和多种必需氨基酸。在我国东北地区及日、韩、朝等国家一直有将桔梗根制成咸菜、泡菜等美食的传统。桔梗花以紫色为主，也有紫色、黄色等变种，可用于观赏栽培。

（一）形态特征

桔梗为多年生草本植物，株高 40～120cm，通常无毛，偶被密短毛。根粗大肉质，圆锥形或有分叉，外皮黄褐色。茎直立，有分枝；叶多为互生，少数对生，近无柄，叶片卵形或卵状披针形，边缘有锯齿；花大型，蓝紫色或蓝白色，花期一般在 7—9 月。

（二）生活习性

1. 分布状况

桔梗最早记载于《神农本草经》，在我国东北、华北、华东、华中以及广东、广西（北部）、云南、贵州、四川、陕西等地均有分布。朝鲜、日本、俄罗斯的远东和东西伯利亚地区南部也有分布。

2. 生长特性

桔梗为耐干旱的植物，多生长在沙石质的向阳山坡、草地、稀疏灌丛及林缘。桔梗喜温，喜光，耐寒，怕涝，忌大风。适宜生长的温度范围是10～25℃，最适温度为20℃，能忍受零下20℃低温。在土壤深厚、疏松肥沃、排水良好的沙质壤土中植株生长良好。土壤水分过多或积水易引起根部腐烂。

（三）栽培技术

桔梗为多年生宿根性植物，播种后1～3年收获，一般2年采收。以大田直播为主，也可盆栽应用。

1. 地栽模式

（1）选地整地。宜选疏松、肥沃、湿润、排水良好的沙质土壤种植。从长江流域到华北、东北地区均可栽培。前茬作物以豆科、禾本科作物为宜。黏性土壤、低洼盐碱地不宜种植。适宜pH为6～7.5。每亩施有机肥4 000kg、过磷酸钙30kg，均匀撒入。土壤深翻30～40cm，整平耙细，做成宽1.2～1.5m、高15cm的畦，或做成40～60cm宽的小垄种植。

（2）繁殖方式。桔梗的繁殖方式有种子繁殖、根茎或芦头繁殖等。生产中以种子繁殖为主，其他方法很少应用。

①种子繁殖。在生产上有直播和育苗移栽两种方式。因直播产量高于移栽，且根直、分杈少，便于刮皮加工，质量好，生产上多采用。

播期。桔梗一年四季均可播种。春播一般在3月下旬至4月中旬，华北及东北地区在4月上旬至5月下旬；夏播于6月上旬小麦收割完后进行，夏播种子容易出苗。秋播时间在10月中旬以前，当年可出苗，质量较好。冬播于11月初土壤封冻前播种。播种前最好用温水浸泡种子24h进行催芽，提高发芽率，种子萌动后即可播种。

直播。种子直播也有条播和撒播两种方式。生产上多采用条播。条播按行距 15～25cm，深 2～5cm 开沟，将种子均匀撒在沟内，覆土 0.5～1cm，以不见种子为度。条播亩用种 0.5～1.5kg。播后畦面要注意保温保湿，春季早播的可以覆盖地膜。

育苗移栽。育苗方法同直播。一般培育 1 年后，在当年茎叶枯萎后至翌春萌动前出圃，按大、中、小分级定植。行距 20～25cm，沟深 20cm 开沟，依照株距 5～7cm，将根垂直舒展地栽入沟内，覆土略高于根头，稍压即可，浇足定根水。

②根茎或芦头繁殖。可春栽或秋栽，以秋栽较好。在收获桔梗时，选择发育良好、无病虫害的植株，从芦头以下 1cm 处切下芦头，即可进行栽种。

（3）田间管理

①定苗。苗高 4cm 左右间苗，若缺苗，宜在阴天补苗。苗高 8cm 左右定苗，按株距 6～10cm 留壮苗 1 株，拔除小苗、弱苗、病苗。

②水肥管理。一般对桔梗进行 4～5 次追肥，以有机肥为主。培育粗壮茎秆，防止倒伏，并能促进根的生长。若干旱，适当浇水；多雨季节，及时排水，防止发生根腐病而烂根。

③中耕除草。桔梗生长过程中，杂草较多，从出苗开始，应勤除草松土。苗小时用手拔出杂草，以免伤害小苗，每次应结合间苗除草。定植以后适时中耕除草。松土宜浅，以免伤根。植株长大封垄后不宜再进行中耕除草。

④其他。桔梗在第二年易出现一株多苗，会影响根的生长，而且易生杈根，因此，春季返青时要把多余的芽苗除掉，可减少杈根。

（4）病虫害防治。主要有轮纹病、斑枯病、地老虎等，防治以预防为主，冬季要注意清园，把枯枝、病叶及杂草集中处理。发病季节，加强田间排水。病害发病初期用（1：1：100）的波尔多液（生石灰：硫酸铜：水），或65%代森锌600倍液，或50%多菌灵可湿性粉剂1 000倍液喷洒。

（5）采收和初加工

①采收。桔梗一般生长2年，华北和东北2～3年收获，华东和华南1～2年收获。一般在秋季地上部枯萎到翌年春萌芽前收获，以秋季采收最好。采收时，先割去地上茎，从地的一端起挖，一次深挖取出，或用犁翻起，将根拾出，或采用药材挖掘机挖出。要防止伤根，以免汁液流出，更不能挖断主根，以免影响桔梗等级和品质。

②初加工。将挖出的桔梗根去掉须根及小侧根，用清水洗净泥土，用竹刀或破瓷碗片趁鲜刮去外皮，晒干即可。来不及加工的桔梗，采用沙埋防止外皮干燥收缩。

2. 盆栽模式

（1）选土。以园土和泥炭土等比例混合，配施适量有机肥和复合肥为宜。

（2）选盆。普通塑料盆、泡沫箱、木箱均可。

（3）移栽。以根茎或芦头移栽，依照盆体大小，每盆可移栽2～3株。

（4）环境控制。桔梗喜光照充足，可耐半阴，当年定植后，需及时打顶摘叶，促进根部生长。炎热的夏季需要适当遮阴，幼苗期加强光照促进生长。桔梗不耐水涝，一般一到两周浇一次水即可。

（5）定植后管理。桔梗比较喜肥，定植前施足底肥。定植后一般进行3～4次的随水追肥，前期施用氮肥促进营养生长，后期施用磷肥促进茎秆粗壮，防止倒伏。

（四）产业融合应用

1. 保健功能

桔梗是药食两用中药材资源之一，含有皂苷、多糖及微量生物碱等多种营养元素，具有宣肺祛痰，止咳定喘、消肿排脓的作用。桔梗根制泡菜具有悠久的历史，泡菜发酵过程中产生的益生菌有益人体健康，保健价值较高。另外还有桔梗饮料、桔梗茶等深加工产品，产业链较完备。

2. 观赏功能

在园林应用方面，桔梗也有独特的应用价值。桔梗适应性较强，适宜种植于林缘、郊野公园等地，营造野趣的景观效果。桔梗花期7—9月，花朵颜色亮丽，可以作为中医康养观光旅游区的作物之一种植，让游客在游园过程中闻花香、赏百草，获得愉悦的心情。

二、蒲公英

蒲公英（*Taraxacum mongolicum*）为菊科蒲公英属多年生草本植物，广泛分布于北半球，作为中国传统中药材之一，已有上千年种植历史。蒲公英在我国辽宁、吉林、黑龙江、河北、浙江、内蒙古等省份有大面积人工栽培。蒲公英具有较高的食用价值，其植株可食用部分达80%以上，蒲公英富含丰富营养，包括多种维生素、脂肪、蛋白质、微量元素等，可以做汤、生食、炒食，在生食时将蒲公英的根部和叶茎等清洗干净后蘸酱或凉拌，味道鲜美且爽口。另外，蒲公英花期较长，可以作为景观地被应用。

（一）形态特征

蒲公英全身有白色乳汁。植株被白色疏软毛。根深长，单一或分枝，外皮黄棕色。叶根生，排列成莲座状，有叶柄，叶柄基部两侧扩大成鞘状；叶片线状披针形、倒披针形或倒长圆形。头状花序单生于花莛顶端。总苞淡绿色，内层总苞片长于外层。花序全部由两性舌状花组成。花冠黄色，先端平截，5齿裂，下部

1/3 连成管状；雄蕊 5，聚药，花丝分离；雌蕊 1，子房下位，花柱细长，柱头 2 裂，有短毛。瘦果倒披针形，有纵棱，并有横纹相连，全部有刺状突起，果顶具长喙，冠毛白色。花期 4—5 月。果期 6—7 月。

（二）生活习性

1. 适应区域

蒲公英适应性广，抗逆性强。抗寒又耐热。抗旱、抗涝能力较强。可在各种类型的土壤条件下生长，但最适在肥沃、疏松、土壤有机质含量高的地区栽培。

2. 生长特点

蒲公英于早春 4 月下旬出苗。气温 8～10℃时迅速生长，5 月中旬可采食，5 月中下旬开花，6 月中旬种子成熟。种子无休眠特性，落地后很快（约 1 周时间）萌发，出芽，形成新的植株，直到初霜始枯萎。再生能力强，生长季节把生长点切去后，可形成多个新生长点，只是开花结果期推迟。

（三）栽培技术

蒲公英多以大田种植为主，也可以盆栽种植摆放室内。

1. 地栽模式

（1）选地整地。选择疏松肥沃排水好的沙壤土。施足以有机肥为主的底肥，混合过磷酸钙 225～300kg，均匀铺撒地面，再深翻 20cm。地面整平耙细后，做宽 100～120cm、高 15～20cm、长 10m 的播种床或做高 30cm、基宽 30cm、肩宽 20cm 的小垄。

（2）繁殖方式。蒲公英生产中多采用种子繁殖，也可以用埋根种植的方式。

①浸种。成熟的蒲公英种子没有休眠期，种子在土壤温度 15℃左右时发芽较快，在 25～30℃以上时，发芽慢，所以从初春到盛夏都可进行播种。为了使播种后提早出苗，可采用温水烫

种催芽，即把种子置于 50～55℃温水中，搅动到水凉后，再浸泡 8h，捞出，把种子包于湿布内，放在 25℃左右的地方。上面用湿布覆盖，每天早晚用 50℃温水浇 1 次，3～4d 种子萌动即可播种。每亩播种量 0.75～1kg。

②露地直播。一般采用条播，按行距 25～30cm 开浅横沟，播幅约 10cm。种子播下后覆土 1cm，然后稍加镇压。播种后盖草保湿，出苗时揭去盖草，约 6 天可以出苗。

③埋根栽植。为了提早上市，增加收入，可以野外挖根到温室埋根栽植。当深秋（10 月中下旬）蒲公英第一次遭霜打，叶色由绿变红时，要抓紧野外采挖蒲公英根系，全根最好。在温室内作床，规格如上述。按行距 15cm、株距 5cm 栽根，埋到原根地表位置为宜，使根顶在地面似露非露，用手压实即可。温室温度控制在 20℃左右，蒲公英就能正常生长。

（3）田间管理

①定苗。蒲公英地上植株叶片大，管理要充分考虑植株生长有一定的空间，及时间苗、定苗。一般在出苗 10d 后即可定苗，株距 5～10cm。

②松土除草。蒲公英出苗后半个月，进行 1 次松土除草。床播的用小尖锄于苗间刨耕；垄播的用镐头在垄沟刨耕。以后每 10d 进行 1 次松土中耕直至封垄。

③浇水施肥。蒲公英生长期间要经常浇水，保持土壤湿润。蒲公英出苗后需要大量水分，因此保持土壤的湿润状态，是蒲公英生长的关键。播种的蒲公英当年不能采收。入冬后，在床（垄）上撒施有机肥，每亩 2 000kg。这样，既起到施肥作用，又可保护根系安全越冬。

④种子采收。蒲公英一般二年生就能开花结籽。野生 5—6 月开花，有单株也有群落生长。蒲公英年龄越长开花越多，最多开花 20 朵以上。开花后种子成熟期短，一般 13～15d 种子即可成熟。种子成熟与否主要看花盘外壳由绿色变为黄色，每个花盘

种子也由白色变为褐色，即为种子成熟期，便可采收。种子成熟后，很快伴絮随风飞散，可以在花盘未开裂时抢收，这是种子采收成败的关键。花盘摘下后，放在室内后熟 1d，待花盘全部散开，再阴干 1～2d，种子半干时，用手搓掉种子先端的绒片，然后将种子晒干。大叶型蒲公英千粒重 2g，小叶型品种为 1～1.2g。

（4）病虫害防治。蒲公英一般不发生病虫害。常见病害有叶斑病，发病前期喷 1∶1∶120 的波尔多液（生石灰∶硫酸铜∶水）或 50％甲基硫菌灵 800～1 000 倍液喷雾防治。虫害有地老虎，多在苗期为害，可用 90％敌百虫 1 000 倍液灌根防治。

2. 盆栽模式

（1）选土。选择透气性良好的草炭土和园土等比例配合，混施有机肥和复合肥。

（2）选盆。选择底部有透水孔的塑料盆、木箱、瓦盆等均可。

（3）移栽定苗。选择 2～3 片真叶的幼苗移栽定植，依盆体大小，一般每盆移栽 1 株。

（4）环境控制。蒲公英喜充足光照、耐半阴，最适生长温度 15～25℃，设施内白天温度控制在 18～20℃，相对湿度 65％～85％；晚间温度控制在 5～8℃，相对湿度 85％～100％。居家摆放时可用喷壶向叶面喷水，一般 1～2 周浇一次水即可。

（5）定植后管理。盆栽蒲公英病虫害较少，注意通风排水，减少白粉病、蚜虫等的为害。

3. 采收和初加工

（1）采收。蒲公英可在幼苗期分批采摘外层大叶供食，或用刀割取心叶以外的叶片食用。每隔 15～20d 割 1 次。也可一次性割取整株上市。

（2）初加工。蒲公英一般用作蔬菜进行鲜食。药用蒲公英收获时择晴天齐地面割取全草，迅速晾干、晒干、烘干即可药用。

(四) 产业融合应用

1. 保健功能

蒲公英的嫩叶、花、根部等，都有很珍贵的药用价值，具有利尿、消肿散结、清热解毒、祛斑等功效。蒲公英嫩叶可凉拌食用，也可炒制成茶叶。在保健功效方面，蒲公英具有抗氧化、抗肿瘤、降血糖、降血脂等功效。

2. 观赏功能

蒲公英作为低矮乡土地被植物，具有较高的观赏价值。植株高度一般不超过 30cm，适应性强，耐寒、耐旱，具有较强的地表覆盖能力。花期长，花朵为亮黄色，花色艳丽，开花时群体景观效果好。头状花序也具有较好的观赏性，白色花头，星星点点，别有一番韵味，是一种优良的观花型早花地被植物。

三、藿香

藿香（*Agastache rugosa*）为唇形科藿香属植物，可入药。全国各地分布广泛，朝鲜、日本、前苏联地区也有分布。东北尤其是长白山区各县均有较大面积野生或半野生分布，常称东北藿香，药材名土藿香。藿香是药食两用中药材作物之一，其嫩叶可以鲜食，具有解表散邪，利湿除风，清热止渴的功效。藿香绿叶期长，花朵形态特异，可用于专类园景观营造，也可做盆栽居家摆放。

(一) 形态特征

藿香为多年生草本植物。茎直立，高 0.5～1.5m，四棱形，叶纸质心状卵形至长圆状披针形，向上渐小。轮伞花序多花，在主茎或侧枝上组成顶生密集的圆筒形穗状花序，花序长 0.5～12cm，花萼管状倒圆锥形，花期 6—9 月，果期 9—11 月。

（二）生活习性

1. 生育特点

3 月下旬至 4 月上旬播种，气温在 13～18℃，约 10d 左右出苗。藿香茎叶中有效成分含量，从苗期到孕穗期呈上升趋势，以6—9 月挥发油含量最高。以后增长减慢、木质化的老茎有效成分含量最低，所以应适时收获。

2. 生长习性

喜温暖潮湿气候，怕干旱和霜冻。苗期喜湿度大的环境，成株期喜暖、喜湿，增加日照，有利于提高含油率。有一定的耐寒性。藿香一般作为一年生种植。对土壤要求不严，但以排水良好的沙质壤土最佳；易积水的低洼地种植，容易发生根部腐烂而死苗。

（三）栽培技术

藿香多在露地种植，也可盆栽摆放。

1. 地栽技术

（1）选地整地。选择地势高燥，排水良好的沙质土壤或壤土地种植。施足底肥，每亩施农家肥 2 000～3 000kg、普钙 30～40kg，均匀撒施，深翻入土，做平耙细。开沟理墒。春播理成1.2～1.3m 宽的高墒，墒高 15～20cm；秋播则理成 1.8～2m 宽的矮墒，墒高 10～15cm，有利于排水和保墒。以备种植。

（2）繁殖方法。多用种子繁殖，可春播，也可秋播。北方地区多春播，南方地区为秋播。分育苗移栽和直播，多数地区采用直播的方式。

①大田直播。可春播也可秋播。春播即 2～3 月抗旱播种。施足底肥后，按行距 25～30cm，划 1.5～2cm 深的小浅沟，把拌过草木灰的种子均匀地撒于沟中，每亩播 3～4kg，覆土 1～2cm 厚，适当压实。以后保持土壤湿润。秋播于 9—10 月抢潮播

种。播种方式同春播，久晴不雨应及时浇水，秋播产量较高，适宜中低海拔地区应用。

②育苗移栽。苗床通过精细整地后进行播种。播种前，施足底肥，润湿畦面并作基肥。然后将种子拌细沙或草木灰，均匀地撒入畦面，用竹扫帚轻轻拍打畦面，使种子与畦面紧密接触，最后畦面盖草，保温保湿。种子萌发后，揭去盖草，出苗后进行松土、除草和追肥。当苗高 12～15cm 时移栽。

③扦插繁殖。一般 10—11 月或 3—4 月扦插育苗。雨天选生长健壮的当年生嫩枝和顶梢，剪成 10～15cm 带 3～4 个节的小段，去掉下部叶片，插入 1/3，插后浇水盖草。

（3）田间管理

①定苗。气温在 13～18℃时进行间苗，条播可按株距 10～11cm，两行错开定苗；穴播的每穴留壮苗 3～4 株。移栽成活后发现缺株，应在阴天进行补苗，栽后随水追施一次有机肥，以利成活。

②中耕施肥。每年进行 3～4 次除草和施肥。第一次在苗高 3～5cm 时进行松土，并拔除杂草。第二次间苗在苗高 7～10cm 时进行，结合中耕除草追施有机肥；第三次在苗高 15～20cm 时结合中耕除草进行；第四次在苗高 25～30cm 进行，结合中耕除草追施有机肥，封垄后不再进行追肥。苗高 25～30cm 时第二次收割后进行培土，保护越冬。

③排灌水。雨季要及时排除积水，以防引起植株烂根，旱季要及时浇水，抗旱保苗。

（4）病虫害防治。主要病害有轮纹病、枯萎病等，常发生于 6 月上旬至 7 月上旬的雨季，多雨、低洼地、黏土发生严重。发病初期及时拔除病株，用 50%多菌灵可湿性粉剂 1 000 倍液灌根或者喷施 10%双效灵水剂 500 倍液，视病情决定喷药次数。常见虫害主要有朱砂红夜螨、银纹夜蛾等，收获时及时清洁田间，收集落叶集中烧毁；早春清除田边、沟边杂草等，及早减轻虫害为害。

2. 盆栽技术

（1）选土。选择透气性良好的草炭土和园土等比例配合，混施有机肥和复合肥。

（2）选盆。底部有透水孔的塑料盆、木箱、瓦盆等均可。

（3）移栽定苗。苗高15～20cm时进行移栽定植，依盆体大小，一般每盆可移栽2～3株。

（4）环境控制。藿香喜充足光照、耐半阴，最适宜生长温度18～25℃，设施内白天温度控制在18～20℃，相对湿度60%～80%；晚间温度控制在5～10℃，相对湿度80%～90%。居家摆放时可用喷壶每周向叶面喷水1次，一般1～2周浇1次水即可。

（5）定植后管理。盆栽藿香病虫害较少，注意通风排水，减少叶斑病、夜蛾等的为害。

3. 采收和初加工

（1）采收。春播为一年生种植，9—10月收获，可连收两年，产量以第二年为高。冬季收获后应施肥培土，以保次年丰收。秋播为二年生种植，6—7月收获。6—7月植株枝叶茂盛、花序抽出而未开花时进行第一次收获，第二次在10月收获。

（2）初加工。6—7月收获时择晴天齐地面割取全草，薄摊晒至日落后，收回重叠过夜，次日再晒，于日落后收起，次晨理齐捆扎包紧，以免走失香气。10月收获时迅速晾干、晒干、烘干即可药用。

（四）产业融合应用

1. 药用价值

藿香的主要功效是祛暑解表、化湿和胃，主要治疗夏令感冒、寒热头痛、呕吐腹泻等。在中国国家基本药物目录中，共记载了26种含有藿香的中成药。其中较常用、销量较好的是藿香正气液。

2. 食用价值

藿香嫩叶可煎炸、做辅料熬粥、炖菜、泡茶等。以薄荷藿香茶为例：将薄荷、藿香、甘草洗一洗，去杂，捞出，沥干水。煮锅刷洗净后，放入适量清水，用武火煮沸后，将薄荷、藿香、甘草放锅中，煮20min，滤出汁液，代茶饮用。藿香鲜食具有解表散邪，利湿除风，清热止渴的功效。

3. 观赏价值

藿香除具有保健价值，其花朵形态特异，花期较长，可以作为蜜源景观植物应用于郊野公园观赏。藿香叶片含有芳香油，具有独特气味，应用于公园内可为游人提供景观性治疗元素。

四、紫苏

紫苏（*Perilla frutescens*）是唇形科紫苏属一年生草本植物。具有特异的香味，是我国传统的药食同源作物之一，在医疗、食品领域具有广泛的开发价值，在我国已有2 000多年的栽培历史。紫苏在北方以作油用为主，兼作药用，主要产地在西北、东北地区；南方主要以药用为主，兼作香料和食材。随着现代科学发展，紫苏多种功能得到不断深入认识与开发，紫苏籽油、紫苏叶精油及酚酸类提取物已广泛用于保健品及化妆品行业。紫苏叶色、叶型特异，可以作为园林绿化观叶花卉及盆景使用。

（一）形态特征

紫苏为一年生草本植物，茎高1.5～2m。叶对生，卵形或卵圆形，边缘具齿，顶端锐尖，叶色两面全绿或全紫，或正面绿色背面紫色。轮伞花序组成顶生及腋生偏向一侧的假总状花序。苞片卵形、全缘。果实为4个小坚果，卵球形或球形，种子灰白色、灰褐色至深褐色，每个坚果含1粒种子，种子千粒重1～

1.8g。一般花期8—9月，果期9—10月。

（二）生活习性

1. 分布状况

紫苏原产亚洲东部，有野生型和栽培型，中国西北、华北、华中、华南、西南及台湾地区等均有野生种和栽培种。印度、缅甸、日本、朝鲜、韩国、印度尼西亚和俄罗斯等国家也有种植。

2. 生长特性

紫苏喜温暖湿润的气候，也较抗寒。在5℃以上种子即可萌发，适宜的发芽温度18～23℃。苗期可耐1～2℃的低温，开花适宜温度为22～28℃，适宜的相对湿度为75%～80%。较耐湿，耐涝性较强，不耐干旱，尤其是在产品器官形成期，如空气过于干燥，则会茎叶粗硬、纤维多、品质差。对土壤的适应性较广，在较阴的地方也能生长，但低洼易涝的盐碱地不宜栽培。

（三）栽培技术

紫苏生产以大田种植为主，也可盆栽在家庭阳台或摆放庭院。

1. 地栽模式

（1）选地整地。选择前茬作物为玉米、高粱、豆类的土地为好，土壤要求疏松、肥沃、排水良好的沙质壤土，耕翻15～20cm。耙平，结合整地每亩施2 000～3 000kg农家肥作基肥。做宽1～1.5m的畦。畦面间留0.2～0.3m的操作道。

（2）繁殖育苗

①种子处理及催芽。紫苏种子属深休眠类型，采种后4～5个月才能逐步完全发芽，如果要进行冬季反季节生产，进行低温及赤霉素处理可以有效地打破休眠，将刚采收的种子用800ppm赤霉素处理并置于低温3℃条件下5～10d，后置于15～20℃光照条件下催芽12d，种子发芽率可达80%以上。

②播种育苗。4 月底与 5 月初土壤地表温度稳定在 5℃时播种，亩用种 0.5～1kg，播种方式提倡条播种植，确保苗全、苗齐、苗壮，播后一般 20～30d 出苗。

③间苗定苗。露地直播的，6 月中旬苗高 10cm 左右间苗和定苗，选留健康壮苗，水浇地、塬地按株行距 60cm×60cm，瘠薄山地按株行距 50cm×50cm 定苗，同时中耕除草一次，缺苗地方可移栽补苗。

（3）田间管理

①水肥管理。在紫苏的整个生长期，要求土壤保持湿润。高温雨季是紫苏的生长旺盛期，应注意排水。如果持续两周不下雨，要及时浇水。整个生长期每亩追施尿素 20～30kg，分别于生长前期和采收期进行，生长后期适当补充磷钾肥更有利于提高产量，改善品质。

②中耕除草。紫苏前期生长缓慢，注意及时中耕除草，中耕还可以起到疏松土壤、提高土温的作用。

③整枝打杈。定植后 20～25d 要摘除初茬叶，第四节以下的老叶要完全摘除。有效节位一般可达 20～23 节，可采摘达出口标准的叶片 40～46 张。紫苏分枝力强，对所生分枝应及时摘除。在管理上，要特别注意及时打杈。由于紫苏的分枝力强，如果不摘除分杈枝，既消耗了养分，拖延了正品叶的生长，又减少了叶片总量而减产。打杈可与摘叶采收同时进行。对不留种田块的紫苏，可在 9 月初植株开始生长花序前，留 3 对叶进行打杈摘心，此 3 对叶片也能达到成品叶的标准。

（4）病虫害防治。紫苏病虫害较少，如出现锈病，可用 50%硫菌灵 1 500 倍液进行防治，连续喷药两次，每周一次。为害紫苏的害虫，主要是蚱蜢和小青虫，使叶片穿孔失去商品价值。在防治上，以生物防治为主。喷药一定要在叶片采摘后立即进行，选用低毒且低残留的农药，为降低农药残留量，可延后下一次采叶时间，2 对叶片同时采摘。

2. 盆栽模式

（1）选土。紫苏叶大喜肥，宜选择有机质丰富的泥炭土和园土等比例混合使用，对土壤进行高温消毒，同时拌施有机质肥料和复合肥。

（2）选盆。底部有透水孔的塑料盆、木箱、瓦盆等均可。

（3）移栽定苗。在苗高 8～10cm 时进行移栽，一般每盆栽植 1 株即可，木箱种植注意保持株距通风。

（4）环境控制。紫苏适宜发芽温度为 18～23℃；苗期生长适宜温度为 20～25℃，日夜温差 5℃左右；生长中后期适宜温度为 25～28℃，日夜温差 5～8℃最适宜生长。浇水掌握见干见湿原则，居家盆栽种植一般 1～2 周浇一次水即可。

（5）定植后管理。盆栽紫苏注意及时整枝打掉老叶，高度达到 60cm 时应及时打顶，居家种植时可随时采摘嫩叶食用。

3. 采收

紫苏叶、紫苏梗、紫苏籽均可入药，依不同用途分别采收。

（1）出口叶片的采收。作出口商品的紫苏，需按标准采收，其采收标准是：叶片中间最宽处达到 12cm 以上，无缺损、无洞孔、无病斑。从 5 月下旬至 9 月上旬，一般每株可采收 20～23 对合格的商品叶。

（2）药用的苏叶。于秋季种子成熟时，即割下果穗，留下的叶和梗另放阴凉处阴干后收藏备用。

（3）紫苏籽的采收。由于紫苏种子极易自然脱落和被鸟类采食，所以在种子 40%～50%成熟时割下，在准备好的场地上晾晒数日，脱粒，晒干。如不及时采收，种子极易自然脱落或被鸟食。

（四）产业融合应用

1. 药用价值

紫苏全草入药，味辛、温，在解表散寒和理气方面功效卓著。《中国药典》对紫苏的归经及药性描述：紫苏籽归肺经，降气化痰，止咳平喘，润肠通便；用于痰壅气逆、咳嗽气喘和肠燥便秘。

2. 食用价值

紫苏籽和叶均可食用，在广州地区，紫苏籽主要作为煲汤和熬粥的原料。紫苏籽还可以榨油，紫苏籽油富含人体所必须而且无法自身合成的α-亚麻酸，含量高达45%。紫苏幼苗及嫩叶香味独特，主要作为蔬菜及调味料食用。

3. 观赏价值

紫苏叶色有纯紫、紫绿双色及绿色，并有皱叶性状，可作为大面积布景及庭院点缀的景观花卉。目前已有将紫苏作为园林绿化花卉及盆景使用。紫苏易于栽培，叶色持续时间长，4—10月整个生育期内均可观赏。

五、黄精

黄精（*Polygonatum sibiricum*）是百合科黄精属药用植物，别名鸡头黄精、鸡头根、黄鸡菜等，以干燥根茎入药。黄精的商品品种按根茎的形状不同，主要分为鸡头黄精、姜形黄精、大黄精3类。黄精是我国的传统中药，其药用历史已有2 000多年，现代药理学认为，黄精具有降血糖、血脂，保护心血管系统，调节和增强免疫功能，延缓衰老，抗炎、抗病毒等诸多药理作用。黄精也是传统药食同源药材之一，根茎和幼苗可以作为原料进行煲汤、炖肉等。黄精含有多种氨基酸和维生素，并且株型优美，花型特异，可作为林下景观植物应用，是一种具有食用、医疗保健、景观康养作用的功能型植物。

（一）形态特征

黄精为多年生草本植物，生于山地林下、灌丛或山坡的半阴处。茎高50～90cm，或可达1m以上，有时呈攀缘状。叶轮生，每轮 4～6 枚，条状披针形。根状茎圆柱状，由于结节膨大，因此节间一头粗、一头细。花序通常具 2～4 朵花，似成伞形。浆果直径 7～10mm，黑色，具 4～7 颗种子。花期 5—6 月，果期 8—9 月。

（二）生活习性

1. 分布状况

黄精属植物分布区域虽广，南北均可栽种，但适应性较差，对生态环境选择性较强。黄精属中生森林草甸种，是中国北方温带地区落叶林中较常见的伴生种。在河北、河南、陕西等省，常生长在槲栎林中，槲栎林常分布在土层较厚、湿度较大的半阴坡上，郁闭度一般为 0.5～0.8。土壤为由花岗岩或花岗岩风化后发育的棕色森林土或褐色土。

2. 生育特性

黄精种子适宜发芽温度为 25～27℃，种子在常温下干燥贮藏寿命为 2 年，发芽率为 62%，拌湿沙在 1～7℃低温下贮藏，发芽率 96%左右。黄精种子发芽时间较长，如采后放入 25℃温箱下催芽，可在 80d 左右发芽。黄精从播种到生成新的种子，生长周期为 5～6 年。其种子在适宜条件下萌发后分化形成极小的初生根茎，初生根茎当年没有子叶或真叶出土，在地下完成年周期生长。翌年春季初生根茎在前一年已分化的叶原基继续分化，并形成单叶幼苗。同时地下根茎分化、膨大形成次生根茎。秋季倒苗时，次生根茎的生长点已分化完成第三年的根茎节数。第三年开始抽地上茎，但不开花结果，直至生长 5～6 年的植株才开花结实。黄精从播种到入药，大约需要 4～5 年的时间。

（三）栽培技术

黄精喜阴，适用于林下地或林缘地直播，也可以盆栽种植。可以用种子繁殖，也可以根茎繁殖。

1. 地栽模式

（1）选地整地。选择湿润肥沃的林间地或山地，林缘地最为适合。要求无积水、无盐碱影响的沙质土壤，土薄、干旱和沙土地不宜种植。土壤深翻 30cm 以上，整平耙细后作畦。一般畦面宽 1.2m，畦面高出地平面 10～15cm。在畦内施优质腐熟农家肥 15 000kg/亩，充分混合后，再整平耙细后待播。

（2）种植。种子繁殖时间长，多用于育苗移栽。生产田多采用根茎繁殖。

以根茎繁殖为例。秋季或早春挖取根状茎，秋季挖需妥善保存，早春采挖直接栽培。取 5～7cm 长小段，芽段 2～3 节。然后用草木灰处理伤口，待浆干后，立即进行栽种。春栽在 4 月上旬进行，在整好的畦面上按行距 25～30cm 开沟，沟深 8～10cm，将种根芽眼向上，顺垄沟摆放，每隔 15～20cm 平放一段，覆盖细肥土 5～6cm 厚，踩压紧实，栽后浇一次透水。

（3）田间管理

①中耕除草。在黄精植株生长期间要经常进行中耕锄草。每次宜浅锄，以免伤根。

②合理追肥。每年结合中耕进行追肥，每次施入有机肥 1 000～1 500kg/亩。每年冬前每亩再施入优质农家肥 1 200～1 500kg，并混入饼肥 50kg，混合均匀后沟施，然后浇水。

③适时排灌。田间要经常保持湿润，遇干旱气候应及时浇水，但雨季又要及时排涝，以免导致烂根。

④病虫害防治。一般叶部产生褐色圆斑，边缘紫红，为叶斑病，多发生在夏秋季，病原为真菌中的半知菌。防治方法以预防为主。入夏时节可用 1∶1∶100 波尔多液（生石灰∶硫酸铜∶水）或 65％代森锌可湿性粉剂 500～600 倍液喷洒，每隔 5～7d 喷一次，连续 2～3 次。

2. 盆栽模式

（1）选土。选择园土和河沙按照 7∶3 的比例混合均匀，拌施有机肥。

（2）选盆。底部有透水孔的塑料盆、木箱、瓦盆等均可。

（3）移栽定苗。选择具有2～3个芽点的根茎段，依盆体大小，一般每盆可移栽2～3株。

（4）环境控制。黄精喜半阴环境，设施内种植时注意中午进行适当遮阴。最适生长温度15～23℃，设施内白天温度控制在15～18℃，相对湿度50%～80%；晚间温度控制在4～11℃，相对湿度80%～90%。居家摆放时可用喷壶每周向叶面喷水1次，一般2周浇一次水即可。

（5）定植后管理。盆栽黄精注意通风排水，减少叶斑病的为害。

3. 采收加工与市场前景

挖取根茎后，去掉须根，用清水洗净，蒸10～20min，至透心后取出，边晒边揉至全干，即成商品，一般每亩产400～500kg，高产可达600kg。

（四）产业融合应用

1. 药用价值

黄精富含黄精多糖、甾体皂苷、蒽醌类，现代药理研究表明，黄精主要有以下8个方面的药理作用，一是调节血糖；二是抗肿瘤；三是改善学习记忆功能；四是抗病院微生物；五是抗炎、抗病毒；六是抗疲劳；七是调节血脂；八是延缓衰老。

2. 食用价值

黄精食用部位为根茎和幼苗，以黄精为原料制作的菜肴也很多，比如黄精炖猪肉，该汤可以补肾养血、滋阴润燥；黄精炖鸡，具有补中益气、润泽皮肤等功效。

3. 观赏价值

黄精具有发达的贮存养分的根状茎，适于林下和盆栽观赏。黄绿色花朵形似串串风铃，悬挂于叶腋间，具有极好的观赏效果；其花期可长达20d。果实由绿色渐转至黑色、白色、紫色或红色，观果期可持续至深秋，观赏期长。适宜作为地被景观植物应用于疏林草地、林下溪旁及建筑物阴面的绿地花坛、花境、花台及草坪周围，达到美化环境的效果。

六、玉竹

玉竹（*Polygonatum odoratum*）是百合科黄精属药用植物，以地下根茎入药，别称地管子、尾参、铃铛菜，是我国传统大宗药材之一，也是东北地区重要的道地药材之一。玉竹是传统药食同源中药材之一，根状茎主要含玉竹黏多糖，还含有黄精螺甾醇、黄精螺甾醇苷等甾族化合物。性平，味甘，具养阴、润燥、清热、生津、止咳等功效，还可以加工成高级滋补食品、佳肴和饮料等。玉竹株型小巧玲珑，形态十分有趣，可置于阳台和庭院中观赏，也可地栽造景。

（一）形态特征

玉竹为多年生草本植物，根状茎圆柱形。茎高20～50cm，具7～12叶，叶互生，椭圆形至卵状矩圆形，先端尖。花序具1～4花（在栽培情况下，可多至8朵），总花梗（单花时为花梗）长1～1.5cm，无苞片或有条状披针形苞片，花被黄绿色至白色，全长13～20mm，浆果蓝黑色，直径7～10mm，具7～9颗种子。花期5—6月，果期7—9月。

（二）生活习性

1. 分布状况

玉竹是我国传统中药材，主产区在黑龙江、吉林、辽宁省。国内其他地区主要分布于东北、华北、华东地区及陕西、甘肃、青海、台湾、河南、湖北、湖南、广东等地，还广泛分布于欧亚大陆温带地区。

2. 生长特性

玉竹对环境的适应性较强，耐寒、耐阴湿，忌强光直射，喜凉爽潮湿环境，生命力较强，可在石缝中生长。野生玉竹多生长于山野阴湿处、林下及落叶丛中，积水过多或干旱不利于其生长。栽培品种宜在海拔 1 000m 以下的低山丘陵或谷地的黄壤或沙质壤土上种植。玉竹喜肥多，易栽培，产量高。在我国北方寒冷地区 4 月下旬到 5 月上旬就开始萌动，一般温度在 5℃以上时，形成地上枝条，18～22℃现蕾开花，19～25℃地下根茎开始增粗。

（三）栽培技术

玉竹主要生长于林间或林缘，生产上多以土地栽植为主，也可设施内盆栽，以盆栽形式出售。

1. 地栽模式

（1）选地。玉竹喜阴湿、凉爽气候，适宜在湿润肥沃的林间或林缘种植。忌前茬连作，播种前土地深翻 30cm 左右，耙细做畦，畦宽 1～1.3m，按照行距 25～30cm 开沟、沟深 12～15cm。

（2）种植

①选种。玉竹可以种子繁殖也可用根状茎繁殖，种子繁殖通常用来育苗，生产上以根状茎繁殖为主。根状茎繁殖速度快、产量高。秋季收获时，选当年生长的肥大的根茎留作种根。以根茎黄白色、芽端整齐、略向内凹的粗壮分枝最佳。瘦弱细小和芽端尖锐向外突出的分枝及老的分枝不能发芽，不宜留种，否则营养不足，生活力不强，影响后代，品质差，产量低。也不宜用主茎留种；因主茎大而长，成本太高，同时去掉主茎就会严重影响质量，不易销售。要随挖、随选、随种。遇天气变化不能及时栽种时，必须将根芽摊放在室内背风阴凉处。一般每亩用种茎 200～300kg。将选好的种茎浸入盛有 50％多菌灵 500 倍液的桶中浸泡 30min 后，捞出晾干备用。

②栽种。秋季种植为主，9 月下旬至 10 月下旬栽种。穴栽或条栽。

穴栽。畦面栽种 3～4 行，行距 30～40cm、株距 25～30cm、穴深 8～10cm。每穴交叉放入根茎 3～4 个，芽头向四周交叉，不可同一方向。

条栽。按行距 25～30cm 开沟，沟深 15cm，株距 8～10cm，横放，芽头朝一个方向，随即盖上腐熟的禽畜粪肥，再盖 1 层细土至与畦面齐平。

（3）田间管理

①水肥管理。结合整地每亩施入腐熟的农家肥 2 000～3 000kg。苗高 7～10cm 时追施苗肥，每亩浇施稀薄人粪尿 800～1 000kg 或尿素 10kg。冬季地上部分枯萎后，在行间每亩施有机肥 2 000～3 000kg，培土 7～10cm，加盖青草或枯枝落叶则更佳。第三年春季出苗后，随水追肥，施后培土。

②中耕除草。栽后当年不出苗，翌春出苗后，及时除草，可用手拔除或浅锄，注意不要伤及玉竹小嫩芽。以后在 5 月和 7 月分别除草 1 次。第三年，只宜用手拔除杂草。

③培土。每年冬季结合施肥，在畦沟取土进行培土 3～4.5cm。玉竹种栽要用稻草、树叶或茅草覆盖。以后每年的初冬，玉竹茎叶干枯时要盖青草，上面再盖一层泥土。

④病虫害防治。玉竹主要病害有褐斑病、锈病和灰斑病；虫害主要有蛴螬、小地老虎。合理轮作，忌连作，防止积水，及时清除病株、病叶，注意清洁田园。发病初期及时用低毒农药预防。

2. 盆栽模式

（1）选土。选择园土和泥炭土以等比例混合均匀，拌施有机肥和复合肥。

（2）选盆。底部有透水孔的塑料盆、木箱、瓷盆、瓦盆等均可。

（3）移栽定苗。可在春秋两季进行，以 1～2 节为段进行种植，每盆可栽植 2～3 株。

（4）环境控制。玉竹生长适应能力强，喜半阴环境，设施内种植时注意中午进行适当遮阴。最适生长温度 10～22℃，18～22℃时开始成花。玉竹不耐高温，设施栽培时注意遮阴控制在 30℃以内。居家摆放时可用喷壶每周向叶面喷水 1 次，一般 1～2 周浇一次水即可。

（5）定植后管理。盆栽玉竹病害较少，保持盆土湿而不涝就不易发病。耐寒性极强，冬季可耐－30℃低温，冬季浇透水后可放于室外。

3. 采收与初加工

以玉竹栽后 2～3 年采收最好，产量高、质量好。栽培 1 年后也可以收获，但产量低，大小达不到规格。四年生的产量更高，但质量及有效成分下降。一般在 8 月上旬采挖。选雨后晴天、土壤稍干时，用刀齐地将茎、叶割去，然后用齿耙顺行从前往后退着挖根。抖去泥沙，按大小分级，暴晒 3～4d，至外表变软、有黏液渗出时，置竹篓中轻轻撞去根毛和泥沙；继续晾至由白变黄时，用手搓擦至柔软光滑、无硬心、黄白色时，晒干即可。也可将鲜玉竹用蒸笼蒸透，随后边晒边揉，反复多次，直至软而透明，再晒干。

（四）产业融合应用

1. 药用价值

玉竹根茎含有丰富的甾族化合物，药用价值高，可用于治疗肺胃阴伤、燥热咳嗽、咽干口渴、内热消渴等症。玉竹根茎含有玉竹黏多糖、玉竹果聚糖等，有改善心肌缺氧和肾上腺皮质激素作用。

2. 食用价值

玉竹可以入药也可以当保健食材使用，对身体有诸多好处。玉竹可以和百合一起，熬制小米粥，煮好以后加白糖调味就能食用，这种玉竹粥不但能促进血液循环，还能提高身体免疫力。另外还可做很多菜肴，如玉竹炖鸡、玉竹猪心等。

3. 观赏价值

玉竹可作为观赏植物应用于园林绿化中，适宜种植于林下或建筑物遮阴处及林缘作为观赏地被种植，同时也可以盆栽观赏。

七、金银花

金银花（*Lonicera japonica*）是载入《中华人民共和国药典》的忍冬科忍冬属植物。以花蕾入药，是我国大宗药材之一。金银花人工栽培生产区域主要集中在山东与河南两省。山东省产的金银花药材俗称“东银花”，河南省产的金银花药材俗称“密银花”，二者品质均优良，驰名中外，以山东省金银花药材的产量最大。金银花是传统药食同源药材之一，除了可以入药以外，金银花还可以加工成茶，具有一定的保健价值。金银花为缠绕藤本植物，还可用作园林绿化中，种植于林缘、建筑物旁等地方，或者缠绕花廊、花架，形成独特景观。

（一）形态特征

金银花为多年生半常绿藤本植物，小枝通常密被短毛，中空，藤为褐色至赤褐色，幼枝红褐色。叶对生，叶片卵圆形或椭圆形，花簇生于叶腋或枝的顶端，花冠略呈二唇形，管部和瓣部近相等，花柱和雄蕊长于花冠，有清香，初开时花白色，2～3d后变为金黄色，故称之为金银花。种子通常为卵圆形或椭圆形，成熟时黑色，有光泽，花期5—7月（秋季也常开花），果期9—10月。

（二）生活习性

1. 生长特性

原产于中国，全国大部分省份有分布，属于温带及亚热带树种。野生状态下分布于山坡灌丛或疏林中，根系发达，生根力强。可种植于土丘荒坡、山岭瘠薄地、河旁堤岸以及林果行间等，是一种很好的生态型保水固土植物。金银花喜阳、耐阴，耐寒性强，耐干旱和水湿，对土壤要求不严，酸性、盐碱土壤均能生长，适应性很强。但以土质疏松、肥沃、排水良好的沙质壤土上生长最佳，在荫蔽处则生长不良。每年春夏两次发梢，根系萌蘖性强，茎蔓着地即能生根，当年生新枝是开花结果枝。

2. 生育特点

金银花生长速度快，寿命较长，枝条更新性强，老枝衰退新枝很快形成。金银花喜温暖湿润、阳光充足、通风良好的环境，喜长日照。根系极发达，毛细根多，生根能力强。以 4 月上旬到 8 月下旬生长最快，一般气温达到 5℃以上即可发芽，适宜生长温度为 20～30℃，但花芽分化适宜温度为 15℃，生长旺盛的金银花在 10℃左右的气温条件下仍有一部分叶子保持青绿色，但 35℃以上的高温对其生长有一定影响。

（三）栽培技术

金银花多种植于露地，以地栽为主，也可种植于盆内进行造型种植。

1. 地栽模式

（1）选地整地。金银花喜阳不耐荫蔽，宜选择向阳、土层较为深厚、土壤肥沃疏松、透气、排水良好、pH 5.5～7.8 的沙质壤土种植。种植前，深翻土壤 30cm 以上，耙碎土块。栽植密度可选 2m×1.5m 或 2m×1m 的株行距，即每亩栽苗 220～330 株。一般 4 月初挖定植穴定植，穴大小以 70～80cm 见方为宜，每穴底施有机肥（氮＋五氧化二磷＋氧化钾＞4%）5kg 或农家肥 20kg，与土壤拌匀，均匀撒于穴内。

（2）繁殖方式

①播种。播种繁殖多用于育苗。当年秋季采收的成熟种子，

需在0～5℃温度下，进行层积处理，翌年3—4月播种。播种前先把种子放在25～35℃温水中浸泡24h，然后在温室下与湿沙混拌催芽，当30%～40%的种子裂口时，即可播种。苗床播种量按100g/m^2，播种后覆土1cm，每2d喷水1次，10余天即可出苗，秋后或翌年春季移栽。

②扦插。扦插可在春、夏和秋季进行，雨季扦插成活率最高。扦插一般选用3年生以上的枝条，选择株型健壮、叶片翠绿、开花次多、花量多、质优、产量高、无病虫害植株剪穗。将上部半木质化枝条斜面剪成30～35cm段，摘去下部叶子作为插条，随剪随用。扦插前速蘸ABT生根粉（注意不能用金属容器稀释生根粉），然后在备好的苗床上，按行距20cm开沟，把插条按照株距2cm、插深为6～10cm斜立着摆放到沟内，露出1～2个腋芽为宜，填土压实，插后浇透水，每隔2d浇1遍水，半月左右即能生根。春插苗当年秋季可移栽，夏秋苗可于翌年春季移栽。

③压条繁殖。每年的6—10月，用富含养分的湿泥垫底，用肥沃泥土压住当年生花后枝条上的2～3节，上面盖些草以保湿。2～3个月后可在节处生出不定根，然后将枝条在不定根的节眼后1cm处截断，使其与母株分离独立生长，然后移栽。

（3）田间管理

①定植。春秋两季均可定植，在挖好的穴坑内栽植金银花，覆土后适当压紧，浇透定植水。

②松土除草。每年春初地面解冻后和秋冬地冻前进行松土和培土工作，保持植株周围无杂草。

③肥水管理。每年早春、初冬，结合松土除草，在植株四周开环状沟，每株追施尿素0.1kg或0.15kg复合肥。另外可在花前有花芽分化时，每株叶面喷施0.2%～0.3%的磷酸二氢铵溶液等。金银花虽抗旱、耐涝，但要丰产仍需一定的水分。萌芽期、花期如遇干旱，应适当灌溉。雨季雨水过多时要特别注意排涝，因长期积水影响土壤通气，根系缺氧严重时会引起根系死

亡，叶面发黄，树木枯死。

④整形修剪。整形。通常栽后1～2年内主要是培育直立粗壮的主干。定植后当主干高度在30～40cm时，剪去顶梢，以解除顶端优势，促进侧芽萌发成枝。第二年春季萌发后，在主干上部选留粗壮枝条4～5个，作为主枝，其余的剪去，以后将主枝上长出的一级侧枝保留6～7对芽，剪去顶部；再从一级侧枝上长出的二级侧枝中保留6～7对芽，剪去顶部。经过上述逐级整形后，可使金银花植株直立，分枝有层次，通风透光好。

修剪。修剪分冬夏两个时期。一是冬剪，也叫休眠期修剪，即在每年的霜降后至封冻前进行修剪。剪除病、弱、枯枝，原则是“旺枝轻剪，弱枝重剪，枯枝全剪，枝枝都剪”。保留健壮枝条，对剩余枝要全部进行短截，以形成多个粗壮主侧干，逐年修剪形成圆头状株型或伞形灌木状，促使通风透光性能好，既增加产量，又便于摘花。二是夏剪，也叫生长期修剪。是剪除花后枝条的顶部，促使多发新枝，以达到枝多花多的目的。因为金银花的花芽只在新抽生的枝条上进行，开过花的枝条虽然能够继续生长，但不能再次开花，只有在原结花的母枝上抽生的新枝条才能形成新的花蕾开花。

(4) 病虫害防治。主要病害为褐斑病。每年7—8月发病，危害叶片。要及时清除病株、病叶，加强栽培管理，增施有机肥料，以增强抗病力。另外，在发病初期用1∶1.5∶200波尔多液（生石灰∶硫酸铜∶水）喷施，可有效防治褐斑病。

主要虫害为蚜虫和咖啡虎天牛。防治蚜虫可用40%乐果乳油1 000～1 500倍液预防和喷杀。防治咖啡虎天牛可采用烧毁枯枝落叶的方式，以毁灭其虫卵生长环境；或7—8月人工释放天敌赤腹、姬蜂和肿腿蜂，适宜释放密度为1 500头/hm^2，防治效果明显。

2. 盆栽模式

(1) 选土。金银花喜肥，必须选择营养丰富、疏松、保水能力强的营养土，一般可选择河沙和松针腐叶土的混合物作为培养土，混合拌匀有机肥和复合肥。

（2）选盆。金银花株型较大，宜选择底部有透水孔的木箱、瓷盆、瓦盆等，一般选择高度 35～40cm、直径 30～40cm 的花盆。

（3）移栽定苗。选择株型低矮的品种，在春季或秋季进行移栽，每盆栽植 1 株。新上盆的盆土较松，可用手轻压按实，然后缓缓浇水，直到盆水从底孔少量流出为止。

（4）加工造型。整形修剪是盆栽金银花的主要艺术加工方法。由于金银花具有萌发力强的特点，所以很适合用这种方法形成多种盆景造型。金银花在每年秋冬之间，就应及时修剪。

（5）肥水管理。盆栽金银花浇水需掌握见干见湿的原则，开花时应尽量少浇水。在金银花生长旺季和花芽分化期至孕蕾期进行追肥，一般追施饼肥＋过磷酸钙。

（6）翻盆换土。盆栽金银花一般上盆 2～3 年后换盆一次，及时更换合适大小的盆促进根系生长。换盆时注意保留植株的护心土，换盆后及时进行浇水管理。

3. 采收和初加工

（1）采收。第一茬花采摘一般在 5 月中下旬开始，一个月后陆续采摘二、三茬花。摘花最佳时间是一天之内上午 11 点左右，此时绿原酸含量最高，应采摘花蕾上部膨大略带乳白色、下部青绿、含苞待放的花蕾。过早或过迟采摘会影响花的药材品质。采摘时应先外后内、自下而上进行采摘，注意不能带入枝杆、整叶及其他杂质，花蕾采下后要及时送晒场或烘房处理，尽量减少翻动和挤压。

（2）初加工。采收的花蕾，若采用晾晒的方式，以水泥石晒场晒花最佳。随采随晒，晒花层以 2～3cm 为宜，不要太厚，晒时中途不可翻动，在未干时翻动，会造成花蕾发黑，影响商品花的价格。以曝晒一天干制的花蕾，商品价值最优。晒干的花，其手感以轻捏会碎为准。晴好的天气当天即可晒好，当天未能晒干的花，晚间应遮盖或架起，翌日再晒。采花后如遇阴雨，可把花筐放入室内，或在席上摊晾，此法处理的金银花同样色好质佳。另外，还可采用烘干法，一般在30～35℃初烘2h，再升至40℃保持5～10h，然后保持室温45～50℃，烘10h后，鲜花水分大部分排出，再将室温升高至55℃，使花速干。一般烘12～20h即可全部干燥。超过20h，花色变黑，质量下降，故以速干为宜。烘干时不能翻动，否则容易变黑。未干时不能停烘，否则会发热变质。

（四）产业融合应用

1. 药用价值

金银花是我国重要的大宗药材之一，现代医学研究表明，金银花具有抗菌消炎、抗病毒、抗氧化、利胆保肝、降血脂、清热解毒以及增强免疫的作用。

2. 食用价值

金银花可以作为保健食品原料，加工金银花保健茶、保健饮料、保健酒等产品。在炎热夏季，用金银花搭配藿香、佩兰一起泡水，可以解暑湿。秋天干燥，用金银花和梨煮水喝，可以生津止渴。

3. 观赏价值

金银花属于藤本类攀缘植物，枝条具有较强的攀爬能力，适合种植在林下、林缘、建筑物旁等地。不仅可以营造景观墙，还可以通过缠绕在花廊、花架、花栏、花柱以及假山石等形成独特景观。在目前的园林应用中金银花因其枝条生长量大，管理相对粗放，成为现代园林绿化的重要园林植物之一。

八、枸杞

枸杞（*Lycium chinense*）是茄科枸杞属灌木植物，果实称枸杞子，嫩叶称枸杞头，干燥根皮入药，称地骨皮。明代李时珍《本草纲目》记载："春采枸杞叶，名天精草；夏采花，名长生草；秋采子，名枸杞子；冬采根，名地骨皮"，由此可见枸杞不同部位均具有不同的药用和保健价值。《中华人民共和国药典》规定主产宁夏回族自治区的宁夏枸杞（*Lycium barbarum*）的干燥成熟果实作为枸杞子正品，根皮也可入药。枸杞的种类不同，其枝条性状差异较大，通常按枝条分为硬条型（白条枸杞等）、软条型（尖头黄叶枸杞）和半软条型（麻叶枸杞等）。软条型、半软条型品种，其枝条通常下垂，整形定干较费工。

（一）形态特征

以宁夏枸杞为例。宁夏枸杞为多年生灌木，或因人工整枝而成大灌木，高 0.8～2m，栽培种茎粗直径 10～20cm；分枝细密，小枝弯曲而树冠多呈圆形，叶互生或簇生。花生于叶腋处，花冠漏斗状，紫色较多。浆果红色，多汁液，形状有广椭圆状、卵状或近球状。种子常 20 粒，略呈肾脏型。花果期较长，一般从 5 月至 10 月边开花边结果，采摘果实时成熟一批采摘一批。

（二）生活习性

1. 生长习性

枸杞适应性强，生长季节能忍耐 38℃高温，耐寒性亦强。开花最适宜温度为 17～22℃，果实发育最适宜温度 20～25℃，秋季气温降到 10℃以下，果实生长发育转缓。枸杞是强阳光树种，无光不结果，荫蔽条件下不宜栽培，但在疏林和幼林的林间及林缘则可栽培。枸杞对土壤要求不严，耐盐碱，在土壤含盐为 0.5%～0.9%、pH 为 8.5～9.5 的灰钙土和荒漠土上生长发育正常。在轻壤土和中壤土，尤其是淤土上栽培最适宜。

2. 生育特点

枸杞种子较小，但寿命长，在常规保存条件下，保存 4 年时发芽率仍在90%以上。种子发芽的最适温度为20～25℃，在此种条件下7d就能发芽。

每年3月中下旬根系开始活动，3月底时新生吸收根生长，4月上、中旬出现一次生长高峰，5月后生长减缓；7月下旬至8月中旬，根系出现第二次生长高峰，9月生长再次减缓，到10月底或11月初，根系停止生长。

枸杞的枝条和叶，也有两次生长习性。每年4月上旬，休眠芽萌动放叶；4月中下旬，春梢开始生长；到6月中旬，春梢停止生长。7月下旬至8月上旬，春叶脱落；8月上旬，枝条再次放叶并抽出秋梢；9月中旬，秋梢停止生长；10月下旬再次落叶进入冬眠。

伴随根、茎和叶的两次生长，开花结果也有两次高峰，春季现蕾开花期是4月下旬至6月下旬，果期是5月上旬至7月底，秋季现蕾开花多集中在9月上中旬，果期在9月中旬至11月上旬。

（三）栽培技术

1. 选地整地

育苗田以土壤肥沃、排灌方便的沙壤土为宜。育苗前，施足基肥，翻地25～30cm，做成1～1.5m宽的畦，等待播种。定植地可选壤土、沙壤土或冲积土，要有充足的水源，以便灌溉。土壤含盐量应低于0.2%。定植地多进行秋翻，翌春耙平后，按170～230cm距离挖穴，穴径40～50cm，深40cm，备好基肥，等待定植。

2. 繁殖技术

枸杞可采用种子、扦插、分株和压条繁殖，生产上以种子和扦插育苗为主。

（1）种子育苗。播前将干果在水中浸泡1～2d，搓除果皮和果肉，在清水中漂洗出种子，捞出稍晾干。然后与3份细沙拌匀，在20℃条件下催芽，待种子有30%露白时，再行播种。以春播为好，当年即可移栽定植。多用条播，按行距30～40cm开沟，将催芽后的种子拌细沙撒于沟内，覆土1cm左右，播后稍镇压并覆草保墒。播后7～10d出苗。当苗高3～6cm时，可进行间苗；苗高20～30cm时，按株距15cm定苗。结合间苗、定苗，进行除草松土，以后及时拔出杂草。7月以前注意保持苗床湿润，8月以后要降低土壤湿度，以利幼苗木质化。苗期一般追肥两次，每次施入尿素5～10kg/亩，视苗情配合施适量磷钾肥。

（2）扦插育苗。在树液流动前，选一年生的徒长枝或七寸枝，截成15～20cm长的插条，插条上端剪成平口，下端削成斜口，按株行距15cm×30cm斜插于苗床中，保持土壤湿润。

3. 栽植

枸杞定植株行距为100cm×150cm。春秋定植均可，春季在3月下旬至4月上旬，秋季在10月中下旬。定植不宜过深，定植时应开浅平大穴，把根系横盘于穴内，覆土10～15cm，然后踏实灌水。

4. 田间管理

（1）翻晒园地。一年一次，春或秋季进行。春季多在3月下旬或4月上旬进行，不宜过深，一般12～15cm。秋季在10月上中旬进行，可适当深挖，为20cm左右。

（2）中耕除草。幼龄植株未定型前，杂草易滋生，中耕除草要勤；定型后，中耕除草次数可减少。一般每年进行3～4次，多在5—8月进行。同时结合中耕除草要除去萌蘖。

（3）施肥。追肥分休眠期追肥和生长期追肥。休眠期追肥以有机肥为主，3～4年生一般单株追施圈肥10kg左右，5～6年生增加到15～20kg，7年生以上30kg左右。可在10月中旬到11月中旬施入，开环状沟施肥，深度以20～25cm为宜。生育期追肥可在5月和8月追施尿素或复合肥，2年生每次每株用量25g，3～4年生50g，5年生以后50～100g。可在雨前追施，若不遇降水，追肥后浇水。

（4）灌溉排水。2～3 年生的幼龄枸杞应适当少灌，一般年灌水 5～6 次，多旱灾年份 5—9 月及 11 月每月灌溉一次。4 年生以后，在 6—8 月每月还要增加一次灌溉。在雨水较大的年份，可酌情减少灌水，并在积水时注意排水。

（5）整形修剪。第一年定干剪顶，第二、第三年培育冠层，第四年放顶成型。成型标准为株高 1.5m 左右，上层冠幅 1.3m，下层冠幅 1.6m，单株结果枝 200 条左右。定植当年，定干 60cm，并选择 3～5 个分布均匀的主枝。第二年在主枝上选 3～4 个新枝，于 30cm 处短截。第三年对二层骨干枝上的新枝于 20cm 处短截。树冠基本成形后，每年于夏季或秋季剪去枯枝、老弱枝、病虫枝、重叠枝、扫地枝及过密的枝条。

5. 病虫害防治

枸杞病害主要是炭疽病，栽种时应实施检疫，严禁使用有病种苗；秋后清洁田园，及时剪去病枝、病叶及病果，减少越冬菌源；加强肥水管理，提高植株的抗病能力，减轻病害发生，喷洒 1∶1∶120 波尔多液（生石灰∶硫酸铜∶水），每隔 7～10d 喷一次，连续 3～4 次。

虫害主要有实蝇、蚜虫等，应随时摘除虫果，集中烧埋；7—8 月对发病严重的植株可采用低毒化学药剂防治。

（四）采收和初加工

以采收枸杞子为例。

1. 采收

枸杞子的采收要在芒种至秋分之间。当枸杞果实变红，果松软时即可采摘。采果宜在每天早晨露水干后进行。采果时注意轻摘、轻拿、轻放。

2. 初加工

采摘成熟果实，阴干或晾晒，不宜曝晒，以免过分干燥，并注意不要用手揉，以免影响质量。晒至果皮干燥而果肉柔软时即可，在夏季伏天多雨时可烘干。

（五）产业融合应用

1. 药用价值

枸杞根皮（中药称地骨皮），有解热止咳之效用。枸杞子既是名贵的中药材又是良好的滋补药，具有补肾益精、养肝明目的功用。

2. 食用价值

枸杞子被卫生部（2018 年 3 月，国家卫生和计划生育委员会进行职责整合，组建中华人民共和国国家卫生健康委员会）列为“药食两用”品种，枸杞子可以加工成各种食品、饮料、保健酒、保健品等。在煲汤或者煮粥的时候也可加入枸杞。种子油可制润滑油或食用油，还可加工成保健品。枸杞嫩叶可做蔬菜，在广东、广西等地，枸杞芽菜非常流行。

3. 观赏价值

枸杞树形婀娜，叶翠绿，花淡紫，果实鲜红，是很好的观赏植物，现已有部分枸杞观赏栽培，但由于其耐寒耐旱不耐涝，所以不适宜在江南多雨多涝地区种植。

九、薏苡

薏苡（*Coix lacryma-jobi*）为禾本科薏苡属草本植物，薏苡种仁是我国传统药食同源药材之一，具有极高的营养价值和药用价值。薏苡原产地为东南亚的热带或亚热带地区，而中国西南部是薏苡属植物的起源、演化和迁移的初生中心之一，在中国南北各地均有种植。薏苡种仁食用历史悠久，民间有薏苡仁熬粥食用的传统，具有健脾利湿、美容养颜的功效。近年来，薏苡的营养和保健作用不断被发掘，广泛应用于食品、药品、保健品和化妆品中。薏苡枝条粗壮，种子黑色，适宜作为观叶、观果植物应用于园林绿化中。

（一）形态特征

薏苡为一年生或多年生粗壮草本植物，高1～2m。叶互生、线状披针形，叶鞘抱茎。花同株异穗，总状花序从上部叶鞘内抽出1至数个成束，雄小穗呈复瓦状排列于穗轴的各节上，雌小穗包于卵形的总苞中，总苞质硬而光滑，为灰白色、蓝紫色或黑色。颖果圆形或卵圆形，藏于总苞内。花期8—9月，果期9—10月。

（二）生活习性

薏苡喜温和、凉爽、潮湿气候，忌高温闷热环境，不耐寒冷。生长期忌干旱，尤其在抽穗、灌浆期，受干热风影响后，植株长势缓慢、矮小，开花结实少，且籽粒不饱满，严重减产。对土壤要求不高，但以向阳、肥沃的沙质土为好。干旱无水源的地方不宜种植，忌连作，一般不与禾本科作物轮作。薏苡生育期一般是130～180d，从种子萌发到新种子形成可分为幼苗期、分蘖期、拔节期、孕穗期、抽穗开花期和成熟期。

（三）栽培技术

1. 选地整地

薏苡具有湿生植物的特性，一般应选择向阳、稍低洼的田块种植，要求灌溉条件良好，土质肥沃，前茬作物以豆科植物为宜，忌与禾本科植物轮作。种植前深翻土壤20～30cm，每亩施入有机肥1 500～2 000kg。播种采用穴播和条播均可，因条播较省工，故多以开沟条播为主。条播具体方法：在畦面中间按行距35～40cm开深5～10cm的沟，然后将种子播至沟内，播后覆3～4cm厚的土，然后喷芽前除草剂（96%精异丙甲草胺或72%

异丙甲草胺）控制畦面杂草生长。

2. 选种播种

（1）选种。播种前可采用水选法选种，除去带有虫眼的种子以及干瘪和壳厚而坚硬的种子。播种前进行药剂拌种，防止种子带菌传播病害。一般先进行温汤浸种或烫种处理 24h，晾干后再进行药剂拌种，这样防病更彻底。

（2）播种。正确掌握播种时期是薏苡丰产的重要环节之一，播种过早土温低，发芽缓慢，不仅幼苗生长不旺，而且易感黑粉病；播种晚会因分蘖少生育期短，产量降低。当土壤水分充足、地温 12～14℃时播种为宜，北京地区多在 5 月上旬至 6 月上旬播种。可适当密植，每亩用种 1.5～2kg 左右为宜，一般每亩留苗 15 000 株左右，过密影响分蘖和分枝，降低产量。

3. 田间管理

（1）间苗定苗。当苗高 5～10cm、长出 2～3 张真叶时进行间苗，株距保持在 2～5cm；当长出 5～6 张真叶时，按株距 12～15cm 进行定苗。保证每亩 15 000 株左右种苗，确保分蘖后田间茎数保持 5 万～6 万株较适宜。

（2）中耕除草。在分蘖前生长缓慢，要适时中耕除草，一般生长期中耕除草 2～4 次。第一次在小苗 2～3 片子叶时，结合疏苗进行除草，此时除草要防止伤根，中耕培土要浅，否则分蘖节上移，分蘖少而且晚。第二次在苗高 20cm 左右结合定苗进行，最后一次在拔节分枝时，即苗高 80cm 左右时进行中耕除草。

（3）水肥管理。苗期、拔节期、抽穗期、开花期和灌浆期均要求有足够的水分，若天气干旱，要及时浇水，尤其是抽穗期前后，缺水会导致穗小、结籽少；若雨天水分过多，要及时疏沟排水，以减少病害。薏苡分蘖分枝力很强，需肥量大，适时适量增施肥料是一项主要的增产措施。苗期追肥时，氮肥比例要适中，如果氮肥过多幼苗徒长易倒，成熟延后且影响产量。可分基肥、分蘖肥、穗肥三次进行追肥。

（4）人工辅助授粉。薏苡为雌雄异穗同株植物，依靠风媒传粉，在花期每隔3～4d人工振动植株上部，使花粉飞扬，起到人工辅助授粉的效果，以提高结实率。

4. 病虫害防治

薏苡的病害以黑粉病较为常见，防治方法：播种前进行药剂浸种可有效预防。主要虫害有玉米螟、黏虫和蚜虫等，可用低毒高效杀虫剂防治。

5. 采收和初加工

当枝叶呈枯黄色、果实变黑灰色、种子80%成熟时即可采收，过早或过晚采收，都会影响产量。采收后及时脱粒、晒干，并用碾米机去除外壳种皮，筛净再晒干即可药用。一般每亩产量200～300kg，高产可达500kg。

（四）产业融合应用

1. 药用价值

薏苡种仁，俗称薏米。据《本草纲目》《本草经疏》的记载，薏米有健脾胃、强筋骨、消水肿、去风湿、清肺热等功效。可用于治疗心脏性水肿、脾胃虚弱、慢性肠炎、肺热咳嗽、肺结核、肺脓肿、脚气病、阑尾炎、风湿痛、关节炎等症。

2. 食用价值

薏米是最重要的粮食作物之一，有着悠久的食用历史，传统上主要用来煮粥，磨粉可以制成糕点。日本选用薏米做高级糕点，近几年有选作主粮的。薏米含有丰富的营养成分，还可以加工成薏米酸奶、薏米减肥茶等。

3. 工艺价值

成熟好的薏米外形美观、光亮圆滑，在我国古代就被制造成佛珠、项链等工艺品。民间有用薏米加工成薏米珠帘的传统，不仅颜色耐看、结实耐用，而且挂在门上耐晒、不褪色，色感自然、朴素、大方，是悬挂帘类中的一道风景线。

十、板蓝根

菘蓝（*Isatis indigotica*）是十字花科菘蓝属植物，其干燥根和叶入药，是我国大宗药材之一（为方便成文，以下称为“板蓝根”）。板蓝根的应用历史可追溯至唐朝，目前主要以人工栽培为主，主产区位于安徽、甘肃、山西、河北、陕西、内蒙古、江苏、黑龙江等省份。板蓝根具有多种抗菌、抗病毒成分，是常用中成药板蓝根颗粒的主要原料。花色亮黄色，株型整齐，可以作为景观作物打造农田景观。

（一）形态特征

板蓝根为一、二年生草本植物。株高 40～80cm，茎直立，多分枝，叶互生，根生叶大，有柄，长椭圆总状花序，顶生或腋生，小黄花，长圆形角果，扁平有翅，成熟时呈黑紫色。根圆柱形，直或者稍扭曲，根长 10～30cm，直径 0.3～1.3cm。表面灰黄色或淡棕黄色，有纵皱纹及横生皮孔。根茎粗短，有轮状排列的暗绿色叶柄残基及密集的虎状突起。长角果长圆形，扁平翅状，种子 1 枚。花期 5 月，果期 6—7 月。

（二）生活习性

板蓝根适应性较强，适宜种植范围广，对自然环境和土壤要求不严，耐严寒，冷暖地区一般土壤都能种植。具有喜光、怕积水、喜肥的特性。板蓝根是深根植物，宜种植于土层深厚、疏松肥沃、排水良好的沙质土壤上。板蓝根用种子繁殖。种子发芽率约为 70%，温度在 16～21℃，有足够的湿度，播种后 5d 出苗。翌年 4 月开始抽薹、现蕾，5 月开花，7 月果实相继成熟，全生育期约 9～11 个月。

（三）栽培技术

板蓝根以种子繁殖为主，生产上多采取地栽形式，也可盆栽种植。

1. 地栽模式

（1）选地整地。板蓝根是一种深根性植物，主根能伸入土中50cm左右，因此应选择地下水位低、排水良好、疏松肥沃的土壤。过沙、过黏、低洼地产出的板蓝根容易分叉，质量低劣。前作物收获后及时深翻，深耕细耙可以促使主根生长顺直、光滑、不分杈。种前每亩施农家基肥3 000～4 000kg，把基肥撒匀，深耕细耙整地做畦，北方应做平畦，南方可做高畦，易于排水。

（2）播种繁殖。板蓝根大面积生产上采用种子繁殖。根据需要，对种子采用浸种、拌种处理。播前对种子进行清水浸泡12～24h。为了播种均匀，把经浸泡的种子捞出晾至种子表面无水时掺拌适量细沙或细土拌种。北京地区春播、秋播均可，春播的适宜播种期为4月中旬至5月上旬，秋播可在8月下旬播种。春播时，土壤5～10cm深度的温度要稳定达到12℃以上，幼苗出土的土壤相对含水量为60%～80%。

播种方式采用条播、撒播和穴播均可，生产中一般采用条播。行距30cm，播深3～5cm，土质黏重的土壤2～3cm，沙土3.5～5cm为宜。为了保墒，播种后最好要镇压。每亩板蓝根播种量1～2kg。

（3）田间管理

①定苗。在板蓝根株高3～5cm时，剔除小苗、弱苗，苗距4～6cm；苗高7～8cm时，按株距8～10cm定苗。苗距太密时，根小，叶片不肥厚；苗距过大，主根易分叉，须根多，产量低。定苗的同时进行除草、松土，定苗后视植株生长情况，进行浇水和追肥。

②除草。播种后，杂草与板蓝根的幼苗同时生长，应抓紧时

间及时进行松土除草。由于目前没有适宜板蓝根的除草剂，所以除草采用人工方法进行。条播者于苗高 3cm 时，在行间用锄浅松土，并锄掉行间杂草，苗间杂草用手拔掉。当幼苗冠幅封住畦面后，只除草，不松土，直至秋季枯萎。

③水肥管理。板蓝根生长前期一般宜干不宜湿，以促使根部下扎。生长后期适当保持土壤湿润，促进养分吸收。一般 5 月下旬至 6 月上旬每亩追施硫酸铵 40～50kg，过磷酸钙 7.5～15kg，混合撒入行间。水肥充足叶片才能长得茂盛，生长良好的板蓝根可在 6 月下旬和 8 月中下旬采收 2 次叶片。为保证根部生长，每次采叶后应进行追肥浇水。

（4）病虫害防治。板蓝根病害主要有霜霉病、根腐病等。霜霉病主要在湿度较大时易发生，需要早期防治，可在发病初期用 1∶1∶（200～300）的波尔多液（生石灰∶硫酸铜∶水）或用 65％代森锌 600 倍液喷雾。根腐病的主要侵染来源是带菌土壤，一般 6—7 月发生，田间湿度大和气温高是病害发生的主要因素，需要及时观察，发病期及时喷洒 50％硫菌灵 800～1 000 倍液。

板蓝根虫害主要以菜粉蝶为主，俗称菜青虫、白蝴蝶、青条子。防治方法上，结合积肥，处理田间残枝落叶及杂草，集中沤肥或烧毁，以杀死幼虫和蛹。冬季清除越冬蛹。药剂防治掌握在幼虫 3 龄以前施药。用 50％马拉硫磷乳油 500～600 倍液，注意用量要少。

（5）留种技术。当年不挖根，任其自然越冬，翌年 6 月份收籽。当角果的果皮变黄后，选晴天割下茎秆运回晒场进行晾晒，待果实干燥后进行脱粒，清除杂质，装袋贮藏在阴冷、干燥、通风的室内备用。

2. 盆栽模式

（1）选土。板蓝根喜肥，宜选择有机质丰富泥炭土和园土等比例混合使用，同时拌施有机肥和复合肥。

（2）选盆。底部有透水孔的塑料盆、木箱、瓦盆等均可。

（3）移栽定苗。在苗高7～8cm时进行移栽，一般每盆栽植1～2株即可，木箱种植依照地栽密度。

（4）环境控制。最适生长温度15～25℃，浇水掌握见干见湿原则，居家盆栽种植可每周向叶面喷水1次，一般1～2周浇一次水即可。

（5）定植后管理。盆栽板蓝根病害较少，摘取板蓝根叶片后及时追施复合肥。

3. 采收和初加工

（1）采收

①收叶。春播收叶2～3次，产品为大青叶。第一次在6月中旬；第二次在8月下旬；第三次结合收根先割地上部，选择合格叶片入药。收叶最好选晴天，连续几天晴天进行采收有利于植株重新生长，又有利于割下的叶片晾晒，以获得高质量的大青叶。具体方法是用镰刀在离地面2～3cm处割下叶片，这样既不损伤芦头，又可获得较大产量。

②收根。在板蓝根停止生长，地上部叶片枯萎前、叶片尚保持青绿状态时，选择晴天进行挖收。

（2）初加工。去净泥土，晒至7～8成干，扎成小捆，再晒干透。

（四）产业融合应用

1. 药用价值

板蓝根是我国常用的大宗药材之一，具有清热、解毒、凉血等作用。有治疗发热、风寒感冒、咽喉肿痛、腮腺炎等功效。板蓝根抗病毒作用最明显，是防治流行性感冒、腮腺炎、乙型脑炎等流行性疾病的良药，尤其在抗击“非典”和“新型冠状病毒肺炎”中发挥了重要作用。以板蓝根为主要原料的药物有：板蓝根颗粒、板蓝根糖浆、板蓝根茶等，其中板蓝根颗粒是大家最为熟悉的，它价格便宜、服用方便、副作用不明显，是秋冬季节前预防感冒的良药，销量巨大。

2. 观赏价值

板蓝根种植第二年开花结实，株高 40～60cm，花色为艳丽的黄色，花期长，在北京地区可持续 20d 左右。开花时花期一致、群体效果好，花期比油菜花晚一个月左右，观赏效果极其相似，可以作为延续油菜花亮黄色景观的最佳植物。

第四章
特色观食两用果经作物资源介绍

一、草莓

草莓（*Fragaria ananassa*）是蔷薇科草莓属多年生草本植物。栽培种大果凤梨草莓多开白花。草莓营养丰富，含有丰富的维生素C，容易被人体消化和吸收，是老少皆宜的健康果品。享有果中皇后的美誉，在世界卫生组织公布的十佳食品榜上位居第二，具有较高的营养和医疗保健价值。草莓株型精致，花果均具有较高观赏性，全株具芳香，是优良的观食两用作物资源。

（一）形态特征

草莓为多年生草本植物，株高10～40cm。根系主要由不定根组成，90%分布于0～20cm的土层里。茎为短缩茎，叶为三出羽状复叶，叶缘有锯齿。花白色，少数黄色，5～8瓣，花序为聚伞花序。果实颜色有深红、红色、橙红、和白色。花果期一般从11月持续至翌年5月。

（二）生活习性

1. 分布状况

栽培种大果凤梨草莓起源于法国，20世纪初期传入我国。主要分布于中国、美国、墨西哥、西班牙和土耳其等地区。目前在我国山东、辽宁、安徽、江苏、湖北、河北、河南、四川和浙江等地都有大面积种植。

2. 生长特性

草莓喜光，喜温暖气候，适宜生长的温度范围是20～26℃，有一定耐寒性。在疏松、肥沃、透水通气良好的偏酸性沙壤土中生长良好。草莓不耐涝，土壤水分过多或积水会影响草莓正常生长。

（三）栽培技术

草莓以日光温室促成栽培为主，一般于秋季定植，12月采收至翌年5月，也可盆栽应用。

1. 日光温室栽培模式

（1）繁殖方式。草莓种苗繁育方法包括种子繁殖、组织培养繁殖、匍匐茎繁殖等。生产中以匍匐茎繁殖为主。

匍匐茎繁殖。匍匐茎繁殖属无性繁殖，具有繁殖速度快、繁殖系数高、能够良好保持品种特性等优点，一般有露地育苗与避雨基质育苗两种方式，目前生产中多采用避雨基质育苗。

①设施要求。基质育苗通常在塑料大棚内进行，要求棚室四周通风、透光，整洁无杂草。

②介质规格。母株定植在内径长60cm、宽18cm、高18cm的育苗槽中。子苗引压在长0.6～2m、宽8～10cm、高8～10cm的育苗槽中。

③引茎压苗。每个母株选留6～7条健壮匍匐茎，待子苗长至1叶1心时压苗。使用专用育苗卡将子苗引压在母苗的两侧，注意压苗不要过紧、过深。

④出苗标准。新茎粗在0.8cm以上，具有4～5片功能叶，植株健壮，病虫害发生少的子苗，可以进行起苗移栽。

（2）整地起垄。做畦前应进行土壤消毒处理，待土壤晾晒疏松后，每亩施入腐熟农家肥3 000～5 000kg，氮磷钾复合肥30～40kg，深翻旋耕。做成南北向高畦，通常畦高30～40cm，畦面上宽40～60cm，下宽60～80cm，垄距80～100cm。

（3）田间管理

①定植。定植时间一般为 8 月下旬至 9 月上旬。定植方法“深不埋心、浅不露根”，弓背冲向垄沟一侧，株距 15～25cm。定植后浇足定植水。

②水肥管理。浇水一般在晴天上午进行，浇水量以保持土壤湿润不干即可。9 月下旬进入花芽分化期后，应控制氮肥，果实转色成熟期施用高钾肥。12 月至翌年 2 月期间，可补充二氧化碳气肥。

③植株整理。生产过程中定期摘去老叶、病叶、匍匐茎，增加通风透光，每株保留 10～12 张叶片，确保光合产物的积累。

④疏花疏果。每株保留先开的 3～4 个花序，每个花序 3～5 个果。尽早疏除畸形果、小果、弱果、病果，减少养分消耗。

（4）病虫害防治。主要有白粉病、灰霉病、红蜘蛛等，防治以预防为主，注意温室环境调控，避免低温高湿或高温干旱，诱发病虫。病害发病初期可用寡雄腐霉（100 万孢子/g）可湿性粉剂 8 000 倍液喷雾防治，虫害发生初期可喷施 1.8%阿维菌素乳油 3 000 倍液。

（5）采收和初加工

①采收。草莓一般生长 2 年，秋季定植，12 月采收至翌年 6 月，以春节前后采收最好。草莓果皮薄、果肉柔软，采收时必须轻拿、轻摘、轻放，尽量不挤压草莓。最好边采收边进行装盒，避免分装时造成二次损伤。

②初加工。制作草莓酱，将洗净的草莓控干水分后与冰糖按 1∶1 比例混合，大火不断搅拌，熬至浓稠状，倒入容器密封，冷藏或冷冻即可。

2. 盆栽模式

（1）品种选择。选择抗病虫能力强、休眠期短、开花期长、连续结果能力强、果实颜色鲜艳、果形独特的品种。

（2）种苗选择。选择当年生匍匐茎新苗，植株健康、无明显病虫害，具有5～6片叶，叶片完整，须根发达，根茎粗1.2cm以上。最好选用基质苗。

(3) 栽培基质。盆栽草莓无土基质一般选择草炭、蛭石、珍珠岩（配比=2∶1∶1）混合而成，有土基质可选择土质疏松的林下表层土，使用前喷施0.3%的高锰酸钾水溶液进行消毒。

(4) 栽培容器。选择透气性、排水性良好的容器，适于草莓根系生长，容器盆沿要圆滑，下垂时不易折断果柄，盆的深度15～25cm较好，直径20～30cm为宜。

(5) 种植管理。草莓上盆后一定及时浇透水，并将盆放在背阴处。栽后7d内每天浇水1次，随后每隔2到3d浇1次。每隔7d给1次液态肥水或复合肥。可用毛笔或棉棒轻轻涂抹花蕊，进行人工辅助授粉。

(四) 产业融合应用

1. 保健功能

草莓含有丰富的维生素C、A、B_1、B_2、有机酸，以及钙、铁、锌等矿物质。经常食用草莓可以治疗咽喉肿痛、提神醒脑、促进消化、凉血解毒、美容护肤、减脂减肥。此外，草莓对防治动脉硬化和冠心病也有益处，是非常好的保健食品。另外还有草莓冻干、草莓酒、草莓酱等深加工产品，产业链比较完备。

2. 观赏功能

在园林功能方面，草莓也具有独特的应用价值。草莓匍匐茎具有修长、垂吊的特点，适宜制作草莓展示花台，营造垂蔓式景观效果。或将草莓与花架结合，形成温室盆栽草莓小品，突出精致观感。草莓花期长，花朵洁净淡雅，果实通红秀美，具有生机喜悦的美好感觉，可以作为园艺疗法的植物材料进行种植，让游客在体验过程中赏花、品果，获得心灵的休憩与放松。

（五）常见栽培品种

1. 圣诞红

韩国品种。株型直立，耐寒、耐旱，抗性强，白色花瓣5～8枚，果皮红色，光泽感强，种子黄色，凸于果实表面，早熟，丰产。

2. 越心

我国品种。长势中等，叶片椭圆形。果实短圆锥形或球形，果面浅红色、光泽强，风味香甜。花序连续抽生能力强，早熟，畸形果少。较耐低温弱光，耐冷凉、雾霾、连阴天。

二、红花草莓

红花草莓（*Fragaria*×*Potentilla*）为属间杂种，它是利用草莓属（*Fragaria*）与近缘的委陵菜属（*Potentilla*）植物属间杂交而成。世界上最早的红花草莓栽培品种“粉红熊猫”由英国育种学家用栽培草莓品种（*F. ananassa*）与欧洲红花委陵菜（*P. palustris*）杂交得到，花为粉红色、四季开花，已在欧洲、美洲及亚洲一些国家销售。相比传统栽培草莓而言，红花草莓能够正常结果，具有丰富的营养价值，抗寒性较强，露地栽培可用于地被、花坛、园林绿化，观赏期从春到秋，观赏效果好。也可以用于盆栽做室内观赏，可以不断地观叶、观花、观果，极具吸引力，观赏性能强，是一种新型的兼具观赏和食用的草莓，具有很好的发展潜力。

（一）形态特征

红花草莓是多年生常绿草本植物，株高约10cm，叶片卵圆形，比一般栽培品种矮、叶片小。花大，直径一般为2～3cm，最大可达4cm。一级花序花瓣一般为8枚，二、三级花序一般为

5枚，单花持续5～7d。具有四季开花性，春秋两季最旺。目前繁育的主要品种有“粉红熊猫”“红宝石”“粉佳人”“俏佳人”等，随品种不同呈现浅红、粉红、红深红等不同颜色。果实小，一般单果5～10g，具有草莓特有香味。

（二）生活习性

1. 分布状况

红花草莓为人工繁育，在英国、美国、日本等国均有种植，1999年前后引入我国后在辽宁、吉林、安徽、陕西、江苏等地均试种成功。

2. 生长特性

红花草莓适应性强，喜欢温暖气候，也较抗寒，生长适合温度为12～30℃。我国北方寒冷地区花期4—10月，南方或室内盆栽全年可不断开花。喜水但不耐涝；喜日照充足和通风良好的环境；要求土壤肥沃、疏松、透气，一般土壤均可生长，略微偏酸性土壤最好，忌在板结黏土、碱性土壤上栽植。

（三）栽培技术

红花草莓可用于地被、绿化露地种植，也可盆栽在庭院或室内观赏。

1. 地栽模式

（1）繁殖育苗。红花草莓匍匐茎发生能力强，用匍匐茎繁殖简单方便。选择排灌方便，土壤肥力较高、光照良好，未种过草莓或已轮作过其他作物的地块建立繁苗田。定植前翻耕整地，按宽1～1.2m、长8～10m、高10cm做宽畦。3—4月按50cm×50cm间距将母株定植于畦中。栽后立即灌透水，使土壤沉实。定植后要注意母株的肥水管理，母株现蕾后要摘除全部花蕾，及早抽生大量匍匐茎。匍匐茎抽生后，将茎向畦面均匀摆开，压住幼苗茎部，促使节上幼苗生根。一般1株母株可以繁殖50株壮苗，过多的匍匐茎及后期发生的匍匐茎应及时摘除。同时注意中耕除草，及时浇水，保证匍匐茎苗生长。

（2）选地整地。红花草莓对地栽土壤要求不严，一般土壤均可生长，避免在黏土、碱性土壤上栽植，保持土壤具有一定的透水能力即可。整地、深翻地，栽植前施用以有机肥为主的底肥，耙细，浅锄一遍，耙平做畦，宽1～1.2m。

（3）移栽定植。一般春季4—5月定植，夏秋季节可以布满网格。可按0.5m×0.5m的株行距挖孔，以“深不埋心，浅不露根”为宜。定植后覆土，压实，浇透水，促进缓苗。

（4）田间管理

①肥水管理。红花草莓根系较浅，叶多，蒸腾强，因此在干旱和高温时节应当及时浇水；但其不耐涝，夏秋遇大雨时要及时疏通排水，避免根系长时间浸水，影响生长。定植成活后每15～30d施用平衡型水溶肥1次，花果期可喷施0.5%的磷酸二氢钾1～2次。

②植株整理。在栽植过程中及时去除老叶、病叶、残留果梗，保持其观赏性。

③中耕除草。红花草莓成活后，定期进行人工除草，不可使用除草剂。除草时尽量防止损伤新抽生的匍匐茎，以免影响景观效果。

④越冬管理。红花草莓冬季低温时休眠。北方地区露地栽培入冬时先浇一遍冻水，使用地膜、地布等简单进行覆盖防寒，次年2—3月揭开即可。不必重新栽种，多年后重植更新。

（5）病虫害防治。主要病害有叶斑病、灰霉病、白粉病等，使用四氯间苯二腈、嘧菌酯、甲基硫菌灵等进行防治，常见的虫害有蚜虫、青虫、红蜘蛛等，可使用药剂喷杀。

2. 盆栽模式

（1）选土。可以使用疏松、透水透气性较好的养花营养土，也可以以按腐叶土∶堆肥∶沙＝6∶3∶1或田园土∶堆肥∶沙＝

5∶4∶1比例混合。

（2）选盆。一般的瓷盆、塑料盆、种植箱均可。

（3）移栽。根据花盆大小，每盆可栽单株、双株或多株。

（4）环境控制。盆栽要供应充足的水分，浇水原则是干则浇水、浇则浇透。旺盛生长期要勤浇水，特别是花果期更不可缺水，否则会造成植株萎蔫、生长势衰退、花瓣脱落早。

（5）定植后管理。经常保持盆土疏松透气，经常摘除老叶、病叶。植株大量开花结果后，植株会变衰弱，一方面可在花果期追肥，恢复长势，另一方面用新抽生出的匍匐茎苗代替衰弱老株，重新栽植，并换盆土。病虫害方面主要防治蚜虫、红蜘蛛。

（四）产业融合应用

1. 保健功能

红花草莓成熟时鲜红色，果实较小，单果重10g左右，具有草莓特有的香味，果实可以食用，也可加工成草莓酱、草莓汁食用。其果实富含多种维生素和矿物质，对人体有保健作用。

2. 景观功能

红花草莓红花绿叶，耐寒耐旱，耐轻度践踏，形态及色彩优雅，能极大提高城市园林绿地景观质量，同时具有生长旺盛、覆盖速度快、不需要修剪、移栽一次可以观景多年、管理养护费用低的优点，已逐步成为园林绿化中替代草坪的首选地被植物。盆栽时或放于阳台、窗台、院内或棚室内，也可悬挂吊养，匍匐茎悬垂可长达0.5～2m，制作成漂亮的红花草莓吊盆，极具观赏性。

三、西瓜

西瓜（*Citrullus lanatus*）属葫芦科西瓜属一年生蔓生草本植物，原产地可能是非洲。西瓜主要的食用部分为发达的胎座。果实外皮光滑，呈圆形或椭圆形，皮色有浓绿、绿、白或绿色夹蛇纹等，果瓤多汁为红色或黄色，白色较为罕见。西瓜堪称“盛夏之王”，清爽解渴，味道甘甜多汁，是盛夏佳果，西瓜除不含脂肪和胆固醇外，含有大量葡萄糖、苹果酸、果糖、蛋白氨基酸、番茄素及丰富的维生素C等物质，是一种富有很高的营养、纯净、食用安全的食品。除较高的营养价值外，西瓜还有较高的药用价值。西瓜在中国的《本经逢原》中被指是天生的白虎汤，西瓜果肉内亦含有瓜氨酸及精氨酸等成分，能加增尿素的形成，有利尿作用。

（一）生活习性

1. 分布状况

西瓜原产地可能是非洲。目前全球西瓜产区主要集中在亚洲，面积占比76.33%，产量占比84.13%；亚洲较其他洲单产也较高。中国的西瓜生产主要有五大优势产区，分别为华南（冬春）优势产区、黄淮海（春夏）优势区、长江流域（夏季）优势产区、西北（夏秋）优势产区和东北（夏秋）西甜瓜优势产区，其中河南、山东、安徽、湖南、广西、江苏、新疆、湖北、河北、宁夏为播种面积排名前十名的省份。

2. 生长特性

西瓜属葫芦科西瓜属一年生蔓生草本植物，一般是雌雄同株异花，为单性花。可能原产南非热带沙漠地区，属耐热性作物。在整个生长发育过程中要求较高的温度，不耐低温，更怕霜冻。西瓜生长所需最低温度为10℃，最高温度为40℃，最适温度为25～30℃。属喜光作物，生长期间需充足的日照时数和较强的光照强度，一般每天应有10～12h的日照，幼苗期光饱和点为8万lx，结果期则达10万lx以上。对土壤要求不严，比较耐旱，耐瘠薄。但因根系好氧，需要土壤空气充足，最适宜排水良好，土层深厚的壤土或沙壤土。西瓜适宜中性土壤，在pH5～7均可正常生育。

（二）栽培技术

1. 品种选择

西瓜宜选用优质、高产、抗裂和抗逆性强、商品性好的品种。砧木宜选用亲和力好、抗逆性强、对果实品质无不良影响的品种。

2. 育苗与嫁接

（1）育苗

①育苗方式。宜选用穴盘育苗或营养钵育苗。穴盘规格宜为32孔或50孔，营养钵直径宜为8～10cm、高度宜为8～10cm。

②营养土及基质。营养土宜使用未种过葫芦科作物的无污染园田土和优质腐熟有机肥配制，两者比例宜为3∶1，加磷酸二铵1kg/m^3、50%多菌灵可湿性粉剂25g/m^3，充分拌匀放置2～3d后待用；基质宜为无污染草炭、蛭石和珍珠岩的混合物，加氮磷钾平衡复合肥1.2kg/m^3、50%多菌灵可湿性粉剂25g/m^3，基质应充分拌匀放置2～3d后待用。

③育苗床。将育苗场地地面整平、建床。床宽宜为100～120cm，深宜为15～20cm；刮平床面，床壁要直；冬春季宜在床面上铺设80～120W/m^2电热线，覆土2cm，土上宜覆盖地布；将穴盘、营养钵排列于地布上；穴盘育苗也可采用高架苗床育苗。

④种子处理。未经消毒的种子应采用温汤浸种或药剂消毒处理。无籽西瓜种子宜采用引发和破壳技术处理。

⑤浸种与催芽。处理后的西瓜种子浸泡4～6h，破壳西瓜种子浸泡时间不应超过1.5h，南瓜砧木种子浸泡6～8h，葫芦砧木种子浸泡24h后，沥干，于28～30℃恒温下催芽，待70%～80%种子露白即可播种。包装注明可直播种子不需要浸种与催芽。

（2）播种

①播种期。春季设施栽培于12月上旬至翌年3月中旬播种，

秋季设施栽培于6月上旬至7月上旬播种。贴接接穗子叶出土时播种砧木种子；顶插接砧木子叶展平时播种接穗种子。

②播种方法。播种前一天，将营养土或基质浇透；将种子平放胚根向下覆1～2cm的营养土或蛭石；苗床覆膜保湿，高温期遮阳降温。

③苗床管理。出苗前白天温度宜为28～32℃、夜间温度宜为17～20℃。子叶出土后应撤除地膜，并开始通风，白天温度宜为25～28℃、夜间温度宜为15～18℃。保持营养土或基质相对湿度60%～80%。

（3）嫁接

①嫁接方法。宜采用贴接或顶插接嫁接。

②嫁接苗床管理。嫁接后前3d苗床应密闭、遮阴，保持空气相对湿度95%以上，白天温度宜为25～28℃、夜间温度宜为18～20℃；3d后早晚见光、适当通风；嫁接后8～10d恢复正常管理。及时除去砧木萌芽。定植前3～5d进行炼苗。

3. 定植

（1）定植前准备。定植前每亩施充分腐熟有机肥3 000～4 000kg或商品有机肥1 000～2 000kg、氮磷钾复合肥40～50kg，深翻、整平，春季栽培起垄，垄高15～20cm，铺设滴灌管或微喷带，覆盖地膜。

（2）定植

①定植时间。穴盘苗宜2叶～3叶1心时定植，营养钵苗宜3叶～4叶1心时定植。春季定植前地温稳定在15℃、夜间最低气温10℃以上。春季栽培2月上旬至4月中旬定植，秋季栽培7月上旬至8月上旬定植。

②定植密度。小型西瓜吊蔓栽培双蔓整枝2 000～2 300株/亩，三蔓整枝1 400～1 600株/亩。爬地栽培定植密度750～1 000株/亩。中型西瓜爬地栽培定植密度600～750株/亩。无籽西瓜种植应按10∶1配合定植授粉株。

4. 田间管理

（1）温度管理。缓苗期白天气温宜为30～35℃、夜温宜为15～18℃；伸蔓期白天气温宜为28～32℃、夜温宜为15～18℃；坐果期白天气温宜为28～35℃、夜温宜为18～20℃。

（2）水肥管理

①灌溉。分别于定植期、缓苗期、伸蔓期各灌水1次，每次灌水量8～10m^3/亩。果实膨大期灌水3～4次，每次灌水量15～20m^3/亩。采收前5～7d停止灌溉。

②追肥。果实膨大期随灌水追施低氮高钾水溶肥（总养分含量≥50%），每次5～8kg/亩，不宜使用含氯肥料。

③植株调整。小型西瓜"一主一侧"双蔓整枝，留主蔓，选留基部1条健壮子蔓作为侧蔓，及时去除其余侧蔓。主蔓30片叶左右时打顶，选留第二、三节雌花留果。中型西瓜采用三蔓整枝，留主蔓，选留基部2条健壮子蔓作为侧蔓，宜选留主蔓第三节雌花留果。

（3）授粉与留果

①授粉。人工授粉应上午授粉，采摘当天开放的雄花，去掉花瓣后将花粉涂抹在结实花柱头上，并做授粉日期标记。蜂授粉应每亩用熊蜂或蜜蜂一箱，蜂箱放置设施中部，风口需增加防虫网。

②留果。当幼瓜长至鸡蛋大时，选留果大、周正、无病虫伤的果实，摘除畸形果。单株留多果时宜选留大小一致果实。

5. 病虫害防治

西瓜病虫害的防治需遵循"预防为主、综合防治"的原则，做到勤观察、早预防。苗期主要病害有立枯病、猝倒病和枯萎病等。后期主要病害有蔓枯病、枯萎病、病毒病和白粉病等；主要虫害有红蜘蛛、蚜虫和粉虱等。

6. 采收

根据授粉日期标记、品种熟性及成熟果实的固有色泽和花纹等特征，确定果实的成熟度。就地销售的果实宜九成熟，外埠销售的果实宜八至九成熟。宜清晨或傍晚采摘。

（三）产业融合应用

1. 保健功能

西瓜堪称“盛夏之王”，清爽解渴，味道甘甜多汁，是盛夏佳果，西瓜除不含脂肪和胆固醇外，含有大量葡萄糖、苹果酸、果糖、蛋白氨基酸、番茄素及丰富的维生素 C 等物质，是一种营养、纯净、食用安全的食品。除较高的营养价值外，西瓜还有较高的药用价值。西瓜在中国的《本经逢源》中被指是天生的白虎汤，西瓜果肉内亦含有瓜氨酸及精氨酸等成分，能加增尿素的形成，有利尿作用。

2. 景观功能

在观光采摘园区通过景观创意设计与栽培技术示范，开展西瓜树式、盆式、贴图工艺化处理、瓜身雕（刻）字栽培和方型西瓜栽培模式与栽培技术的研究等工作。创意栽培出瓜菜概念树、文化树、象形树、多彩树和创意盆景等，使农作物更多地注入科技与文化内涵，极大地提升了农作物自身的文化价值和园区文化品位，增加了园区吸引力。

（四）常见栽培品种

1. 超越梦想

小型西瓜，早熟，极易坐果，连续坐果能力强，果皮韧性好。开花后约 28d 成熟。果实椭圆形，果型指数 1.29，果皮绿色覆窄齿条，外观亮丽，单瓜重 1.8kg 左右，商品性好。果肉鲜红，中心含糖量 12.7%，中边糖差 2.2%，多汁，纤维少，食味极佳。适合北京地区春秋季大棚栽培。

2. 京颖

小型西瓜，早熟，果实发育期 26d，全生育期 85d 左右。易坐果，产量更高。植株生长势强，果实椭圆形，底色绿，锯齿条，外形周正美观，皮薄，耐裂耐储运。平均单果重量2kg左右，果肉红色，口感脆爽，糖度高，中心可溶性固形物含量高的可达15%以上。与传统品种早春红玉、京秀相比，耐裂性好，减少田间采收和运输造成的裂果。且成熟后挂果期可达15d以上，延长了采摘期，适合市民观光采摘。

3. 京彩

小型西瓜，早熟，果实发育期28d，全生育期86d左右。耐低温弱光；易坐果、优质。果实椭圆形，底色绿，锯齿条，外形周正美观，抗裂耐储运。平均单果重量2kg左右，果肉橙黄，糖度高，中心可溶性固形物含量高的可达13%以上。

4. 华欣

中型西瓜，最新育成中早熟、丰产、优质、耐裂新品种。全生育期90d左右，果实成熟期30d左右。生长势中等。果实圆形，绿底条纹，有蜡粉。瓜瓤大红色，口感好、甜度高，果实中心可溶性固形物含量为12%以上。皮薄、耐裂，不易起棱空心，商品率高。单瓜重8～10kg左右，最大可达14kg。适合保护地和露地栽培。

四、甜瓜

甜瓜（*Cucumis melo*）属葫芦科甜瓜属。一年生蔓性草本植物。因味甜而得名，由于清香袭人故又名香瓜。果实作水果或蔬菜，瓜蒂和种子可作药用。鲜果以食用为主，也可制作瓜干、瓜脯、瓜汁、瓜酱及腌渍品等。甜瓜种分薄皮甜瓜和厚皮甜瓜两类，这两类在我国都有广泛的种植。

（一）形态特征

甜瓜是一年生蔓性草本植物，中空，有条纹或棱角，茎蔓上着生卷须，属于攀缘植物。甜瓜叶为单叶、互生、无托叶。不同类型、品种的甜瓜叶片形状、大小、叶柄长度、色泽、裂刻有无或深浅以及叶面光滑程度都不同。甜瓜花有雄花、雌花和两性花3种。甜瓜花的性型具有丰富的表现，在栽培甜瓜中最常见的是雄全同株型（雄花、两性花同株）、雌雄异花同株型，其雄花、两性花的比例均为1∶4～10。绝大多数厚皮、薄皮栽培品种均是雄全同株型。甜瓜果实为瓠果，侧膜胎座。

（二）生活习性

1. 分布状况

甜瓜起源众说不一，学术上仍有争论不进行赘述。中国是甜瓜次生起源中心，原产东部的薄皮甜瓜和原产西北部的厚皮甜瓜，分别为国际甜瓜分类中的两大亚种，是十分珍贵的种质资源。中国是世界上甜瓜的资源大国、生产大国和出口大国。甜瓜在中国西部有着悠久的栽培历史，我国东部地区是薄皮甜瓜的传统产区，新疆、甘肃等西北地区则是哈密瓜、白兰瓜等厚皮甜瓜的老产区。

2. 生长特性

甜瓜生长发育要求温暖的环境条件，整个生长期间要求的积温因品种有不同，甜瓜生长发育适宜的空气相对湿度为50%～60%，不同生育阶段，甜瓜植株对空气湿度适应性不同。甜瓜要求充足而强烈的光照。甜瓜正常生长期间要求每天10～12h以上的日照。适宜的土壤是土层深厚、有机质丰富、肥沃而通气性良好的壤土或沙质壤土，适合的土壤酸碱度为pH6.0～6.8。

（三）栽培技术

1. 薄皮甜瓜设施栽培模式

（1）育苗土配置。选用保水、保肥、通气性好和营养含量适中的营养土。

（2）种子催芽前处理。将种子放入 55～60℃热水中浸烫，并搅拌。待水温降至 40℃左右时，停止搅动，浸种 3～6h（浸种时间视种子大小、新旧、饱瘪、种皮薄厚及浸种温度而定），使种子充分吸水后沥干待催芽。

（3）种子催芽。如需嫁接，砧木与接穗催芽方法相同，用湿毛巾把浸泡好并沥干的种子均匀地平铺在布上，覆盖 1～3 层纱布，放于 28～30℃恒温环境下催芽。2～3d 基本出齐。芽长以露白 0.3～0.5cm 为佳，

（4）播种育苗。胚根向下，覆潮土 1～1.5cm。出苗前，白天温度 25～30℃、夜间 15℃以上为宜；4～5d 后子叶出土时及时撤掉薄膜，防止徒长。

（5）甜瓜定植及田间管理。薄皮甜瓜的主要根群呈水平状态生长，根系好气性强，需保持土壤通气性。早春熟栽培，提前 30～60d 扣棚膜，深翻土壤，施足底肥。定植前浇足底水，建议单行定植，垄间距 1m 左右，垄背宽 30cm 左右，垄高 30cm 左右，起垄后覆盖薄膜保温。

（6）定植。薄皮甜瓜每亩定植 2 000～2 400 株，株距 0.3m，行距为 1.2～1.4m。定植后大棚膜、二层幕、小拱棚都要密闭增温，地温最好保持在 25～27℃，白天温度控制在 30℃，夜间不得低于 15℃，交叉风口放风。栽培方法同常规栽培即可。

（7）植株调整。生产上常用的甜瓜整枝方式主要有单蔓整枝、双蔓整枝、三蔓整枝和多蔓整枝等。其中单蔓整枝方式和双蔓整枝方式多用于吊蔓栽培方式；三蔓式或四蔓式整枝方式主要用于爬地栽培。

单蔓整枝时主蔓 4～5 节以下长出的子蔓全部摘掉。主蔓5～14 节长出的子蔓留 1～2 叶摘心留瓜并摘除其余生长点，当预留节位最低位的雌花开花当天，最上部的雌花刚放黄时，用坐瓜灵（氯吡脲，使用浓度按照说明书配制即可）连续喷瓜胎 5～6 个，在第一茬瓜选留 4～5 个果。根据棚室高度，大约 22～30 片叶时

摘心。第一茬瓜基本定个后，主蔓上部节位长出的子蔓可再次喷药留 2 批瓜，每批选留 2～3 个果。不留果的子蔓孙蔓及早抹掉，但主蔓顶部必须留 1～2 条子蔓不摘心，保留 1～2 个生长点，做到结瓜子蔓分布合理，保证通风透光。

2. 厚皮甜瓜设施栽培模式

厚皮甜瓜设施栽培与薄皮甜瓜有相似的地方，也有不同，不过多赘述，主要区别为厚皮甜瓜定植密度较小，1 500～1 800 株/亩，多为单蔓整枝，主蔓 13～15 节留坐果枝，一般留一个果，部分产区农户为了提高单位面积产出，也尝试双蔓整枝每条蔓留一个瓜，养分充足的情况下，单瓜重较留一果的略小，是增产的一个方法，但是粗网类型网纹甜瓜不可留两果。

（四）产业融合应用

1. 保健功能

甜瓜果实香甜可口，是夏令消暑瓜果，果实含有人类所需的水分、碳水化合物、蛋白质、脂肪、膳食纤维、维生素 A、维生素 C、维生素 B_1、维生素 B_2、维生素 B_3、维生素 E、钙、磷、铁、锌、钾等营养成分，且芳香物质、矿物质和糖质和糖分的含量明显高于其他普通水果，维生素 C 的含量则远远超过牛奶等食品。其含有的苹果酸、葡萄糖、氨基酸、维生素 C 等营养有利于人体心脏和肝脏以及肠道系统的活动，促进内分泌和造血机能。甜瓜具有“消暑热，解烦渴，利小便”的显著功效，但瓜蒂有毒，生食过量，即会中毒。甜瓜一般人群均可食用，但出血及体虚者，脾胃虚寒、腹胀便溏者忌食。

2. 景观功能

观光采摘园区设施中立体栽培，通过搭配不同类型、不同颜色、不同外观形态的甜瓜品种，丰富采摘类型；另外，利用温室设施、无土栽培等技术，种植颜色靓丽的厚皮甜瓜品种，作物树、盆景、图案瓜、雕字瓜等多种形态造型，并配合图片文字说明，充实了文化内涵丰富景观效果，给人以耳目一新的感觉。

(五) 常见栽培品种

1. 北农翠玉

薄皮甜瓜的一个品种，植株生长势中等，子蔓、孙蔓均可坐瓜。果实发育期33～36d，果实梨形，果型指数0.89；果面光滑有浅沟，从脐部向中间延伸，逐渐变浅。果皮绿色，完全成熟后果表呈不均匀淡黄色斑块，果脐较平，单果重大约0.24kg，果肉翠绿色，肉厚大约2.5cm，种腔大约6.6cm×6.8cm，瓤淡黄色；中心可溶性固形物含量可达13%以上，肉质细腻，口感酥脆香甜。

2. 一特白

厚皮光皮甜瓜的一个品种，植株生长势较强，果实发育期大约35d，单果重大约1.65kg，短椭圆形，果型指数1.19，果面光滑，白皮淡绿肉，果肉厚大约4cm，可溶性固形物中心含量可达16%以上，边缘含量可达10%以上，肉质细腻，口感清香。不脱蒂，耐贮运。

3. 比美

厚皮网纹甜瓜的一个品种，植株生长势较强，果实发育期大约60d，单果重大约1.4～1.75kg，圆果粗网，黄绿肉，果肉厚度3.5cm以上，可溶性固形物中心含量可达16.0%以上，栽培技术较难，春夏秋系列品种全，有果香奶香混合味。

五、猕猴桃

猕猴桃（*Actinidia chinensis*）又称奇异果，原产于我国，是猕猴桃科猕猴桃属浆果类、木质、藤本落叶果树。猕猴桃有54个原生种和21个变种，但生产上栽培的主要是中华猕猴桃、美味猕猴桃、软枣猕猴桃和毛花猕猴桃。据记载我国猕猴桃的栽培和利用已有 1 000 多年的历史。猕猴桃果实营养丰富、全面，成熟后质地柔软，口感酸甜，深受人们欢迎，具有较高的营养价值和药用价值。猕猴桃除含有猕猴桃碱、蛋白水解酶、单宁果胶和糖类等有机物外，还含钙、钾、硒、锌、锗等元素和人体所需 17 种氨基酸、维生素 C、葡萄酸、果糖、柠檬酸、苹果酸、脂肪。据《中华人民共和国药典》记载，猕猴桃果实具解热、止渴、通淋功效，还具有稳定情绪、降胆固醇、帮助消化和保护心脏的作用。猕猴桃既可以大面积生产种植，也适合庭院栽培，是不可多得的观食两用作物品种。

（一）形态特征

猕猴桃为雌雄异株植物，枝蔓柔软，需攀附支撑物生长。根为肉质根，皮厚，最初为白色，后转为黄色或黄褐色。叶片形状因品种不同而各异，有卵圆形、心脏形和近扇形等，叶片稍大，薄而脆。花为聚伞花序，花瓣初开时一般为白色，有少量品种粉红色。果实有圆形、椭圆形和长椭圆形等。果肉呈绿色、黄色或红色。开花期为 4—6 月，果实成熟期为 8—10 月。

（二）生活习性

1. 分布状况

猕猴桃种群较多，分布极广。东西分布：西自尼泊尔、印度东北部和西藏南部地区，东至日本、朝鲜和我国台湾地区。南北分布：从赤道附近的苏门答腊岛到北纬 50°附近的黑龙江流域。猕猴桃属植物对水分、热量的总需求较高，大部分集中在我国秦岭以南和横断山脉以东地区，干旱寒冷地区（新疆维吾尔自治区、青海省和内蒙古自治区）没有分布。

2. 生长特性

猕猴桃具有喜光怕晒，不耐高温，喜肥怕烧，喜水怕涝的特点。适宜气候温和，雨量充足，土壤肥沃的环境。适宜生长温度范围 10～35℃，但个别品种能忍受－20℃低温。

（三）栽培技术

猕猴桃种植应根据当地气候、土壤环境条件，选择适宜的品种。猕猴桃除露地生产种植外，还有少量设施种植和盆栽观赏种植。

1. 地栽模式

（1）繁殖育苗

①育苗。猕猴桃一般采用嫁接育苗的方式。选用美味猕猴桃种子播种实生苗，然后再进行嫁接育成。先对猕猴桃果实进行筛选，在果实变熟变软后取出种子进行处理后沙藏。在 2—3 月气温回升后播种。在进行播种之前需整地做床，育苗床规格以便于日常操作为宜。播种前先进行灌水，待水完全渗入后按 20cm 的行距播种，播种后用细土覆盖，再用塑料薄膜进行覆盖。出现缺水情况时应马上进行喷水，种子一般在 7d 后出胚根、20d 左右出苗。当幼苗长出 3 片以上真叶后可进行移栽，基部直径达到 1cm 时进行嫁接。

②嫁接。生产上猕猴桃苗木嫁接一般 2 月下旬至 3 月进行，选择离主根系以上 3～5cm 位置处进行双舌接或劈接法进行低位嫁接。嫁接后排栽到小拱棚，用遮阳网、草毡等覆盖物进行晚上保温等措施，促进伤口愈合。到 4 月上旬排栽到大田，到秋季落叶后即成商品嫁接苗。

（2）种植规格和季节。种植规格在我国南方一般为 3m×4m，北方 2m×（3～3.5）m；种植季节分秋植和春植，秋植从果树落叶前到封冻前，春植宜在土壤解冻后到芽萌动前进行。

（3）选地搭架

①选地。大面积生产种植宜选择光照充足、靠近水源、雨量适中、湿度稍大的地区。土质疏松、通气良好、有机质含量高、pH 5.5～7.5、含盐量≤0.1%的沙质壤土。北方地区需根据不

同品种耐寒性选择露地或设施种植，并进行土壤处理，调整土壤pH及土壤通透性。

②搭架。猕猴桃需搭架种植，一般采用平顶棚架。立柱用一端带孔（或有钢线环）的混凝土桩，桩长2 500cm，顶端长宽12cm×12cm。田间立柱间隔400cm，埋深60～70cm，架面距地面高度≥1 800cm。选用直径3mm的钢绞线作主线和斜拉线，用直径2.6mm的钢绞线作为副线，间距50cm左右平行在架面上。

（4）定植管理

①定植。猕猴桃种植需挖定植穴，定植穴长宽深＝60cm×60cm×40cm。挖好定植穴后要回填营养土，营养土可按有机肥∶草炭∶粗沙（或珍珠岩）∶表土体积比1∶1∶2∶6进行配制。种植时按1∶5配置授粉树（若小面积种植也可不配授粉树，而采取购买商品花粉进行人工授粉），根据苗的大小扒开一个种植穴，穴的大小以根系能充分舒展为合适。种植时2人合作，一人拿苗，一人回土填至苗原来泥印处，最后压实—提苗—再压实。定植后浇足定根水，定根水以浇透即可，切勿过多以免泡根。水量以浇后半小时没有明水为准。

②植后管理。种植后需保持土壤湿润，采用少灌勤灌操作，并适当进行遮阴。肥料施用应在猕猴桃萌动开始后进行，时间大约为4月份，用0.5%尿素液浇施，每月2次，直到6月。7—8月，需加施磷钾肥，用0.5%尿素＋0.5%多元复合肥混合液浇施，切忌干施和撒施肥料。8月以后不施尿素等氮肥，以利枝条发育充实、安全越冬。

③结果树肥水管理。猕猴桃结果树需施好“三肥”，即花前肥、壮果肥和采果后的基肥。花前肥在休眠结束，树体开始活动时施。以速效氮肥为主（氮肥占全年氮肥用量的1/2～2/3），并配以少量磷钾肥。如4年生的结果树可亩施纯氮8～10kg，纯磷4kg，纯钾4kg；壮果肥在猕猴桃谢花后30～40d，以速效复合肥为主，施肥量如4年生树每株可施入磷酸二氨0.25kg。采果

后基肥施用应在采果后 1～2 周到落叶前，以腐熟有机肥为主，施用量占全年 60%～70%。每株施入厩肥、堆肥 50kg＋磷肥 1kg。施肥时需将化肥与农家肥充分拌匀，然后在距树干 1m 处挖环状沟（深 30cm、宽 40cm）施入。施肥后需浇水，以利植株吸收，生长期水分管理可采用干湿交替灌溉，既保证猕猴桃对水分的需求，又可避免水分过多沤根。

（5）整形修剪。猕猴桃整形一般按一干二主蔓，在主蔓上培养侧蔓和结果枝，枝条形成“鱼骨状”分布。修剪分冬季修剪和夏季修剪，采用抹芽、疏剪、摘心、短截、绑蔓和回缩剪等方法。

（6）病虫害防治。病害主要根腐病和褐斑病。根腐病可用 60%代森锌 0.5kg 兑水 200kg 灌根。或可用 58%甲霜灵・锰锌可湿性粉剂 500 倍液灌根；褐斑病在发病初期喷施 70%甲基硫菌灵 1 000 倍液、80%代森锰锌可湿性粉剂 1 000 倍液，每隔 7～10d 喷施 1 次；亦可用 25%嘧菌酯悬浮剂 2 000 倍液或 10%苯醚甲环唑水分散颗粒剂 1 500～2 000 倍液喷治。亦可在冬季休眠期喷施 45%石硫合剂 1～2 波美度进行预防。虫害常见的有介壳虫，发生时可用 25%噻嗪酮可湿性粉剂喷治。

（7）采收及贮存。中华猕猴桃品种可溶性固形物含量达 6.2%～6.5%、美味猕猴桃的可溶性固形物含量达 6.5%～7% 为达到成熟采收标准。采收时需轻拿轻放，以免擦伤果皮或碰掉表皮的绒毛。

猕猴桃采摘后需在室温条件下经 5～6d 后熟逐渐变软后才可食用。长期贮藏的条件：美味猕猴桃品种库温－0.5～0.5℃，中华猕猴桃品种 0.5～1.5℃，空气相对湿度 90%～95%。

2. 盆栽模式

（1）选土。选择土壤肥沃、通透性好、偏酸性的沙壤土，按 1∶1 加入蔬菜育基质制成营养土作为盆栽使用。

（2）选盆。无纺布袋或木盆。

（3）移栽。将育好的苗种下，每盆 1 株。然后在盆上植入造形架，让猕猴桃按造形架攀爬。

（4）环境控制。根据猕猴桃喜光怕晒，不耐高温，喜肥怕烧，喜水怕涝的特点。盆栽更需要精细管理。适宜生长温度范围10～35℃，冬季需适当进行低温（猕猴桃需冷量550～950h）管理以促使植株落叶休眠和花芽分化。

（5）定植后管理。最好选择阴雨天进行定植，晴天种植需进行遮阳以利于尽快缓苗。猕猴桃盆栽因盆内容量有限，施肥应多次小量进行，浇水次数会比大田多，要注意观察，以防干旱。植株生长后要及时进行整形修剪、绑扎造形，并在栽培后嫁接雄株枝条1～2个作授粉用。

（四）产业融合应用

1. 营养价值及保健功能

猕猴桃果实营养丰富，果肉中维生素C含量是普通水果的几十倍甚至上百倍。猕猴桃果实中钙、钾、硒、食用纤维及氨基酸等含量也较高，并含有猕猴桃碱、胡萝卜素、蛋白水解酶、多种无机盐、单宁果胶和糖类有机物，被誉为“生命之果”。猕猴桃的保健功能有利尿通淋、润中理气、生津解渴、消肿化瘀、降脂等功效，还具有抗畸变、抗突变、抗癌的效果。

2. 观赏功能

猕猴桃属于落叶藤蔓型果树，枝条攀爬于支架之上，枝叶旺盛期藤蔓可悬垂，整株似伞状，结果时期可见果实或单个或成堆似小灯笼悬挂于枝条间，具有很好的观赏价值。猕猴桃枝条柔软，便于造型，盆栽时可制作不同形状的盆景，极具生活情趣。

六、西番莲

西番莲（*Passionfora edulis*）又称“鸡蛋果”“百香果”，为西番莲科西番莲属西番莲种，属多年生半木质藤本常绿果树。

原产南美洲安的列斯群岛，主要生长在热带、亚热带地区，约有400种以上。其中大约360种产于西半球（热带美洲），其余种产于亚洲热带地区、澳大利亚和大洋洲东部。我国有15种，分布于西南部至东部地区，大部分品种作观赏用，生产品种按果皮颜色分黄果西番莲、紫果西番莲和紫红果西番莲。西番莲花果期长，是很好的观食两用作物品种。

（一）形态特征

西番莲的茎为圆柱形并微有棱角，无毛，有卷须。单叶互生，纸质有叶柄，基部心形，掌状5深裂，中间裂片卵状长圆形，两侧裂片略小，无毛、全缘。聚伞花序，有时退化仅存1～2花。花两性，单性，偶有杂性，萼片5裂呈花瓣状。花瓣5片，有时无，花冠与雄蕊之间有1至数轮丝状或鳞片状副花冠，有时无。雄蕊5个，雌蕊由3～5枚心皮组成，子房上位1室，生于雌雄蕊柄上。花大淡红色有微香。浆果卵圆球形至近圆球形，成熟时果皮橙黄色、紫色或紫红色，果汁似鸡蛋黄，种子数较多。

（二）生活习性

1. 分布状况

西番莲由于不耐寒，我国适宜西番莲种植的地区为北纬24°以南，主要在广东、广西、云南、海南、福建和台湾等地区，北方地区种植需在设施内。

2. 生长特性

西番莲适宜于光照充足、气候温暖的环境条件，具有喜湿润，忌积水、怕干旱和不耐寒的特点。适宜的生长温度为20～30℃，30℃以上或低于15℃生长基本停止，低于5℃叶片和藤蔓嫩梢干枯，0℃以下树冠枯死。西番莲对土质要求不严格，但高产栽培应在土质疏松肥沃、有机质丰富、水分充足和排灌方便的地方。

（三）栽培技术

西番莲种植应根据当地气候、土壤环境条件，选择适宜的品种。西番莲除露地生产种植外，还有少量设施种植和盆栽观赏种植。

1. 地栽模式

（1）繁殖育苗

①插穗剪取与处理。选取一年生健壮枝蔓作插穗，剪成2～3个节，下端切口在节位下1cm，上端切口距节位3cm，带1片全叶的插条；用25%萘乙酸可湿性粉剂1 000～2 000倍液浸插条基部20～30min。

②扦插方法。选用蔬菜育苗基质作营养土，装杯后扦插。每个营养杯扦插1条插穗，扦插时确保有一个节入土，插后立即浇水并保持土壤湿润，温度调控至15～25℃为宜。当插穗长出新根和萌发新芽后可种植。

（2）种植规格和季节。种植规格上我国南方一般为2.5m×4m，北方设施可2m×3m；只要温度适宜，西番莲一年四季均可种植，但生产上一般在春季种植，此时气温逐步回升，植株生长快、开花早，当年种植当年收获。

（3）选地搭架

①选地。除重黏土外，各种土壤均可种植。但要获得高产则需选择肥沃深厚、排水良好的沙壤土或壤土。

②搭架。西番莲为蔓性植物，要依赖棚架支撑才能正常生长发育。架式有平顶式、篱笆式、人字形、弓形、门形、T形、双T形等，搭架材料有水泥柱、木柱等。大面积生产以篱笆架式较为普遍，该架式具有光照和通风良好，防治病虫害、喷药效果好和修剪方便等优点，此外果实不会搁置棚顶上，可以自动掉落，方便采收。

（4）定植管理

①定植。种植时需挖定植穴，定植穴的规格为80cm×80cm×

40cm。挖穴时表土、心土要分开堆放；每穴施入腐熟农家肥约5～10kg、三元复合肥100g作基肥，将肥料与表土拌匀回填，回填土高于地表20cm，然后再回盖一层心土。定植时每穴种一株，要根舒苗正，下部土壤稍压紧，上覆松土，种后浇透水，并经常保持湿润，遇到阳光比较强烈时注意遮阴保湿。

②植后管理。新定植的西番莲，前期以氮肥为主，以促进植株生长。定植后10～15d根系开始生长时可施第一次肥，以后每隔一个半月左右施一次，用量为三元复合肥50～100g/株。

③结果树肥水管理。西番莲对氮、钾需要量大，而磷、钙、镁需要量少。每年每株的施肥量为氮250～300g、五氧化二磷100～150g、氧化钾600～800g。施肥分3次进行，首次在开春新芽开始生长前；第二次是在果实发育阶段；第三次在采果后。施肥方法可采用液肥浇施或开平行沟施。

在西番莲新梢萌发期、花芽分化及果实迅速膨大期需及时灌溉防旱。在花芽生理分化前及果实生长后期需要较干燥的环境，这有利于果实品质的提高。当灌水过量或雨水过多易造成泡根时，会使原有根系完全遭受破坏，吸收能力最强的新生部位受到伤害，造成吸收面减少，根部植物生长素合成与转运量的减少对生长极为不利。冬季果实收完后要及时进行清园工作，清园后要进行全园翻土，翻土结合埋入清园后的杂草和残枝落叶。

（5）整形修剪。小苗恢复生长后，每5d抹一次芽，促使主蔓速生、粗壮，此时要立竹竿引主蔓直立向上生长，到达铁丝时使主蔓缠绕铁丝横向水平生长；主蔓上架后要经常地牵导侧蔓成螺旋状地在铁丝架上缠绕生长。侧蔓满架后，对超出另一植株30cm处，断顶并绑扎。侧蔓的走向为一边一枝，利于抽发的果枝早日满架。修剪一般在采果后进行，剪至副主蔓或三级蔓以上。休眠期或生长不活跃期重剪会导致植株死亡。如果重剪至主干，须等到早春生长活跃期才能进行。引蔓上架期应疏除主蔓上的二次梢，以减少营养消耗，利于主蔓快速生长。当枝蔓盖满架面后，剪除内部叶片少的老化不结果枝、下垂枝回缩至距地面约15cm处，对老、病树可重剪，所有二次枝均在靠主蔓20cm处短剪，以刺激新梢形成。

（6）病虫害防治。西番莲的主要病虫害有茎基腐病、叶斑病、疫病和蚜虫。

茎基腐病防治方法：用70%甲基硫菌灵可湿性粉剂800倍液喷淋茎基部。

叶斑病防治方法：在生长季节和花开2/3时喷70%甲基硫菌灵可湿性粉剂800倍液，间隔7～10d喷1次，连续2～3次。

疫病发防治方法：发病初期用75%达科宁可湿性粉剂1 000倍液喷施，间隔10～15d喷1次，连续2～3次。

蚜虫防治方法：若虫盛孵期有10%吡虫啉可湿性粉剂1 500倍液喷治。

（7）采收及贮存。西番莲果皮颜色变黄变紫且有香味时采收。充分成熟果实会自动脱落，可在地面铺设薄膜，避免果实受到污染。由于西番莲果皮有一层蜡质覆盖保护，采收后常温堆放即可。

2. 盆栽模式

（1）选土。选择土壤肥沃、通透性好的沙壤土，按1∶1加入蔬菜育基质制成营养土作为盆栽使用。

（2）选盆。无纺布袋或木盆。

（3）移栽。将育好的苗种下或直接扦插种植均可，每盆1株。然后在盆上植入造形架，让西番莲沿造形架攀爬。

（4）环境控制。西番莲喜光照充足的环境，过低或过高的温度均不利于生长，适宜的温度15～30℃，土壤应保持经常湿润的状态。

（5）定植后管理。最好选择阴雨天进行定植，晴天种植需进行遮阳以利于尽快缓苗。西番莲盆栽因盆内容量有限，施肥应多次小量进行，浇水次数会比大田多，要注意观察，以防干旱。植株生长后要及时进行整形修剪、绑扎造形。

（四）产业融合应用

1. 营养价值及保健功能

西番莲果内含有丰富的蛋白质、脂肪、还原糖、多种维生素和磷、钙、铁、钾等多达165种化合物以及人体必需的17种氨基酸，营养价值很高。具有养颜美容、去除疲劳、防衰老、抗高血压等疗效。据记载西番莲的根、茎、叶均有消炎止痛、活血强身、降脂降压的作用。

2. 观赏功能

西番莲枝蔓细长、花朵硕大、形状奇特、色彩艳丽。果实成熟时有黄色、紫色和紫红色等多种颜色，既可观花，又可赏果。同时，由于枝条柔软，更可以制作盆景，是具有生产功能和观赏功能的作物品种。

七、柠檬

柠檬（*Citrus limon*）是芸香科柑橘属枸橼类多年生常绿果树。主要分布于热带和亚热带国家和地区，如中国、美国、墨西哥、意大利等。柠檬又称柠果、洋柠檬、益母果等，因果实味道特酸，用来调制饮料、菜肴、化妆品和药品。此外，柠檬富含柠檬C，有化痰止咳、生津健胃之功效。柠檬四季开花结果，花果期长，香气四溢，特别适合庭院、阳台、窗台等处盆栽种植。

（一）形态特征

柠檬为多年生木本植物，小乔木，树冠圆头形，树姿较开张，枝具针刺，嫩叶及花芽暗紫红色，叶片长椭圆形，厚纸质，边缘有明显钝裂齿。花单生或少量簇生，花蕾淡紫红色，内侧白色。果实椭圆形或倒卵形，有乳状突起，果皮黄色。花期一般在4—5月，果期9—11月。

（二）生活习性

1. 分布状况

柠檬原产于印度，美国、意大利、法国、地中海沿岸、东南亚及美洲等地均有分布，在我国台湾地区、四川、云南、重庆、广东、浙江等省份都有分布。

2. 生长特性

柠檬属亚热带植物，喜欢温暖湿润的气候条件，适宜在气候温暖、土层深厚、排水良好的缓坡地进行种植。以年平均温度17℃以上，≥10℃的年活动积温5 500℃以上，极端最低温高于－3℃，年降雨量1 000mm以上，年日照时数1 000h以上的地方最适于栽培柠檬。土壤要求不严，pH 5.5～7之间，空气相对湿度65％～75％为宜。

（三）栽培技术

柠檬既可在大田露地栽培，也可设施温室栽培。此外，因柠檬花期长，花也香，易坐果，果实成熟后黄澄澄的，美观且漂亮，非常适宜盆栽种植。

1. 地栽模式

（1）整地定植。选择土壤肥沃、质地疏松、排水性好的地块种植。定植时挖定植穴，规格为深0.8m、直径0.8m，把穴土与50kg土杂、堆肥、0.5kg石灰、0.5kg过磷酸钙充分混匀备用。栽植时间最好选择每年的2—3月及9—10月进行春植或秋植，株行距为在2m×3m或3m×4m。定植时将嫁接膜去除，修剪根系并使其舒展，回填土壤并踏实，做直径0.8m的树盘，并浇足定根水。栽植后树盘上覆盖秸秆或稻草，保持土壤湿度。

（2）合理修剪。修剪是对树体实施植梢处理技术，调控树体生长和结果的措施，柠檬修剪一年四季均可进行。修剪的手法主要有摘心、疏枝、短截、回缩、抹芽等。

①幼树的修剪。幼树以培养圆头形树冠为主。柠檬苗于40～50cm处定干，通过摘心、抹芽逐年选配主枝、配置副主枝、侧枝，最终选留3个主枝、10～15个副主枝、30～40个侧枝，形成丰产树形。

②结果树的修剪。初结果树以轻疏长放为主，培养优良的结果母枝，多采用夏季修剪，短截延长枝、剔除徒长枝、过密枝等。盛果树修剪以保持梢、果生长平衡，防止大小年结果为主。夏季采用抹芽、摘心，冬季采用疏剪、回缩相结合，逐年增大修剪量。春梢留8～10片叶尽早摘心，夏季反复抹去无花蕾的嫩梢，于7月中下旬停抹，抽发大量短壮秋梢，并回缩疏除下垂枝，剔除过密枝、徒长枝等。

（3）肥水管理

①幼树肥水管理。幼树一年施5～10次为宜，施肥主要以速效氮肥为主，配合施用磷钾肥，坚持勤施薄施原则，并与抗旱结合。每20～30d浇施清粪水1次，冬季深施有机肥，以改善土壤，每株20kg农家肥加0.5kg复合肥。

②产果树肥水管理。成年产果树施肥原则为适时施春花肥、酌施稳果肥、重施壮果肥和补施采果肥。施肥量按植株挂果量和土壤供肥情况来确定，每株每年施复合肥0.5kg、钾肥0.6kg、过磷酸钙0.25kg。水分管理主要保证春梢抽发期和幼果期充足的水分供应，如遇干旱天气，应及时灌水。9—11月适当短时控水，有助于花芽分化。

（4）病虫害防治。柠檬抗病虫害能力很强，北方地区设施栽培因气候干燥，病虫害发生更少。常见的病害主要有炭疽病、脚腐病，虫害主要有红蜘蛛、蓟马等。根据综合防治原则，优先应用农业防治、生物防治和物理防治，必要时合理使用农药进行防治。

（5）繁殖方式。柠檬的繁殖方式有嫁接、扦插、实生、压条、分株等。嫁接法是目前柠檬大规模育苗的主要方法，其优点是提早结果、保持品种优质特性。柠檬砧木主要选择香橙、枳壳、酸柚等品种，采用种子播种法繁殖。嫁接方法主要选择切接法、芽接法、腹接法等。

2. 盆栽模式

（1）品种选择。选择植株矮化、生长势强、花果期长的品种，如尤里克、香水、北京柠檬等。

（2）种苗选择。最好选择嫁接苗，选择品种纯正，没有病虫害，根系完整，苗高25～30cm、地径在0.5cm以上的健壮苗木。

（3）栽培基质。盆栽基质要求不严，以疏松透气为原则，土壤调为微酸性，每盆可施入20～40g硫酸亚铁。

（4）栽培容器。选择透气、排水性能好的盆，盆子规格选择盆口直径30cm以上的，有利于根系生长发育。每2～3年换一次盆、土。

（5）种植管理

①浇水与施肥。柠檬生长发育中需要较多的水分，浇水要少量多次，保持土壤湿润，见干见湿为宜，晚秋与冬季为花芽分化期，可少浇水，保持盆土干燥。柠檬较喜肥，生长期内坚持薄肥勤施原则，以沤制的有机肥为主，配合复合肥水溶液，施肥量与施肥次数，根据植株长势、花果量、物候期而定。

②整形修剪。修剪既要满足开花结果的需要，又要兼顾观赏性。幼年期植株以培养矮化、开张树形为主，结果树以培养健壮短果枝为主。具体做法：嫩梢及时摘心，长梢、部分带花枝短截，病害枝、过密枝、徒长枝剪除。

③疏花、疏果。及时疏花、疏果，确保营养供给少量花果，使其更大更好。疏花根据“去弱留强、分布均匀”的原则，尽早疏果，生理落果后定果，每枝留1个健康果为宜。

（四）产业融合应用

柠檬又称“维C仓库”，是一种药食同源的食物，营养和药用价值都很高，其深加工产品广泛应用在食品、饮料、化工、美容与保健、医疗和环卫等领域，是一类良好的具备产业融合应用功能的作物。

1. 食用价值

柠檬除鲜食外，还是天然香料及食品加工业重要原料。从其叶、花、果实中均可提取柠檬香精油，果皮可提取高级食用香精，广泛用于食品、化妆品等行业。此外，以柠檬为原料生产的休闲食品也越来越受广大消费者喜欢，比如柠檬饮料、果醋、糖渍柠檬、柠檬茶等产品。

2. 药用价值

柠檬富含柠檬酸，味酸甘、性平，入肝、胃经；有生津解暑开胃、预防心血管疾病、清热化痰、抗菌消炎等功效。此外，柠檬汁还用来作利尿剂、抗坏血病剂以及预防感冒等。柠檬提取物作为天然药物具有很大的开发潜力。

3. 保健价值

柠檬还被称为水果中的保健品，其丰富的维生素C、柠檬酸和柠檬烯等营养成分具有抗氧化和辅助降压等功效。长期食用柠檬还能够促进钙质吸收，预防骨质疏松症。

（五）常见栽培品种

1. 尤里克

原产于美国，是世界主栽柠檬品种。花紫红色，一年开花多次，果实倒卵形或椭圆形，果皮黄色，果实汁多肉脆。尤里克适应性广，抗逆性强，丰产稳产。

2. 里斯本

原产于意大利，我国四川、重庆等省份零星种植。果实大小中等，呈长椭圆形，果实乳突不大，果皮光滑，香气浓，种子少或无，品质优。该品种植株树势强，枝叶茂盛，刺多而长。

3. 北京柠檬

原产于中国，现四川、重庆、广东等省份有栽培。花大，带紫色，一年多次开花，果实椭圆形，中等大小，果皮橙色，较光滑，油胞凹入，果肉软而多汁。该品种耐寒、耐热性强，适应性广。

八、无花果

无花果（*Ficus carica*）为桑科榕属多年生落叶果树，又名奶浆果、天仙果、蜜果等，是人类最早栽培的古老果树树种之一。据记载，无花果早在唐代就已从波斯（今伊朗）传入我国。因其小花隐藏在花托内，只能看到花托形成的假果而看不到花，故称“无花果”。平时我们食用的无花果为其花托膨大而成的聚合果。

无花果具有很高的营养、药用、保健价值。其果实富含维生素A、维生素C、果糖、食用纤维、微量元素及多种人体所需的氨基酸。此外，无花果的根、茎、叶和果实都可入药，果实乳汁液中提取的ACE抑制剂，可用于治疗高血压，研制出的无花果蛋白酶、药用无花果口服液等保健产品经济效益显著。无花果树枝繁叶茂，树态优雅，是很好的园林及庭院绿化观赏树种，而且它当年栽植当年结果，是最好的盆栽果树之一。

（一）形态特征

无花果为落叶灌木，株高3～10m，多分枝；树皮灰褐色，皮孔明显；小枝直立，粗壮。叶互生，厚纸质，广卵圆形，长宽近相等，10～20cm，通常3～5裂，小裂片卵形，边缘具不规则钝齿，表面粗糙，背面密生细小钟乳体及灰色短柔毛；叶柄长2～5cm，粗壮。

雌雄异株，雄花和瘿花同生于一榕果内壁，雄花生内壁口部，瘿花花柱侧生，短；子房卵圆形，光滑，花柱侧生，柱头2裂，线形。榕果单生叶腋，大而梨形，直径3～5cm，顶部下陷，成熟时紫红色或黄色。花果期5—7月。

（二）生活习性

1. 分布状况

无花果原产于地中海沿岸及中亚一带，分布于土耳其至阿富汗。中国唐代即从波斯引入，现我国南北均有栽培，我国主要产地为新疆、江苏、浙江、福建、山东、上海等省份。

2. 生长特性

无花果适应性强，喜温暖湿润气候，耐瘠，抗旱，生长最适温度为22～28℃，根系在大约10℃启动生长，萌芽温度为15℃，年平均温度在15℃以上为宜；对土壤要求不严，以向阳、土层深厚、疏松肥沃、排水良好的沙质壤土或黏质壤土栽培为宜。

（三）栽培技术

无花果适应性强，以露地种植和设施栽培为主，还可庭院绿化或盆栽种植。

1. 地栽模式

（1）品种选择。选择优良品种是无花果高产高效栽培的关键。目前无花果品种可分为鲜食、加工、环境绿化3类，可根据生产需要，选择主栽品种，以鲜食与加工利用相结合，两者各占适当的比例为宜。生产中常见品种有玛斯义·陶芬、波姬红、布兰瑞克、青皮、米利亚等。

（2）繁殖育苗。无花果以硬枝扦插法进行育苗，应用广且成活率高。选取1～2年生无病虫害、叶芽饱满的健壮枝条作插条，剪成20cm的小段，剪口蜡封，并用多菌灵800倍液浸泡2h进行杀菌，插前用浓度 500mg/L 的生长调节剂 IBA 处理 2h，取出晾干后可插入苗床。采用 45°斜插入土，插完后及时浇透水，后期结合中耕除草，施用 2 次复合肥。

（3）苗木定植。以春季气温稳定在 10℃以上为宜，北方地区以春季（3 月中旬）栽植效果较好。栽植前要挖好定植穴，穴内施足基肥，定植时修剪根系、填土提苗、踏实土壤、浇足定根水。栽植密度要根据土壤肥力、品种特性、整形修剪方式及栽培目的进行合理密植，一般为株距 1～2m，行距 2～3m。在根际周围 $1m^2$ 内铺盖稻草或黑色地膜，防止土壤干燥和杂草生长。

（4）田间管理

①肥水管理。无花果施肥以基肥和追肥相结合，每年追肥 3 次。于每年冬季清园后施入基肥，以腐熟有机肥为主，每亩施 3 000kg，并配合施入氮磷钾复合肥 30kg，于株间开条状沟施，施肥后覆土、灌水。新梢生长期追肥以氮肥为主；果实成熟期以磷钾肥为主，并补施钙肥；平时可根据树势进行叶面喷施。无花果园应少浇勤浇，保持土壤湿润。雨水较多时注意及时排水，果实采收前严格控水，防止裂果。

②整形修剪。无花果长势强，树形可随品种、树势、空间而定，主要采用丛生形、主干形、自然开心形等，日光温室栽培为合理利用空间也可选用无中心干的"一"字形或 X 形。幼树期以培养树形为主，选留主枝后长放，疏除多余枝条。盛果期修剪主要在休眠期进行，对结果母枝选留 3～4 个芽重剪；生长期修剪主要在春季进行，于结果母枝处留 1 个健壮结果枝，抹除其余新梢，待新梢展叶 15～20 片时摘心即可。修剪后，对剪锯口涂抹保护剂。夏季修剪要疏除密集枝、杂乱枝，保持冠内通风透光。

（5）病虫害防治。无花果整体病虫害少，主要有炭疽病、灰霉病、桑天牛。北方地区日光温室栽培桑天牛为害较轻。炭疽病和灰霉病要注重预防，冬季剪除所有枝叶并彻底清园后用 50％多菌灵 500 倍液或 75％四氯间苯二腈 600～800 倍液进行真菌病害的防治。

2. 盆栽模式

（1）品种选择。选择口味好、丰产性好、树势中庸的品种为宜，如青皮、布兰瑞克、波姬红等。

（2）盆、土选择。无花果根系发达，生长快，盆选择直径在35cm以上，塑料、瓦、瓷盆均可。土壤选用肥沃、透气性好的沙质壤土，加入腐熟有机肥以及少量复合肥混匀做成盆土，此外还可加入适量石灰补充钙质，从而改善土壤酸碱性。基质混匀后，喷施0.1%的福尔马林溶液，密封熏蒸1d，再晾晒3～4d，即可装盆备用。

（3）栽植。选择种苗移栽，也可直接扦插种植，每盆1株。选择1年生无病虫害，芽眼饱满的壮苗于落叶后或春季树体萌动前栽入盆中。栽植前适当修剪定干，剪除过长根系，将苗立于盆中央填入基质，上提小苗，使土壤与根系充分接触并压实，浇足定根水。

（4）环境控制。无花果为阳性喜光果树，全日照温室即可。白天温度在25～30℃，夜间控制在20℃左右，最低要在12℃以上，因无花果属半落叶果树，在5～6℃，3～5d后叶片开始变黄脱落，进入休眠。湿度不能过高，注意通风降湿，预防病害。

（5）水肥管理。无花果叶面积大，蒸腾失水多，要保证充足的水分供应，尤其在春梢生长期和果实膨大期，尤其在7—9月每天下午浇水。浇水的同时要配合养分的补给，以薄肥勤施为原则，防止过度施肥造成富营养，影响植株正常生长。春梢生长期配合平衡型水溶肥进行冲施，每5d浇一次；果实膨大期冲施高磷钾和钙肥，抑制枝梢旺长，利于果实膨大，每15d浇一次。

（四）产业融合应用

无花果可赏可食可入药，不仅有丰富的营养价值，还有药用和保健价值，是一类良好的具备产业融合应用的作物。

1. 营养价值

无花果营养丰富，是人类食物钙、磷、铁的良好来源。无花果中含有丰富的无花果蛋白酶、果胶（膳食纤维）等，还有丰富的酚类化合物，其中芦丁、花青素类化合物受到大家的重视，对人体生理功能有益。

2. 药用功能

无花果的根、茎、叶都可入药。果实性味甘平，叶性味甘薇辛平、微毒，具有滋养、健脾、开胃、清热、解毒、消肿、降血压等功效，主治咽喉肿痛、食欲不振、消化不良等疾病。近年来，无花果的抗癌功能被发现，无花果的提取液对癌细胞有明显的抑制作用，可作为一种潜在的血管抑制剂，有效预防癌症和其他慢性病。

3. 保健功能

无花果具有抗衰老功能，其超氧化物歧化酶活性很高，对防止人体衰老，消除雀斑、黑痣具有很好的作用。已有研究成果表明，无花果果实或叶的提取物含有降糖、降血脂的功能，还有解痉作用、保肝活性、改善血液循环和降热作用等多种功效，有利于人体健康。

（五）常见栽培品种

1. 玛斯义·陶芬

春夏果兼用型品种，以夏果为主。倒圆锥形，单果重60～120g，果皮紫褐色，皮薄而韧，较耐贮运，果肉桃红色，果实风味浓，品质中等。该品种树势中庸，树冠开张，分枝力强，坐果易，丰产。

2. 波姬红

春夏果兼用型品种，以夏果为主。果实长卵圆形，平均单果重49g，果皮条状褐红色或紫红色，有蜡质光泽，果实味甜，品质中上，适宜鲜食。该品种树冠开张，树势中等，分枝力强，坐果易，丰产。

3. 青皮

源于我国山东，绿色品种，果实卵圆形，平均单果重34.4g，果皮黄绿，果棉平滑不开裂，果肉淡紫色，汁多味浓甜，品质中上，适宜鲜食。该品种树势旺盛、树冠开张，分枝力强，果枝节间短，结果紧凑。

九、火龙果

火龙果（*Hylocereus undatus*）为仙人掌科量天尺属多年生攀缘性多肉植物，又名红龙果、龙珠果、仙蜜果等。火龙果果实味甜多汁，籽脆芳香，是形、色、味俱佳的新兴水果。火龙果花、茎、果实均可食用，同时还具有较高的药用、保健价值。火龙果不仅可在露地或设施大棚中进行生产性栽培，也可以在阳台，屋顶进行盆栽。

（一）形态特征

火龙果为多年生攀缘性的多肉植物。植株无主根，多侧根及气生根，可攀缘生长。根茎深绿色，长可达7m，粗10～12cm，具3棱。叶片退化，花白色，巨大子房下位，花长约30cm。雄蕊多而细长，与花柱等长或较短，花药乳黄色，花丝白色；雌蕊柱头裂片多达24枚。果实，长圆形或卵圆形，表皮红色或黄色，肉质具鳞片，果长10～12cm，果皮有蜡质，果肉白色或红色。花期一般5—11月，果期一般7月至次年2月。

（二）生活习性

1. 分布状况

火龙果原产于中美洲热带雨林地区的哥斯达黎加、厄瓜多尔以及南美洲的巴西等地，后传入越南等东南亚国家及我国台湾地区，目前我国海南、广东、广西及贵州南部等地区有一定规模种植。

2. 生长特性

火龙果喜光耐阴、耐热耐旱、喜肥耐瘠，抗病能力强、耐热。火龙果能耐0℃低温和40℃高温，生长的最适温度为20～35℃。植株耐旱能力强，空气湿度在60%～70%为佳。对土壤质地要求不严，在水田、山坡、旱地上等均可生长，但以含腐殖质多，保水保肥的中性土壤和弱酸性土壤为好。

（三）栽培技术

火龙果适应性强，不仅可在露地或设施大棚中进行生产性栽培，还可在阳台、屋顶进行盆栽种植。

1. 地栽模式

（1）品种选择。火龙果按其果皮、果肉颜色可分为红皮白肉、红皮红肉、黄皮白肉三大类。目前，火龙果品种主要以红皮白肉为主，但随着市场需求以及人们对口味的改变，红皮红肉火龙果越来越受到消费者的欢迎。因此，生产上选择红皮红肉类做主栽品种为好，同时还应配置5%～10%的红皮白肉品种，通过品种间授粉来提高坐果率及果实品质。生产中常见品种有珠龙、白玉龙、天龙等，应因地制宜选择合适的优良品种。

（2）繁殖育苗。火龙果苗繁育方式主要为扦插和嫁接。

①扦插育苗。5—9月均可进行，选择3年以上健壮植株，从母株上截取无病虫害、芽饱满的健壮枝条，剪成15～20cm的插条，在日光下晒3～5h，即可进行扦插。按照株行距3cm×10cm进行，每穴挖5cm深，回填覆土。苗床盖遮阳网防止日灼，定期进行浇水，保持苗床湿润而不积水，约15d即可出芽，30d便可移栽。

②嫁接育苗（常用于品种改良）。5—9月的晴天均可进行嫁

接，选择无病虫害、生长健壮、品种优良的火龙果新枝。在枝条下端截取 10cm 长的接穗，在接穗底部 3cm 处切至木质部形成一个切面，在接穗背面切成 45°斜面。砧木选择当年扦插并长出新芽的枝条，在枝条距离地面 10cm 处，用小刀削成水平面，并在中央木质部处下切 3cm 深，将接穗与砧木对准形成层即可。约 4～5d 砧木与接穗结合处形成大量愈伤组织，砧木与接穗颜色相近则嫁接成功。

（3）栽培方式。火龙果的栽培方式多种多样，主要有柱式栽培法、排式栽培法。

柱式栽培法最为普遍，即在田间竖起水泥柱，每根立柱周围种植 3～4 株火龙果，让植株攀缘支撑向上生长，其优点是生产成本低、土地利用率高。

排式栽培法：南北向成排列结构，排距 2.5m，每排种植畦上按一定距离埋立柱，立柱顶部用横杆连接，横杆距离地面 1.5m，距离立柱顶 0.6m 处与排垂直方向置 1m 长的横杆，然后把所有横杆端头用铁丝连接起来，构建一个伞形立体空间结构。苗定植于横杆下，通过竹杆引导上横杆，枝条超过横杆约 30cm 打顶，使其沿铁丝下垂生长。

（4）苗木定植。火龙果一年四季均可种植，我国北方地区以春季栽培效果较好，气温稳定在 10℃以上即可。定植前做好畦面，将有机肥与畦面土充分混匀，在畦面上挖深约 10cm、宽约 20cm 的定植条穴，2 条定植条穴的穴间距 0.5m，株距 0.15cm。定植时将根系舒展，回填土壤并踏实，浇足定根水，并在根际周围覆盖秸秆或黑色地膜，防止土壤干燥及杂草生长。

（5）田间管理

①肥水管理。火龙果较耐旱，定植初期应保持土壤湿润，每 2～3d 浇一次水，后期每 7d 浇一次，保持土壤潮湿即可。如遇大雨天气或大水漫灌应及时排水，以不积水为宜。根据火龙果的营养特性，施肥时应重施有机肥，氮磷钾复合肥均衡施用，有机

肥基施，复合肥薄肥勤施。冬季要重施一次腐熟有机肥，每株3～5kg左右，并配合少量复合肥。追肥主要是进行液肥浇灌，泼洒施肥为辅助，每年施3次，主要为花前肥、壮果肥、越冬肥。此外结果期间应增施钾肥和镁肥，促进果实糖分积累，从而提升果实品质。

②植株管理。摘心。当火龙果植株长至1.2～1.3m（或与架面平齐）时及时摘心，促进其分枝，并将新生枝条拧至下垂状态，促其结果。

修剪。每株留出5条枝，选择3条作为结果枝，其余2条为营养枝，其余枝条全部剔除。产季结束后及时剔除结过果的枝条，使其重新发出新枝，以保证来年的产量。

疏花疏果。自然落花后及时疏去连生和发育不良的花蕾，每节茎留1～2个花蕾。自然落果后摘除病虫果、畸形果，对坐果多的枝条进行疏果，以单批果实每株留果2～3个为宜。

③人工授粉。目前普遍采用人工毛笔点授法，在清晨或傍晚进行，将采集好的花粉充分混合均匀，用细毛笔蘸花粉涂到雌花柱头上。

（6）病虫害防治。北方设施栽培火龙果病虫害较少，病害主要有炭疽病、茎腐病，虫害主要为红蜘蛛。火龙果病虫害防治应贯彻“预防为主，综合防治”的方针，通过悬挂捕食螨防治红蜘蛛，利用人工除草、通风降湿等措施，减少病害发生，合理使用高效、低毒、低残留化学农药。炭疽病可采用甲基硫菌灵1 000倍液或450g/L咪鲜胺水乳剂2 000倍液喷雾预防，每10d防治1次，共防治2～3次。茎腐病发生后，及时刮除病部，并用杀菌剂消毒，并用72%农用硫酸链霉素可溶性粉剂2 500倍液或噻霉铜800～1 000倍液喷雾防治，每隔7～10d喷1次，连喷2～3次。红蜘蛛防治可用15%哒螨灵乳油1 500倍液喷施，每隔5～7d喷1次，连续喷2～3次。此外，冬季做好清园工作。

2. 盆栽模式

（1）品种选择。选择红肉品种，以免授粉红皮红肉火龙果最佳。

（2）种苗选择。盆栽模式火龙果以扦插繁殖为主，从三年生以上植株上剪取30cm健壮枝条，在通风阴凉处放置7～8d，使伤口充分愈合，杀菌剂处理伤口后即可进行扦插。

（3）栽培基质。盆栽基质应选择疏松透气、排水良好的中性或微酸性土壤。家庭盆栽可用腐叶土6份，粪肥土、粗河砂各2份，均匀拌合在一起，配制成培养土。

（4）栽培容器。火龙果为浅根植物，培育过程中不用换盆，选择透气、排水性能好的泥瓦盆或木盆，规格为直径25～35cm、深20～25cm。

（5）种植管理。盆栽火龙果浇水应结合施肥进行，遵循见干见湿原则。苗期施肥要少量多次，每7～10d施一次复合肥，浓度为0.1%～0.3%，产果期施钙镁磷肥和复合肥，浓度为0.3%～0.5%。火龙果最适生长温区是25～35℃，北方设施盆栽火龙果冬季夜间温度不低于8℃。

（四）产业融合应用

火龙果可鲜食、赏花、赏果、还可入药，不仅有丰富的营养价值，还有药用和保健价值，是一类具备良好产业融合应用的作物。

1. 营养价值

火龙果营养丰富，不仅含有丰富的糖类、蛋白质、氨基酸和维生素，还有人体需要的钾、钙、镁、锌、锰和铁等多种矿质元素。花营养高、热量低，可生食、煲汤或加工成茶，香甜味美。火龙果籽粒中还有丰富的脂肪酸。

2. 观赏功能

火龙果可赏花，也可赏果。火龙果花冠硕大，怒放得霸气十足，人们为其气势所震撼，因此得名“霸王花”。美丽的大花绽放时，香味扑鼻，盆栽观赏更是给人吉祥之感，故称“吉祥果”。火龙果果皮由绿色转为紫红色，成熟时像一颗颗红灯笼挂于枝头，非常漂亮。

3. 保健功能

火龙果属于高维生素、低糖类、低脂肪的“一高两低”的保健食品。火龙果中含有一般植物少有的植物性白蛋白，对重金属中毒具有解毒的功效。火龙果中丰富的花青素具有抗氧化、抗自由基、抗衰老的作用，还能抑制痴呆症的发生。此外，火龙果中丰富的水溶性膳食纤维也有减肥、降血糖和润肠的作用，还有预防大肠癌的功效。

4. 药用功能

火龙果茎和花的黏液中含有大量独特的营养和治疗性物质。如火龙果的花可清火、润肺、止咳，对肺结核、支气管炎、颈部淋巴结核有辅助治疗作用。火龙果的茎还有舒血活络、解毒功能，外用可治骨折、腮腺炎、疮肿等。

十、树莓

树莓（*Rubus idaeus*）是蔷薇科悬钩子属的多年生落叶性灌木型果树，又称托盘、悬钩子等。东北及新疆地区称其为马林果，中医学称其为覆盆子。人工培育的栽培品种在园艺学上称其为树莓。树莓的人工栽培源于欧洲，在4世纪由罗马人栽培，16世纪逐渐形成产业，至今已有数百年历史。

（一）形态特征

树莓为落叶或常绿的小灌木，茎直立、匍匐或攀缘，高2～3m。多数品种枝条上密生皮刺或刺毛。叶绿色，叶背灰白色，有小刺；多为3出或掌状复叶，叶面皱褶较浅，叶缘锯齿细，花两性，为顶生锥状花序，花瓣白色或粉红色，花瓣、萼片各5枚，果实为聚合浆果，呈长圆形或楔形，有光泽，成熟时可分为红色、黄色、紫色、黑色、白色等。

（二）生活习性

1. 分布状况

树莓的栽培起源于欧洲，分布于温带和寒带地区，在欧美地区已有100多年的栽培历史。智利、塞尔维亚、俄罗斯、波兰等国栽培较多。在我国，2003年起，树莓开始产业化发展，全国树莓的栽植面积超过15万亩。主要分布在黑龙江、辽宁、河南、浙江等地。

2. 生长特性

树莓属于浅根性树种，根系集中分布在地表下25～40cm的土层中。1年生枝（包括芽体）越冬抗寒能力较强，一般可耐－20℃低温。定植后第3～8年为盛果期，产量可达750～1 750kg/亩。树莓可自花授粉结果，也可异花授粉，授粉后30d即可成熟。树莓具有喜光、耐旱、抗病虫害、长势旺、繁殖容易等优点，对水分、气候及土壤等环境条件适应性较强，极易繁殖和生长，除盐渍和黏重土壤外均可栽培，但以土质疏松、有机质含量较高、pH 6.5左右的沙壤土最为适合。

（三）栽培技术

树莓可以露地种植，因结果期在6—8月，果实易受到雨淋和鸟食，因此塑料大棚栽培是不错的选择，亦可盆栽。

1. 设施栽培模式

（1）整地做畦。亩施入腐熟有机肥1 000～2 000kg，深旋地后做畦，畦高20cm，宽1m。行距1.5～3m，株距50cm。安装好滴灌设施。

（2）立架安装。可采用T形支架或单篱架。

（3）苗木选择。选用高产、粒大、味美、便于采摘、鲜食和加工皆可的优良品种。1年生或2年生优质壮苗，要求苗高在0.3m以上，地径在0.5cm以上，品种纯度达98%以上，根系完整。也可采用组培苗定植。

（4）种苗定植。每畦中间栽植1行种苗，株距50～120cm，栽后浇足定植水。

（5）肥水管理。树莓萌发期，可以少量施入氮肥，促进发枝。之后，每隔30天亩施三元复合肥10～15kg，幼果期喷施0.3%的磷酸二氢钾，可每7～10d喷施1次，连续喷施2次。适当补充硼肥、钾肥。视气候情况及大棚内土壤干湿程度适当浇水，夏季需增加浇水次数。

（6）温光调节。温度以25～28℃为宜，若温度超过35℃则需遮光降温或喷淋降温。

（7）植株修剪。定植当年，在整个生长发育期放任生长不修剪，促进地下根系生长发育和延伸，进入休眠期后，贴地面进行平茬。第二年，树莓萌芽，去除行间的基生枝，保留栽植畦内所有基生枝。大部分基生枝生长高度达50cm时，从基部贴根疏除栽植带上的细枝、弱枝、过矮枝、过密枝，每10～20cm空间预留一个粗壮、高、长势旺的基生枝。顶花序抽生、现蕾或初花期，进行第3次修剪，从基部疏除还没抽生花序的枝、过密枝、细弱枝，每20～30cm的空间预留1个枝蔓，并及时将枝蔓绑缚上架。树莓进入休眠期进行平茬。

（8）病虫害防治。主要病害有霜霉病、白粉病、叶斑病等，及时修剪清除病果、病枝、枯叶，修剪后伤口涂抹或喷洒杀菌剂，防止伤口腐烂、病菌侵染。主要害虫有蚜虫、红蜘蛛等，可用无毒或低毒农药及时防治，或者释放天敌进行防控。

（9）采收和初加工

①采收。采摘时，用剪刀连同果柄轻轻剪下，然后在3～5h内将果实清洗杀菌，并贮藏于5℃左右的低温冷库中。

②初加工。树莓可以加工成速冻果、果干、原浆、果酱、果汁、罐头等。

2. 盆栽模式

（1）选盆。选用口径 35～50cm 深度适中的花盆。

（2）盆土配制。选用土质肥沃疏松、保水保肥、通气性能良好的沙壤土，比较理想的是天然腐叶土，也可选择 40％腐叶土、10％河沙、50％田园土配比。

（3）栽植。选健壮种苗进行栽植。以春秋两季栽植为好。要使根系舒展，填满土，用手压实浇透水，放在空气潮湿温暖的地方。

（4）管理

①浇水。春季，2～3d 浇水 1 次。夏季气温高，可每天早、晚各浇一次水，保持盆土湿润。秋冬季要减少浇水次数，以保持盆土不发白为原则。

②施肥。可使用缓控费。也可以追施三元复合肥，每株每次 10g 左右，20～30d 一次。或选择全溶性肥料，少施、勤施。

③整枝。当年生新枝长到 20cm 时，进行摘心，促发新枝。11 月树莓落叶后，可平茬或重剪。

④越冬。放在冷凉地方越冬。温度控制在－5～5℃，保持盆土有一定湿度。来年春天消冻后搬出室外。

（5）倒盆。栽植 3 年以上，要及时倒盆。

（四）产业融合应用

1. 保健功能

树莓果实中维生素 C 含量约为苹果的 17.1 倍，维生素 E 含量也远高于苹果，钙含量分别为草莓和葡萄的 2 倍、7.2 倍，铁含量是蓝莓的 20 倍，树莓富含维生素、微量元素，是老少皆宜的果中佳品，是国内近年兴起的第 3 代水果之一，在国际市场上被誉为“黄金水果”“水果之王”。长期食用能有效地保护心脏，防止高血压、血管壁粥样硬化、脑血管脆化破裂等心脑血管疾病。

2. 观赏功能

树莓除了大面积露地栽培和设施栽培外，也适合盆栽。

（五）常见栽培品种

1. 秋福

英国品种。秋果型，植株生长健壮。果实短圆锥形，亮红色，平均单果重 3.1g。抗旱，适宜东北、华北地区栽培。

2. 米克

美国品种。茎干自然开张，自花授粉。果实圆锥形，红色，平均单果重 3g。耐瘠薄，越冬性表现好。适宜东北、华北地区栽培。

第五章
特色观食两用粮油作物资源介绍

一、油菜

油菜（*Brassica campestris*）为十字花科芸薹属草本作物，别名油白菜，又名芸薹、寒菜、胡菜、苦菜、小青菜。菜籽油营养丰富，维生素C含量高，价格亲民，是南方地区重要的油料作物。另外，油菜开花时颜色亮丽，已成为北方地区早春农田景观重要景观元素之一。作为我国主要的越冬作物，油菜不与粮食争地的优势非常明显。通过大力发展油菜产业，可以充分利用现有的冬闲田，提高土地利用率；此外，油菜也是良好的用地、养地作物。

（一）形态特征

油菜为一年生草本植物，直根系，茎直立，分枝较少，株高30～160cm。叶互生，分基生叶和茎生叶两种。基生叶旋叠状，不发达，匍匐生长，椭圆形，长10～20cm，有叶柄，大头羽状分裂；顶生裂片圆形或卵形，侧生琴状裂片5对，密被刺毛，有蜡粉。总状花序，花萼片4片，黄绿色，花冠四瓣，黄色，呈十字形。结长角果，到夏季，成熟时开裂散出种子，种子球形，主要有红、黄、黑等颜色，含油率35%～50%。

（二）生活习性

油菜是喜冷凉、抗寒力较强的作物，油菜生育期长、营养体大，结果器官数目多，因而需水较多。苗期生长较慢，如果冬前苗势弱，则来年容易返青较差。油菜感光性较强，常常由于不能满足其对长日照的需求而使营养生长期延长，现蕾、始花期推迟，花期缩短。生长要求土层深厚、结构良好、有机质丰富、弱酸或中性土壤为宜。

（三）栽培技术

在北京地区为延长油菜花期，油菜种植分为冬油菜和春油菜两种种植模式。

1. 冬油菜景观栽培模式

（1）选地整地。油菜种植田块应选择土壤肥沃、排灌方便、阳光充足的地块。播种前深翻土地，精细整地，亩施底肥亩施磷6kg，纯氮14kg。

（2）播种与定植。冬油菜以9月上中旬播种为宜，播种量约为0.5kg/亩。4月下旬定苗，保苗一般以每亩40 000～50 000株，出苗后2～3片叶开始间苗，4～5片叶时定苗。

（3）田间管理。11月底灌越冬水，次年4月上旬浇返青水并亩追施尿素15kg。

（4）病虫害防治。播前可结合整地喷施甲基异柳磷农药。苗期喷杀虫药防治白菜蝇等害虫，返青后及时防治菜青虫、茎蟓甲等害虫。角果期防治蚜虫。

2. 春油菜景观栽培模式

（1）选地整地。早春播种油菜选择土壤肥沃、排灌方便、阳光充足的地块。播前将有机肥2 000～3 000kg/亩耕翻入地，同时播种机深施化肥做底肥，一般磷酸二铵4～5kg/亩、尿素1～2kg/亩。

（2）播种与定植。日平均气温稳定在2～3℃、土壤解冻5～6cm即可播种。播种深度2～3cm，行距15cm或30cm，播种量为0.4～0.5kg/亩。4～5叶期时及时中耕除草、定苗，定苗株距3cm，保苗密度6～7万株/亩。

(3) 田间管理。视长势和墒情，一般灌水2次，分别为抽薹后开花前和开花后期。抽薹后开花前结合灌溉或下雨前追施尿素6～8kg/亩。开花初期，叶面追施磷酸二氢钾200g/亩、尿素200g/亩、硼肥100g/亩，防止“花而不实”。

(4) 病虫害防治。苗期根腐病和立枯病采用种子包衣或拌杀菌剂防治。菌核病采用初花期喷施40%菌核净100g/亩。小菜蛾防治采用20%灭虫星乳油20～30mL/亩对水喷雾。草地螟防治采用4.5%高效氯氰菊酯乳油20～30mL/亩按比例对水喷雾。

(四) 产业融合应用

1. 观赏功能

油菜花期一般为20d左右，通过冬春茬搭配，可将观赏期延长到50余天。从南到北，油菜花的花期从1月到8月次第展开。在北京，油菜的最佳观赏期为4月下旬至5月上中旬。油菜景观的种植模式主要有5种，分别为山区梯田式种植、林下景观种植、园区高坡地种植、稻田抢茬种植和沟路林渠边种植。可用于道路两旁绿化观赏，也可进行规模种植，营造大面积的金黄色彩，具有一定的视觉冲击力。

2. 食用功能

油菜既可以用来作为蔬菜食用，也可以榨油。菜籽油富含亚油酸，亚麻酸等营养物质，具有利胆、软化血管、抗衰老的功效；而且菜籽油还不含胆固醇对于“三高”及心脏病等人群极为有利。

(五) 常见栽培品种

1. 冬油菜品种

(1) 陇油6号。白菜型冬油菜，生育期288～295d，属晚熟品种。苗期匍匐生长，叶片较小，叶色深绿，内茎端生长部位低，花芽分化迟，冬前不现蕾，组织紧密，苔茎叶全抱茎，生长发育缓慢，枯叶期早，抗寒性强。株高105～110cm，分枝部位14～17cm，有效分枝数为10个左右，主花序有效长度38～43cm，主花序有效结角数55个左右，全株有效结角数235～245个，角粒数21粒左右，种子黑色，千粒重2.9～3.2g，单株生产力14g左右。

（2）陇油7号。白菜型冬油菜，生育期288～295d，苗期匍匐生长，叶片较小，叶色深绿，花芽分化迟，冬前不现蕾，组织紧密，苔茎叶全抱茎。生长发育缓慢，枯叶期早，抗寒性强，越冬率80%以上。株高110～115cm，分枝部位14～16cm，有效分枝数为13～15个，主花序有效长度41cm左右，主花序有效结角数49～53个，全株有效结角数295个左右，角粒数18～25粒，角果长度5cm左右，千粒重3～3.1g。种子黑色，单株生产力13～14g，为晚熟品种。

2. 春油菜品种

（1）天祝小油菜。白菜型北方小油菜的早熟品种，春性强，幼苗生长快，抗寒、抗旱性强。株高63～70cm，为均生分枝型，分枝部位在17cm左右，一次有效分枝2～5个，角果长4.3～4.5cm，籽节较明显，角粒数15～17个，种子黑色，千粒重2.4g。亩产100kg左右，含油率40.51%。

（2）秦杂油19。该品种由陕西省杂交油菜研究中心选育。该品种株高144cm，分枝部位49cm，有效分枝5个，主花序长55cm，结角密度0.73个/cm，角果数128粒，角粒数23粒，千粒重4g。

（3）陇油2号。春性中晚熟甘蓝型春油菜品种，春播条件下生育期125d左右，较耐低温，株高142cm左右，分枝部52cm左右。角果数184.7粒，角粒数20.59粒，千粒重3.6g，单株生产力9.3g。

二、向日葵

向日葵（*Helianthus annuus*）别名太阳花，是菊科向日葵属的植物，因花序随太阳转动而得名。向日葵按用途，可分为食葵、油葵和观赏葵；按生育活动所需积温，可分为早熟种（所需积温 2 000～2 200℃）、中熟种（所需积温 2 200～2 400℃）、中晚熟种（所需积温 2 400～2 600℃）和晚熟种（所需积温 2 600℃以上）。

（一）形态特征

向日葵是一年生草本植物，株高 1～3m，茎直立，粗壮，圆形多菱角，披白色粗硬毛。子叶 1 对，茎下部 1～3 节常为对生，以上则为互生。真叶比较大，叶面和叶柄上着生短而硬的刚毛，并覆有一层蜡质层。早熟种叶片数目一般为 25～32 片，晚熟种为 33～40 片。向日葵为头状花序，生长在茎的顶端，俗称花盘，直径可达到 30cm。其形状有凸起、平展和凹下三种类型。花盘上有两种花，即舌状花和管状花。舌状花 1～3 层，着生在花盘的四周边缘，为无性花。它的颜色和大小因品种而异，有橙黄、淡黄和紫红色。管状花，位于舌状花内侧，为两性花。花冠的颜色有黄、褐、暗紫色等。

（二）生活习性

1. 分布状况

向日葵主要种植区域分布在温带和亚热带地区，与大豆、油菜和棕榈等植物油作物存在领域竞争。向日葵分为油用型和食用型，目前全球范围内种植的大部分向日葵均为油用型向日葵。

2. 生长特性

向日葵生长的最大特点是喜光，花盘有明显的向光生长趋势。在种植栽培时，应杜绝遮光和不利因素，全面保障向日葵植株的光照。向日葵种子和植株的耐寒能力都较好，但是播种出苗的温度不得低于5℃；出苗后温度则应尽量保持在7℃以上。当向日葵生长到了开花授粉的阶段，最适宜的环境温度是20～25℃，温度过高或者过低都不利于正常授粉。向日葵抗旱能力较强，但是在开花现蕾期，对水分需求比较旺盛，占整个生育期需水量的43%左右。

（三）栽培技术

向日葵以大田种植为主，也有少量矮秆观赏向日葵当作盆栽摆放。

1. 地栽模式

（1）选地整地。一般应选择地势相对平坦、土壤疏松肥沃、四季分明、气候温和、光照充足的地块。播前最好把地块深翻20～25cm，熟化土层，有利于根系生长，减轻地下害虫为害。整地时施足底肥，每亩施入腐熟、发酵的有机肥1 500～2 000kg，施磷酸二铵150～200kg和尿素100～150kg。机械旋耕，耙平耱细压墒待播种。

（2）播种与定植。北京地区的食葵播种时间在6月中旬左右，定植密度以每亩1 800～2 000株为宜；油葵在6月25日至7月15日之间播种，以每亩3 500～4 000株为宜；观赏葵一般4月中旬到8月上旬均可以播种，亩种植密度在2 000～4 000株之间。

（3）中期管理。出苗后及时查苗，做好定苗和补苗，每穴确保只留1苗。向日葵苗期生长缓慢，应做好中耕除草工作。现蕾期结合除草，沟施或穴施氯化钾；盛花期喷施0.2%～0.4%的磷酸二氢钾。向日葵在北京地区以旱作为主，在雨季播种，生育期内基本不用灌溉，依靠雨水即可满足生长发育所需水分。

（4）病虫害防治。病虫害防治向日葵病虫害发生率较低，主要病害为白粉病、黑斑病、细菌性叶斑病、锈病（盛行于高湿期）和茎腐病。为害向日葵的害虫有蚜虫、盲蝽、红蜘蛛和金龟子等。注意针对出现的病虫害，综合防控。

2. 盆栽模式

（1）选种。一般选择生育期较短、矮秆、无花粉的品种。

（2）育苗。可以采用穴盘和营养钵育苗，育苗基质可用草炭、蛭石和沙子按照2∶1∶1的比例进行配比，同时可掺入少许有机肥。盆栽向日葵种子较小，顶土能力相对较弱，播种时不易过深，一般在1cm左右即可。播后覆土，轻镇压，如在冬春季育苗，就可覆膜保温，缩短出苗时间。播后保持土壤湿润，夏季一般3～5d出苗，冬春一般5～10d出苗。

（3）移栽。植株长出1对真叶时即可移栽。播种两个星期后，向日葵幼苗便可长出强壮的根系。

（4）水肥管理。定植后，应适当控水，以防止徒长。现蕾后，根据植株生长情况适当浇水，以满足其生长需要。不建议施用底肥，以免肥力过于充足而使茎秆过粗，可根据植株生长情况进行追肥或采用叶面喷施的方式施肥。

（5）病虫害防治。向日葵病虫害发生率较低，主要病害为细菌性叶斑病、锈病、茎腐病、白粉病和黑斑病；虫害主要是蚜虫、盲蝽、红蜘蛛和甲虫等，如发生可对症进行防治。

（四）产业融合应用

1. 观赏价值

向日葵最佳观赏期为6月下旬至7月中下旬，花期可达两周以上。其中，油葵和食葵的观赏特征为普通常见向日葵，即舌状花黄色、管状花褐色；观赏葵的种类和颜色较丰富，适宜搭配种植，营造纷呈的效果。可用于大田景观、沟域景观、园区景观、林果景观、设施景观周边。也是常见的规模化种植的景观作物，可用于道路两旁绿化观赏。

2. 食用和保健价值

向日葵油富含不饱和脂肪酸，脂肪含量低，能够抑制人体内胆固醇的合成，目前向日葵油是发达国家首选食用油。葵花子含有较高的蛋白质、食用纤维、植物固醇、磷脂和亚油酸等，能有效预防心脏病、高血压、动脉硬化等疾病，还有助于降低人体的血液胆固醇水平，提高人体免疫力。

（五）常见栽培品种

1. 食葵品种

（1）LD5009。由美国福莱利公司育成。该品种为食用向日葵杂交品种，夏播生育期95d左右，株高190cm左右，花盘直径19cm左右，结实性好，种皮黑色带白边间有白条纹，籽粒较饱满，百粒重18g左右，籽粒长2cm左右，宽0.9cm左右。植株健壮，抗倒伏能力强，抗旱、耐瘠薄，株高和花期整齐一致，观赏性好，一般亩产180kg左右，商品性好。适宜在北京地区夏播种植，栽培上避免连作，注意预防菌核病。

（2）LD9091。由美国福莱利公司育成。该品种为食用向日葵杂交品种，夏播生育期95d左右，株高195cm左右，花盘直径在20cm左右，结实性好，种皮黑色带白色条纹，籽粒饱满，百粒重18g左右，籽粒长2cm左右，宽0.9cm左右。植株健壮，抗倒伏能力强，抗旱、耐瘠薄，株高和花期整齐一致，观赏性好，一般亩产200kg左右。适宜在北京地区夏播种植，栽培上避免连作，注意预防菌核病。

2. 油葵品种

（1）KF366。该品种春播生育期115d，夏播生育期98～100d。株高100～120cm，群体整齐，株高和花期整齐一致，观赏性好。花盘直径17～22cm，植株矮，叶肥大，叶柄短，茎秆粗壮，节间短，抗强风、抗冰雹，抗倒伏能力强，耐菌核病，高抗锈病。可以在干旱，瘠薄、盐碱地区广泛种植。边行优势显著，非常适宜与西瓜、甜瓜、棉花、冬瓜等作物套种。花粉量大，自交结食率高，一般亩产 230～330kg。籽粒辐射状紧密排列，后期多下垂，鸟害也少。千粒重 70g，籽实含油率 45%～50%，出仁率 76%。

(2) S606。该品种系中熟油用向日葵杂交种，春播生育期 108d 左右，夏播生育期 93d 左右，较 G101 晚熟三天左右。株高 175cm 左右，群体整齐，株高和花期整齐一致，观赏性好。叶片倾斜度 3 级，叶片上冲，呈塔型分布。盘径 22 厘米左右，结实率高，无空心，适合密植。千粒重 62g 左右，皮壳率 18%，籽实含油率 49%。耐水肥，耐盐碱，抗倒伏，整齐度好，抗病性强。栽培管理到位和气候条件适宜时，亩产可达 250kg 以上。

三、甘薯

甘薯（*Dioscorea esculenta*）为旋花科薯蓣属缠绕草质藤本。甘薯具有显著的营养与保健作用，有“长寿食品”“抗癌之王”美誉。欧美国家称它是“第二面包”，苏联科学家说它是未来的“宇航食品”，法国人称其为“高级保健食品”。其茎尖与嫩叶还被称之为“蔬菜皇后”。甘薯用途十分广泛，可以通过深加工加以综合利用。利用甘薯作为原料的工业已遍及食品、化工、医疗、造纸等十余个工业门类，利用甘薯制成的产品达 400 多种。甘薯种类繁多，茎叶形状和颜色各种各样，是很好的观赏植物材料，可规模化片植、条带种植、护坡种植、设施栽培、庭院栽培，也可作为居室盆栽植物。

（一）形态特征

甘薯为一年生草本植物，茎粗一般为 0.4～0.8cm。甘薯地下部分为圆形、椭圆形或纺锤形的块根，块根的形状、皮色和肉色因品种或土壤不同而异。甘薯茎蔓分短蔓和长蔓，短蔓品种分枝多，长蔓品种分枝少。茎的颜色有纯绿、褐绿、紫绿和全紫几种，也有绿色茎上具有紫色斑点的。叶片形状很多，大致分为心脏形、肾形、三角形和掌状等，叶缘又可分为全缘和深浅不同的缺刻。叶片、顶叶、叶脉（叶片背部叶脉）和叶柄基部颜色可概分为绿、绿带紫、紫等数种，为品种的特征之一，是鉴别品种的依据。甘薯的花单生，或数朵至数十朵丛集成聚伞花序，生于叶腋和叶顶，呈淡红色，也有紫红色的，形状似牵牛花（呈漏斗状）。花期一般7—10月。

（二）生活习性

1. 分布状况

甘薯起源于墨西哥以及从哥伦比亚、厄瓜多尔到秘鲁一带的热带美洲地区。主要分布在北纬40°以南。栽培面积以亚洲最多，非洲次之，美洲居第3位。中国于16世纪末叶从南洋引入，目前是世界上最大的甘薯生产国。甘薯在中国分布很广，以淮海平原、长江流域和东南沿海各省份最多，种植面积较大的有四川、河南、山东、重庆、广东、安徽等省份。根据气候条件和耕作制度的差异，整个中国生产分为五个生态区：北方春薯区、黄淮流域春夏薯区、长江流域夏薯区、南方夏秋薯区和南方秋冬薯区。

2. 生长特性

甘薯属喜光的短日照作物，性喜温，不耐寒，最适宜温度范围为29～32℃；根系发达，较耐旱，生于海拔600m以下的山坡稀疏灌丛或路边岩石缝中；对土壤要求不严格，但以土层深厚、疏松、排水良好、含有机质较多、具有一定肥力的壤土或沙壤土为宜。

（三）栽培技术

甘薯可田间土地种植，也可盆栽在阳台或摆放庭院。

1. 块茎型甘薯地栽模式

（1）选用良种。甘薯要高产，良种是关键。根据用途和销路，因地制宜地选用良种。新品种增产效果特别显著。

（2）深耕起垄。甘薯是耐旱怕涝作物，种植应选排水良好，地势较高的沙性土壤。沙性土壤比黏性土壤产量高，而且表皮光洁、品质较好。结合增施有机肥进行深耕起垄，能增加活土层，改善通气性，便于排水，提高地温和加大温差，改善下层茎叶的通风条件，有利于根系生产和块根膨大。甘薯垄起的越高越大，产量也就越高。平原地区一般垄距 80cm（甘薯栽后行距 80cm），山区旱薄地 70cm，垄高 25～30cm，垄面宽 60cm。

（3）适时早栽。壮苗在适宜的条件下，定植越早，产量越高。日平均气温稳定在 15℃时，每早栽一天，增产 0.5%～1%。延庆甘薯适宜定植期在 5 月 7 日至 15 日。春薯要栽壮苗和高剪苗。高剪苗能减少病毒病、茎线虫病、黑斑病等各种病害，比栽带根的拔苗增产 10%以上。高剪苗即将带根薯苗从根颈部处剪去 2～3cm 再定植。采用平插法或斜插法，在保证成活的前提下，栽得越浅，产量越高。从地表往下 5～8cm 是最佳结层，不但薯多，而且薯块大，栽时地上留 5cm，3～4 片叶，地表以下 5cm 处使秧蔓入土部分与垄同向，保留 3 节即可，山岭薄地可适当埋深一些。不管薯苗长短，地表以上不能超过 4 个叶（包括顶叶）。栽苗前，要将壮苗、弱苗及长短苗分级，分别栽种，防止发育早晚不一致，造成大苗欺小苗。栽插成活的关键是浇足水，做到上下接墒、严封埯、湿土抱苗，土盖苗，防止透风跑墒和夹干苗，确保“一栽全苗”。

（4）合理密植。合理密植是提高产量的中心环节。栽植密度要根据品种、地力、水条件、栽种时间 4 个因素确定。同一个品种，栽得越晚，密度应该越大，高肥水地要稀，低肥水地要密，无水浇条件的山岭旱地要比平原高肥水地增加密度 20%以上。在平原地区，一般中短蔓品种，春薯亩栽 4 000 株左右。

（5）经济施肥。每生产 1 000kg 鲜薯，全植株（包括枯落叶）需吸收纯氮 1.4kg，氧化钾 11.3kg，同时，还需一定数量的锌、硼、锰、硒、铁等微量元素。甘薯是喜钾作物，吸收氮∶磷∶钾的比例为 1∶0.7∶2。高肥水地，要严格控制氮肥用量，重点补施钾肥。氮过量，造成只长秧不结薯。生产中，一般施用硫酸钾，不用氯化钾。施肥的方法是在深耕起垄前，亩施有机肥 2 000kg，优质硫酸钾复合肥 10kg，撒肥后耕（耙）地起垄。

（6）科学管理

①查苗补苗。栽后 3～5d 进行，将死苗、病苗拔掉，补栽壮苗。

②浇水。甘薯是耐旱作物，一般年份不用浇水，在秧蔓封垄前如遇特殊干旱，应顺沟浇一次水。浇时不要使水漫过垄面。中后期如果不是特殊干旱，一般不用浇水。

③田间调控。在薯秧接近封垄时，用 15%多效唑 20g 加水 15kg，喷洒叶面，防止蔓徒长；或在薯秧接近封垄时，即秧蔓长 60cm 时，一边中耕除草，一边打顶摘心，控制秧蔓徒长。

④严禁翻。秧茎叶是制造养分的主要器官，90%的干物质来源于叶面的（正面）光合作用，翻蔓一次减产 10%以上，特别是中后期，翻两次秧可减产 30%以上。如果秧蔓扎根，可以提秧，提断秧根后，再放回原处。

（7）病虫害防治

①薯黑斑病。在甘薯育苗，大田生长和贮藏期均有为害。病斑多在伤口上发生，呈现黑色至褐色、圆形或不规则形，中央稍凹临。病薯变苦，不能食用。一般采用 50%多菌灵可湿性粉剂 1 000倍液浸种 10min，亦可用 50%多菌灵 500～700 倍液浸苗 2～3min，效果良好。

②软腐病。主要发生在贮藏期薯块上，软腐病菌首先从伤口侵入内部发展，破坏细胞的中介层，呈现软烂、多水、农民称“水烂”，受害薯肉呈现淡黄白色，并发出芳香酒味。防治方法：

可用50%～70%甲基硫菌灵可湿性粉剂500～700倍液浸薯块1～2次，效果良好。

③甘薯根腐病。又称甘薯烂根病。根系染病形成黑褐色斑，后变成黑色腐烂，叶片染病呈现萎蔫状，枯黄、脱落，薯块染病，呈褐色至黑褐色病斑形成畸形薯。防治方可采用50%甲基硫菌灵可湿性粉剂700～1 000倍液喷雾2次，效果良好。

④甘薯小象甲。是重要检疫对象之一。成虫啃食甘薯幼芽、茎蔓和叶柄皮层并咬食块根呈小孔，严重时影响产量。防治方法：前期可用农地乐加水淋薯头，或用600倍敌百虫加高效氯氰菊酯的混合液喷薯头，直到滴水，让溶液流进薯头，喷苗效果良好。

（8）适时收获。甘薯薯块生长的临界温度为15℃，9℃以下就会造成冻害，宜在气温降至15℃左右开始收获。12℃左右收完。延庆区10月初必须收获完毕。

（9）安全贮藏。甘薯收获后按大、中、小薯分类堆放或装筐或袋。入窖前先用甲基硫菌灵或多菌灵药液等杀菌药液喷四周窖壁灭菌，入窖后注意前期散热、中后期保温、保湿，保持窖内温度12～14℃，湿度以90%为宜。

2. 茎叶型甘薯盆栽模式

（1）容器选择。甘薯盆栽对容器要求不高，只要透气、底下有1～3个出水孔，盆口直径35～40cm，盆底直径20～25cm，盆高30～35cm即可，塑料花盆、瓦花盆、紫砂花盆、木桶、泡沫箱、无纺布育苗袋等均可，为达美化效果，也可根据自己喜好进行容器外部装饰。

（2）基质选配。基质要求肥沃、疏松、透气，具有良好的孔隙度和保水、保肥能力，有利于根系吸收营养和诱导结小薯。一般盆栽基质壤土∶有机肥∶细沙＝1∶1∶1，混合均匀装入花盆至3/4处。

（3）品种选择。要求具有很强的分枝能力、生长速度快、质地嫩、口感滑、茎秆细、叶片长势偏肥大。

（4）育苗。3月底或4月初，根据生产需要在温室里准备一个育苗炕，将种薯以45度整齐排列在炕上，再覆细砂土5cm，最后炕上盖上薄膜，保证温度35℃左右，促进薯块发芽；当薯芽露土后将炕温降至28℃；一个月后，薯苗的长度即达到30cm左右时，22℃左右炼苗2～3d，及时将芽苗上的第一段斜剪下来种植。剪苗时将前端的5cm内的分枝都保留下来，切记保留的长度不可过长，为新苗的尽快萌发创造良好的条件。剪苗可循环进行，根据种植的菜用甘薯面积而定。

（5）定植。选择阴天下午，将培育出来的薯苗或市场上购买的薯苗剪取10cm左右的小段，扦插到准备好的花盆土壤中，扦插深度5cm左右，一般每盆扦插5株，栽后及时浇透水。

（6）栽培管理

①浇水。菜用甘薯为喜阳植物，夏季植株蒸腾作用加强，失水量过大，对菜用甘薯的正常生长极为不利，严重的可造成植株的死亡，因此要多浇水，勤管理，每1～2d浇水1次，最好配置在高秆作物或藤本架下。其他季节植物的蒸腾作用不强，不要浇水过勤，维持土壤中处于湿润的水平即可，一般自然雨水即可满足菜用甘薯正常生长的需求。

②施肥。盆栽菜用甘薯除观赏外，主要目的是摘取新鲜、安全的嫩叶食用，不需要收获薯块，因此种植要持续供给有机肥，促进菜用甘薯营养器官的生长。在采摘2～3次后一定要追肥1次，将肥料以浇入或者埋在根系周围的方式施入，一般7d后红薯叶生长又会进入旺盛生长期。

③松土、除草。勤观察，一旦发现杂草，要及时清除干净，防止其与菜用甘薯争夺养分、光照条件。如果土壤出现板结，要及时松土，及时疏松土壤，以促进菜用甘薯植株根系的生长。

④植株调整。用于收获嫩叶的菜用甘薯长势很快，老化的速度也比较快，因此采收要及时；而且与土壤距离越远的茎节萌芽

能力越弱，因此不可在主茎上保留过多的分枝，长度也不易过长，每次采摘嫩叶后，每根主茎上保留长度约 5cm 的分枝 3～5 根即可，其余全部剪除。

⑤病虫害防治。盆栽甘薯病虫害发生概率极小，偶尔会发生地老虎、卷叶虫等虫害。由于量比较少，可采取人工的方式捕捉，确保菜用甘薯食用的安全性。

(四) 产业融合应用

1. 保健功能

甘薯具有显著的营养与保健作用，含有丰富的膳食纤维和黏液蛋白，具有抗氧化、延缓衰老、抑制胆固醇在体内沉积、增强免疫力、预防高血压等生理功能和药用价值。

甘薯用途十分广泛，可以通过深加工加以综合利用。有淀粉专用型、食品加工型、饲料加工型、色素提取加工型等不同功用类型的品种。

2. 景观功能

甘薯品种众多，叶色、花色变化多样，枝条光滑柔软，随风摇曳，优美多姿，同时生长迅速、病虫害少，管理方便，是一种新型景观绿化作物，在景观中应用形式丰富。主要以地被绿篱、地被以及池岸墙角绿化、边缘绿化等形式出现在田园景观中。甘薯也可以种在容器、竹篮中，单独成景。在室内应用中主要以盆栽的形式种植。

(五) 常见栽培品种

1. 台农 71

株型短蔓半直立性，茎基部分枝多，茎叶再生能力强，茎叶嫩绿色，叶心形，茸毛少。薯皮白色，肉淡黄色，块根产量较低。口感鲜嫩滑爽，营养丰富，既可炒食又可凉拌，生长期间极少发生病虫害，是天然无污染的绿色蔬菜。耐旱、耐涝、耐瘠薄，适应性广。适宜栽种于观光采摘园区和农家院内，兼顾绿化、观赏、采摘。

2. 福薯 7-6

株型短蔓半直立，茎基部分枝多，叶心形，顶叶、成叶和叶脉为绿色，叶脉基部淡紫色，茎尖绒毛少。单株结薯 2～3 个，薯块纺锤形，薯皮、薯肉均为白色。嫩叶煮熟后颜色翠绿，食口性好，无苦涩味。耐旱、耐涝、耐瘠薄，适应性广。适宜栽种于观光采摘园区和农家院内，兼顾绿化、观赏、采摘。

3. 龙薯 9 号

株型半直立，短蔓，茎粗中等，分枝性强，茎叶生长势较旺盛。顶叶绿，叶脉、脉基及柄基均为淡紫色，叶色淡绿。叶心脏形，有开花习性。结薯集中薯块纺锤形，薯皮红色，薯肉淡红色。食味软、较甜。耐旱、耐涝、耐瘠薄，耐寒性较强，适应性广。适宜栽种于观光采摘园区，兼顾绿化、观赏、采摘。

四、高粱

高粱（*Sorghum bicolor*）为禾本科高粱属的一年生草本植物。高粱是一种古老的栽培作物，是由野高粱经自然和人工选择进化而来。中国是栽培高粱最早的国家之一，至少有 5 000 年的悠久历史。高粱具有可观的应用潜力，根据用途可分为粒用高粱、草高粱、甜高粱和帚用高粱。高粱籽粒加工后即成为高粱米，在我国、朝鲜、前苏联国家、印度及非洲等地皆作为食粮，通常为炊饭或磨制成粉后再做成其他各种食品。另外，高粱还可制淀粉、制糖、酿酒和制酒精等。高粱也具有一定的观赏价值，其成熟后穗子呈红色，很是壮观，可用于营造大地景观或作物迷宫。

（一）形态特征

高粱为一年生草本植物，直立，株高约 3～5m；须根系，基部节上具支撑根；茎秆粗壮，横径2～5cm；叶片线形至线状披针形，长40～70cm，宽3～8cm，先端渐尖，基部圆或微呈耳形，表面暗绿色，背面淡绿色或有白粉，两面无毛；圆锥花序疏松，主轴裸露，长15～45cm，宽4～10cm，每一总状花序具3～6节，无柄小穗倒卵形或倒卵状椭圆形，两颖均革质，初时黄绿色，成熟后为淡红色至暗棕色。颖果两面平凸，长3.5～4mm，淡红色至红棕色，熟时宽2.5～3mm，顶端微外露。有柄小穗的柄长约2.5mm，小穗线形至披针形，长3～5mm，褐色至暗红棕色。花果期6—9月。

（二）生活习性

1. 分布状况

栽培高粱起源于非洲，目前分布于全世界热带、亚热带和温带地区。栽培高粱约在辽宋西夏时期由印度传入中国，目前我国南北各省份均有栽培。

2. 生长特性

高粱喜温、喜光，并有一定的耐高温特性。其发芽最低温度7℃、最适温度18～35℃；幼苗期最适温度20～25℃；拔节期最适温度25～30℃；开花至灌浆成熟期最适温度20～24℃。宜选择地势平坦、土质疏松的地块。高粱抗旱、耐涝、耐盐碱，在易涝干旱的盐碱地也可种植。

（三）栽培技术

高粱可成方连片种植，营造整齐之势；也可根据地势，在台地上种植，形成高低有致的乡土景观。

1. 选地整地

高粱不宜重茬，一般选大豆、玉米等茬口为宜。选择地势平坦的地块。春播耕翻土地，耕深20～50cm，耙平粑细，上虚下实。夏播或秋闲田浅耕灭茬，疏松表土，混合土肥和蓄水保墒，有利于种子发芽。

2. 施足底肥

中等地力每亩施入腐熟农家肥 2 000～3 000kg，复合肥 40～50kg。根据不同地区和土壤肥力进行调整。

3. 品种选择

适宜品种包括酒用、食用、青贮等类型。具体应根据以下原则进行选择。一是通过国家登记，符合市场需求的品种。二是适合当地气候、土壤条件，既能够充分利用温光条件，又能保证安全成熟和高产的品种。通常肥水条件优良田块可种植生育期较长的品种，瘠薄地块种植生育期短的品种。三是机械化生产水平高的地区，选择株高较矮（1.6m 以下）、顶土力强、耐密植、柄伸适中、籽粒不易脱落的品种。四是注意品种穗型，雨量充沛的地区选择散穗型品种，雨量较少地区可选择中紧穗型品种，抑制穗部病虫害。

4. 种子处理

播前清选种子，去除秕瘦、损伤、虫蛀籽粒和杂质。有条件的进行晒种。

5. 播种

当 5cm 深地温通过 12℃即可播种。条播为主，以等行距 40～59cm 种植为宜，也可采用大小行种植。播种深度 3～5cm，覆土均匀，播后镇压。粒用高粱亩基本苗一般 0.7 万～1.2 万株，特殊品种 2 万株，一般亩播量 1～1.5kg，瘠薄土壤的亩播量可增加至 1.5～2.5kg。精量播种机播种时要做好清选、晒种，保证种子大小均匀、整齐一致，一般亩播量 0.5～0.75kg。

6. 田间管理

（1）间苗除草。人工间苗定苗在 4～6 叶期进行，除草可结合间苗和中耕，进行 2 次。精量播种地块可不间苗，在播种后出苗前喷施高粱专用除草剂封闭除草。一般不建议苗后化学除草，易产生药害。若必须苗后除草，可在 5～8 叶期前后施用高粱专用除草剂除草，注意施用剂量及施用时期。

(2) 灌溉。播种前灌溉 1 次，保证出苗。拔节孕穗和抽穗开花是需水关键期，如遇干旱，有条件地区应及时浇水。

(3) 追肥。拔节期结合灌水进行追肥，每亩追施尿素 7～10kg。

(4) 病虫害防治。丝黑穗病、螟虫、蚜虫、黏虫是高粱常见病虫害，其防治方法除选用抗病品种外，还应因地制宜通过轮作倒茬、种子处理、适时播种以及适宜药剂等措施防治。

7. 适时收获

粒用高粱的适宜收获期在蜡熟末期，此时收获籽粒饱满，产量最高，品质最佳。机收可使用联合收割机进行。用于饲用时，鲜草饲喂的适宜刈割期株高 1.3～1.5m，晒制青干草的适宜刈割期为抽穗期，调制青干草的适宜刈割期为乳熟末期至蜡熟期。

(四) 产业融合应用

1. 食用功能

高粱可以直接食用，也可用来加工面食，还可用来酿造高粱酒、高粱啤酒、高粱醋等。

2. 饲用功能

高粱可用于鲜草饲喂，晒制或调制青干草，可以缓解青绿、青贮饲料不足的问题。

3. 工业加工

甜高粱茎秆中汁液丰富、含糖量高，是生产糖浆和结晶糖的重要原料。高粱可以提取高粱红色素，是一种食品级红色素，广泛应用于食品中。高粱茎叶含有丰富的纤维素，适合造纸。高粱还可作为能源作物，可以利用其所含的丰富糖分来生产燃料乙醇。

4. 观赏功能

高粱成熟后穗子呈深红色，成片种植，形成整齐、震撼的视觉效果，适合于农田秋季造景。

五、马铃薯

马铃薯（*Solanum tuberosum*）为茄科茄属一年生草本植物。马铃薯营养价值高、适应力强、产量大，是中国五大主食之一，是全球第三大重要的粮食作物，仅次于小麦和玉米。马铃薯含有全面而丰富的营养成分，在被称作“地下苹果”，在欧美享有“第二面包”的称号。马铃薯花色艳丽，十六世纪中叶就被欧洲人们当作装饰品，很好的观赏植物材料，可规模化片植、条带种植、设施栽培、庭院栽培，也可作为居室盆栽植物。

（一）形态特征

马铃薯为一年生草本植物，株高50～80cm；栽培种由块茎繁殖，无主根，只形成须根系；茎分地上茎和地下茎两部分。地下茎，块状，长圆形、圆形或卵圆形，直径约3～10cm，薯皮色为白、黄、粉红、红、紫色和黑色，薯肉色为白、淡黄、黄色、黑色、青色、紫色及黑紫色；地上茎呈菱形，有毛；初生叶为单叶，全缘，随植株的生长，逐渐形成奇数不相等的羽状复叶；顶生伞房花序，后侧生，花萼钟形，直径约1cm，白色或蓝紫色。花期夏季，一个月左右。

（二）生活习性

1. 分布状况

马铃薯起源于南美洲安第斯山区的秘鲁和智利一带，现在已分布世界各地，成为世界第三大粮食作物，主要生产国有前苏联国家、波兰、中国、美国。十七世纪引入我国，目前全国各地均有栽培，21世纪马铃薯种植面积位居世界第二，主产区有西南、西北、内蒙古和东北地区。“乌兰察布马铃薯”是中国地理标志产品（农产品地理标志），甘肃省定西市和山东省滕州市都是著名的“中国马铃薯之乡”。

2. 生长特性

马铃薯性喜冷凉，块茎生长适温16～18℃，当地温高于25℃时，块茎停止生长；茎叶生长适温15～25℃，超过39℃停止生长。疏松透气、凉爽湿润的土壤环境有利于地下薯块形成和生长。

（三）栽培技术

马铃薯可田间土地种植，也可盆栽在阳台或摆放庭院。

1. 地栽模式

（1）科学选种。选用脱毒种薯，选用产量高、抗性强、较早熟的优质品种。同时根据当地实际情况，选择最为适宜的栽培品种。

（2）种薯处理。定植前20d将种薯平铺在有散射光照射的阴凉地面上，每隔2～3d翻动一次，待其长出长度为0.5～1cm的薯芽时即可进行切块。种薯切块首先用70%的酒精或者0.5%的高锰酸钾对切刀进行消毒，将健康薯种采用竖切的方式切开，保证各个薯块上均有1～2个健壮芽苗。机械播种和人工播种种薯的重量分别控制为40～50g和35～40g。

（3）地块选择。选择土层深厚、结构疏松、肥力中等以上、排水通气良好、富含有机质的沙壤土或壤土，上茬作物不能是马铃薯、茄科作物（如茄子、辣椒、烟草等）和块根作物（如胡萝卜、甜菜等），与这些作物轮作年限最少在4年以上。可与大葱、大蒜、芹菜等非茄科蔬菜轮作，也可与禾谷类、豆类等作物进行轮作倒茬，以减轻病害发生。

（4）整地施肥。结合整地，施足底肥，每亩施腐熟农家肥2.5t，深翻30cm，耙细整平。之后起垄做畦，垄面宽60～70cm，垄高20cm，垄与垄间距20～30cm。

（5）适时播种。当10cm深土层温度稳定地通过7～10℃时，即可播种。一般种植密度为 3 000～3 500 株/亩，大垄双行，株距 20～25cm。

（6）田间管理。苗出齐 80%后，进行第一次追肥，施碳酸氢铵 40～50kg/亩（或尿素 15kg/亩），追肥后要及时浇水。现蕾期进行培土、浇水。开花初期薯块进入迅速膨大期，结合除草进行第二次培土、浇水，植株封垄前培完土。

（7）病虫害防治。主要防治晚疫病、蚜虫、28 星瓢虫、蝼蛄等。防治晚疫病，要在开花前后加强田间检查，发现中心病株后，立即拔除，摘除附近植株上的病叶就地深埋，撒上石灰，然后对病株周围的植株用硫酸铜∶水＝1∶（100～200）波尔多液喷雾封锁，隔 10d 再喷 1 次；晚疫病发生后，可用 65%代森锌可湿性粉剂 500 倍液，或 50%敌菌灵可湿性粉剂 500 倍液，或 75%四氯间苯二腈可湿性粉剂 600～800 倍液喷雾。防治蚜虫，可用 Bt 乳剂 16 000U/mg 喷雾。防治 28 星瓢虫，放飞天敌异色瓢虫，或人工捕杀，或用 90%敌百虫 1 000 倍液药剂喷叶片。蝼蛄可用辛硫磷毒土早期防治。

（8）适时收获。当马铃薯主茎上部变黄色萎蔫时，及时收获。

2. 盆栽模式

（1）容器选择。马铃薯生长对容器要求不高，只要透气、底下有水孔，大小为直径 40cm 以上，高 35cm 即可，塑料花盆、瓦花盆、紫砂花盆、木桶、泡沫箱、无纺布育苗袋等均可，为达美化效果，也可根据自己喜好进行容器外部装饰。

（2）基质选配。基质选择园土加蚯蚓粪，比例为 1∶3；或草炭加蛭石，比例为 2∶1，再混入 5%的腐熟有机肥、0.43kg 普钙和 0.07kg 硫酸钾，充分拌匀后装入准备好的容器内，以 3/4 为准。

（3）品种选用。对马铃薯进行盆栽种植，要对品种布局进行科学规划和合理搭配，增强盆栽景观效果和经济价值。尽量选择具有较强抗病性兼具景观效应的优质高产品种，品性良好，表皮光滑无破损。

（4）种薯处理

①催芽。播种前 20d 进行催芽，将种薯平摊在有散光照射的空屋内或者日光温室内，要避免阳光直射。温度保持在 15～18℃，茎块堆放以 2～3 层为宜。每隔几天翻动一次薯堆，使薯种发芽均匀粗壮，直到顶部芽长 1cm，幼芽颜色发绿或发紫时为止。

②切块。种薯切块以每块 20～25g 为宜，每个种块 1～2 个芽眼。切刀每使用 10min 或切到病薯、烂薯时，用 5%高锰酸钾溶液或 75%酒精浸泡 1～2min 或擦洗消毒。切块应于播种前进行，随切随播。

（5）播种。播种前一天将准备好的盆土浇透水，播种时将 1～2 块切好的种薯摆放在花盆中部，覆土 10cm，轻轻压实。

（6）栽培管理

①肥水管理。在整个生长期土壤含水量保持在 60%～80%之间。出苗前不浇水，初花期、盛花期、终花期应需水量大，保证浇水充足。如果底肥施足整个生育期基本不需要再施肥，视植株生长状态追肥 1～2 次稀粪肥。

②中耕培土。马铃薯培土越高结薯越多，植株也越强壮。一般植株现蕾前培土 2 次，出苗后 10cm 高时结合除草中耕浅培土 1 次，使用配置好的基质土培土；当植株刚现蕾时进行第 2 次培土，此时盆内基质土达到盆口即可。

③打花疏枝。及时疏枝，去除病枝、弱枝。在马铃薯花蕾形成期，及时摘除花蕾，以避免因开花结果造成的养分消耗，保证薯块的养分供给，如果有景观需求，就不需要摘除花蕾了。

④病虫害防治。盆栽马铃薯病虫害发生轻，偶尔有蚜虫、白粉虱等。一般使用黄板诱杀。药剂防治：蚜虫可用 50%抗蚜威可湿性粉剂 2 000～3 000 倍液喷雾防治，每隔 6～7d 施药 1 次，连续防治 2～3 次。白粉虱可用 10%吡虫啉可湿性粉剂 2 000～

4 000倍液喷雾防治。

(7) 适时收获。大部分茎叶由绿转黄至枯萎时即可收获。

(四) 产业融合应用

1. 保健功能

马铃薯是一种粮菜兼用型的蔬菜，营养价值很高，据营养学家研究表明，每千克含蛋白质 19g、脂肪 7g、糖类 160g、钙 110mg、磷 390mg、铁 9mg。此外还含有丰富的维生素 C、维生素 B_1、维生素 B_2、维生素 B_3、维生素 B_6 和可分解产生维生素 A 的胡萝卜素以及大量的优质纤维素等。我国医学认为，马铃薯性平，有和胃、调中、健脾、益气之功效；能改善肠胃功能，对胃溃疡、十二指肠溃疡、慢性胆囊炎、痔疮引起的便秘均有一定的疗效。马铃薯中丰富的钾元素可以有效地预防高血压；马铃薯中的维生素 C 除对大脑细胞具有保健作用外，还能降低血液中的胆固醇，使血管有弹性，从而防止动脉硬化。马铃薯通过加工以综合利用，如马铃薯块茎可提取淀粉；马铃薯的块茎和薯渣都可饲喂畜禽；可加工马铃薯片、马铃薯条、马铃薯泥以及油炸的各种包装食品和膨化食品；马铃薯淀粉或粉渣均可制取饴糖、生产柠檬酸钙等。

2. 景观功能

可规模化片植、条带种植，还可盆栽。

(五) 常见栽培品种

1. 费乌瑞它

植株直立，株高 60cm 左右。茎紫色，叶绿色，生长势强，分枝少。花蓝紫色。块茎长椭圆形，顶部圆形，皮色淡黄，肉鲜黄色，表皮光滑，块大而整齐，芽眼数少而浅，结薯集中，块茎膨大快。出苗至成熟 60～70d，植株易感晚疫病，块茎中感病，轻感环腐病，抗 YN 和花叶病毒。片植或条带种植与其他景观作物搭配营造大地景观；与民俗结合，开展土豆宴。

2. 大西洋

株高50cm左右，株型直立半开展，茎粗壮，分枝数中等，生长势较强。茎基部紫褐色，叶亮绿色，花冠淡紫色。块茎卵圆形或圆形，顶部平，芽眼浅，表皮有轻微网纹，淡黄皮白肉，薯块大小中等而整齐，结薯集中。出苗到植株成熟90d左右，对马铃薯普通花叶病毒（PVX）免疫，较抗卷叶病毒病和网状坏死病毒，不抗晚疫病，感束顶病、环腐病，在干旱季节薯肉会产生褐色斑点。片植或条带种植与其他景观作物搭配营造大地景观；盆栽美化庭院景观；可加工薯条；与民俗结合，开展土豆宴。

3. 中薯2号

株高65cm，株型扩散，分枝较少。茎浅褐色，叶色深绿，生长势强。花冠紫红色。块茎近圆形，皮肉淡黄色，表皮光滑，芽眼浅，结薯集中，块茎大，单株结薯4～6块。属极早熟品种。植株抗X病毒，田间不感卷叶病毒，感染Y病毒和疮迦病。片植或条带种植与其他景观作物搭配营造大地景观；盆栽美化庭院景观；与民俗结合，开展土豆宴。

4. 黑美人

株高32cm，株型半直立，分枝3～4个，茎、叶绿紫色，花冠紫色。幼苗生长势较强，田间整齐度好。结薯集中，皮黑色，肉黑紫色，表皮光滑。出苗至成熟90d左右，对早疫病、普通花叶病有较好的抗性。片植或条带种植与其他景观作物搭配营造大地景观；盆栽美化庭院景观；与民俗结合，开展土豆宴。

5. 黑金刚

株高45cm，株型半直立，分枝3～4个，茎、叶绿色，花冠白色。幼苗生长势较强，田间整齐度好。薯皮黑色，薯肉黑紫色，表皮光滑。出苗至成熟90d左右。片植或条带种植与其他景观作物搭配营造大地景观；盆栽美化庭院景观；与民俗结合，开展土豆宴。

六、谷子

谷子（*Setaria italica*）为禾本科狗尾草属一年生草本植物，又名黄粟（广东）、小米（黄河以北各地）、谷子（中国植物学）。谷子以其耐旱、耐瘠、耐储存等生物学特性，是人类祖先在应对生存压力首选的栽培作物。中国种植谷子历史悠久。在六七千年前的新石器时代，黄河流域一带，谷子就已经大量种植，从殷商时期到隋唐时期，谷子一直是当时人们的主食，也是政府税收来源之一，后来唐宋时期随着生产的发展，小麦和水稻取代谷子成为主粮。目前我国黄河中上游为主要栽培区。

（一）形态特征

谷子为禾本科狗尾草属一年生草本植物，茎秆直立粗壮，株高0.1～1m或更高。须根粗大，叶片狭长呈披针形，有细毛且具齿；圆锥花序呈圆柱状或近纺锤状，通常下垂，小穗为椭圆形或近圆球形，因品种不同，花色为黄色、橘红色或紫色，花期一般在7—8月。

（二）生活习性

1. 分布状况

谷子在我国已经有5 000～8 000年的栽培历史，一般认为起源于中国，现在广泛栽培于欧亚大陆的温带和热带，如印度、阿富汗以及非洲东部的一些国家。美国、加拿大和澳大利亚也有种植，主要用它来作饲草，而不作为粮食。谷子在我国的各省都有分布，不过主要分布在淮河、汉水、秦岭以北，河西走廊以东，阴山山脉及黑龙江以南的地区。

2. 生长特性

谷子喜高温且干燥的气候，生长适合温度为22～30℃；有较强的耐旱性，不耐水涝；对土壤要求不严，一般土壤均可生长，偏爱土质疏松、地势平坦、黑土层较厚、排水良好且上茬没有种过谷子的地块。

（三）栽培技术

谷子对土壤要求不严，几乎在所有的土壤上都能生长，但以土层深厚肥沃的壤土产量高、品质好。

1. 播前准备

（1）选地整地。选择地势高、通风、排水良好土层深厚肥沃的壤土地块，谷子忌重迎茬，对茬口也比较敏感。因此轮作倒茬至关重要，需隔两年以上才能再次种植，适宜前作依次为：豆茬、马铃薯、甘薯、麦类、玉米和高粱。整地前 3～4d，喷灌 3～4h。整地时每亩撒施有机肥 1 000kg，复合肥 20kg，施肥后深耕 30cm 以上，旋耕两遍。

（2）品种选择。选择优质高产的谷子品种，如晋谷 21、晋谷 35、晋谷 40、晋谷 45；冀谷 19；张杂谷 5 号、张杂谷 10 号等。

（3）种子处理。第一步，用簸箕等风选；第二步，盐水选种，按水：食盐＝10：1 的重量比配制，倒入适量谷种搅拌，用笊篱将漂在上面的瘦瘪粒漂净，最后把沉底的饱满籽粒晒干待处理。

2. 播种

（1）播期。当 5～10cm 土层平均温度稳定在 15℃以上时播种比较适宜，北京适播期在 5 月中旬。

（2）播量及播种。根据土壤肥力低，水肥不足的条件下宜稀，反之宜密；晚熟、高秆、大穗品种宜稀，反之宜密；穗子下垂的品种，叶片披垂、株型松散的品种宜稀，反之宜密。一般谷子播量为 0.5～0.75kg/亩。用小型播种机，带种肥二铵 10kg/亩，行距 40～50cm，播种深度 3～5cm，播后镇压。

3. 田间管理

（1）化学除草。每亩用44%单嘧磺隆可湿性粉剂0.1kg，兑水150kg，于播种后苗前喷施。

（2）间苗。如果局部密度稍高，需在4～5叶期进行间苗。行距0.1m左右，亩留苗10 000～15 000株。

（3）水分管理。谷子在苗期、拔节孕穗期、灌浆期需水较多，如遇干旱应及时浇水。

（4）追肥。第一次在拔节始期每亩追施尿素10kg，第二次在孕穗期每亩追施尿素5kg，追肥后浇小水。

（5）病虫害防治

①谷瘟病。抽穗前用40%敌瘟磷乳油500～800倍液或6%春雷霉素可湿性粉剂1 000倍液喷施。

②白发病。及早拔除灰背或白尖病株，带到田外深埋或烧毁。

③粟芒蝇。用4.5%高效氯氰菊酯乳油2 000倍液喷施。

④玉米螟。可用性诱剂、黑光灯、频振式杀虫灯诱杀或用赤眼蜂进行生物防治，化学防治应在成虫产卵至初龄幼虫蛀茎前用2.5%溴氰菊酯乳油和40%乐果乳油的混合剂1 000倍液喷施。

蚜虫、红蜘蛛：用10%吡虫啉可湿性粉剂1 000倍液喷施。

4. 收获

植株下部叶片变黄，仅上部叶片稍带绿色或呈黄绿色，茎秆逐渐变黄但韧性较好，籽粒颜色为本品种固有颜色，95%谷粒断青变为坚硬状，颖及稃全部变黄，可用联合收割机进行收获。普通农户，可以先人工割倒，然后将收割下的每2～3m² 谷子码成一堆，让其在田间自然干燥。其间需多次翻动，以加速干燥，防止发霉。干燥后捆成捆，在地头或运进场院进行机械脱粒。

（四）产业融合应用

谷子是中国北方人民的主要粮食之一，不仅能够食用，还可以入药，有清热、清渴，滋阴，补脾肾和肠胃，利小便、治水泻等功效，又可酿酒。其茎叶又是牲畜的优等饲料，它含粗蛋白质5%～7%，超过一般牧草的含量1.5～2倍，而且纤维素少，质地较柔软，为骡、马所喜食，在美国、加拿大和澳大利亚主要用它来作饲草。

1. 膳食功能

（1）小米宜与大豆或肉类食物混合食用，这是由于小米的氨基酸中缺乏赖氨酸，而大豆的氨基酸中富含赖氨酸，可以补充小米的不足。

（2）小米可蒸饭、煮粥、磨成粉后可单独或与其他面粉掺和制作饼、窝头、丝糕、发糕等，糯性小米也可酿酒、酿醋、制糖等。

2. 药用功能

（1）小米适宜老人孩子等身体虚弱的人滋补。同时常吃小米还能降血压、防治消化不良、补血健脑、安眠等功效。还能减轻皱纹、色斑、色素沉积，有美容的作用。

（2）小米气味咸，微寒，无毒；可以养肾气，除脾胃中热，利小便，治痢疾。磨成粉可以解毒，止霍乱。做粥食用可以开胃补虚。《本草纲目》记载："养肾气，去脾胃中热，益气。陈者：苦，寒。治胃热消渴，利小便。"

3. 景观功能

用紫色和黄色颜色谷子搭配不同的造型，组合成农业景观，也可以利用山区和半山区坡度的优势形成层层递进的农业景观。

（五）常见栽培品种

1. 晋谷21

粮用常规品种。幼苗绿色，单秆，主茎高146～157cm，主茎节数23节，茎粗0.66cm，单株草重46g，谷草比1∶2.3，穗型筒型（地薄时为纺锤形），穗长22～25cm。抗旱性强，抗谷瘟病，高抗谷锈病，感白发病，抗虫性差，亩产300kg。

2. 冀谷19

幼苗叶鞘绿色，平均株高113.7cm，纺锤形穗，松紧适中，平均穗长18.1cm，单穗重15.2g，穗粒重12.4g，出谷率81.6%，出米率76.1%，籽粒褐色，种子黄色。夏播生育期89d，高抗倒伏、抗旱、耐涝，抗谷锈病、谷瘟病、纹枯病，中抗线虫病、白发病。膳食性佳，煮粥黏香省火，口感略带甘甜，商品性、适口性均好。

3. 张杂谷10号

幼苗深绿色，株高150cm，穗长23.9cm，穗重40.8g，穗粒重30.25g，出谷率74.14%，千粒重3g。穗呈棍棒型，松紧适中，籽粒黄色，种子黄色。

生活习性：春播生育期132d，需≥10℃有效积温3 000℃以上。长势旺，适应性强，稳产性好，抗病抗倒，熟相好。在河北省张家口市、内蒙古自治区赤峰市、山西省忻州市等地表现突出，平均亩产500kg以上。适宜山区半山区种植，打造农业景观，加上利用小米的特色膳食作用，带动效益增长。

七、荞麦

荞麦（*Fagopyrum esculentum*）为蓼科荞麦属一年生草本植物。荞麦原产地在亚洲东北部、贝加尔湖附近到中国东北地区，在唐朝时期由北向南传入中国内地。荞麦的营养价值丰富，适合作保健茶与各种荞麦面制品，尤其适合加工苦荞茶、荞麦面、通心粉、苦荞醋等产品，很受人们欢迎。荞麦种类丰富，栽培常用甜荞和苦荞，花色分为白色、红色或灰褐色，也是很好的大田观赏植物，可用作大田种植或条带景观的构建，营造不同的视觉冲击。

（一）形态特征

荞麦为一年生草本植物，株高约 30～90cm；茎直立，具分枝。上部分枝，绿色或红色，具纵棱，叶三角形或卵状三角形，全缘或微波状；下部叶较小。花序总状或伞房状，腋生或顶生；小坚果圆锥状卵形，具三棱，花色依品种不同有白色、粉色、红色、灰褐色等，花期一般 6—9 月。

（二）生活习性

1. 分布状况

荞麦原产于西伯利亚地区及黑龙江流域，现主要栽培国有俄罗斯、法国、意大利、比利时、土耳其、美国、加拿大以及南美洲等国。在唐朝时期传入中国，宋朝时期在华南地区普遍种植，目前在内蒙古、陕西、甘肃、宁夏、山西、河北、北京、湖南、湖北、吉林、辽宁、西藏、青海等省份均有栽培。

2. 生长特性

荞麦喜凉爽湿润气候，不耐高温、旱风，畏霜冻，开花结果最适宜温度为 26～30℃；抗旱能力较弱；喜日照良好和温湿的环境；对土壤选择不太严格，偏爱排水良好的沙质土壤。

（三）栽培技术

1. 选用良种及种子处理

荞麦品种多，要因地制宜选择品种。选种时要考虑不同荞麦品种对不同肥力的适应力，以及该品种所具有的抗病虫、抗倒伏、抗旱、耐高温、耐寒等能力，且要注意生育期的变化。种子处理对于提高荞麦种子质量、苗全、苗壮、丰产作用很大。荞麦种子活力不十分强，播种前要筛选种子，选用大而饱满、整齐一致的种子，剔除空粒、破粒、草籽和杂质。在播种前 7～10d 选择晴朗天气晒种，晒种时间应根据气温的高低而定，气温较高时晒 1d 即可。

2. 选地、整地

荞麦适应性较强，对土壤的要求不高，很只要气候适宜，任何土壤均可种植。荞麦对前茬作物要求不严，但不宜连作。轮作时最好选择豆类、马铃薯、玉米、小麦等茬口。

播种前应进行精细整地，要求耕作深度 20cm 左右，杜绝浅耕或免耕。前作收获后，应及时浅耕灭茬，然后深耕，耕细、耙平，做到表土疏松，并注意开沟排水。深耕能熟化土壤，提高土壤肥力，同时可减轻病、虫、草对荞麦的危害。

3. 适期播种

荞麦是喜温作物，种子发芽最适宜温度为 15～30℃，生育阶段最适宜的温度是 17～24℃，生育期要求 10℃以上的积温 1 000～2 000℃。播种时要考虑好土壤墒情及气候环境，选择合适的播种时间，荞麦一般的播种时间都在 6 月中下旬。在北方地区多采用条播，一般行距 20～23cm，播种不宜太深，以 3～5cm 为宜，播种量 30～45kg/hm^2。条播深浅适宜，苗出得快而且整齐，有利于培育壮苗。有条件的地区尽量使用机械化作业方式，以提高效率。

4. 施肥

荞麦生长周期相对较短，生长速度快，对肥力的要求较高，是需要施较多肥的作物。整体来说，荞麦对钾肥的需求最大，其次是磷肥和氮肥，不同的生长阶段对肥力及肥料种类的侧重也不同，施肥时要根据具体的生产阶段按需施肥，以保证生长所需的充足营养。

5. 合理密植

种植密度对保证荞麦群体的通风透光、单株健壮，增加群体的光能利用率，促进物质积累和产量的增加具有重要的作用。对宁夏地区不同栽培密度进行了研究，发现不同的栽培密度对荞麦的单株籽粒量、饱满度和产量有较大的影响。适宜的密度可增加荞麦的单株籽粒数，使籽粒饱满，千粒重增加，产量增大。适宜的种植密度有利于荞麦的生长，增加群体生长率、叶面积指数和光合势，有利于千粒重的增加和产量品质提高。

6. 土肥水管理

中耕有蓄水保墒、提高地温、疏松土壤、清除杂草、促进幼苗生长的作用。播种后如遇降雨地面发生板结时，可轻耙或浅中耕 1 遍。以后根据田间杂草发生情况结合浇水，进行中耕。第 1 次中耕除草在幼苗高 6～7cm 时结合间苗、疏苗进行；第 2 次中耕在荞麦封垄前，结合追肥、培土进行，中耕深度 3～5cm。

施肥应遵循“基肥为主、种肥为辅、追肥为补”的原则。施肥量应根据气候特点、品种、种植密度、地力基础等因素科学掌握。在开花前可随水追施或趁雨追施 1 次磷钾肥，开花后可用硼、钼等微量元素配合磷酸二氢钾进行根外喷肥。有灌溉条件的地块，在结实期遇到干旱时必须浇水。一般孕穗前后浅浇 1 次水，开花盛期浇第 2 水次。

7. 病虫害防治

荞麦病虫害主要有轮纹病、霜霉病、立枯病、菌核病、黏虫、钩刺蛾等。主要以农田预防为主，在生产上进行合理轮作、培育壮苗、加强田间管理，一旦有病虫害发生，应及时用高效低毒低残留药剂进行防治。

8. 收获贮存

荞麦是无限花序，开花时间长，籽粒成熟不一致，从开花到成熟需要 30～45d。若收获过早，大部分籽粒尚未成熟；收获过晚，先成熟籽粒易脱落，均会影响产量。一般当植株籽粒达 75%～80%、变为褐色或灰色时即可收获。应选择阴天或晴天早晨进行收获，以防落粒。收割后先晾晒，然后脱粒晒干。一般含水量在 13%左右进行储藏。

(四) 产业融合应用

荞麦具有独特的营养价值和开发利用价值，籽实中含有粮食作物不含或少含的营养物质，其中蛋白质含量10.6%～15.5%，脂肪含量2.1%～2.8%，纤维素含量10.0%～16.1%。除供食用外，还用于蜜源、化妆品加工，同时花生也是一位中药，具有止咳平喘、消毒抗炎、开胃通肠、促进消化等功效。

1. 营养功能

荞麦的谷蛋白含量很低，主要的蛋白质是球蛋白。荞麦所含的必需氨基酸中的赖氨酸含量高而蛋氨酸的含量低，氨基酸模式可以与主要的谷物（如小麦、玉米、大米的赖氨酸含量较低）互补。荞麦的碳水化合物主要是淀粉。因为颗粒较细小，所以和其他谷类相比，具有容易煮熟、容易消化、容易加工的特点。荞麦含有丰富的膳食纤维，其含量是一般精制大米的10倍；荞麦含有的铁、锰、锌等微量元素也比一般谷物丰富。常用于加工荞麦面包、荞麦饼等。

2. 保健功能

荞麦不仅营养全面，而且富含生物类黄酮、多肽、糖醇和D-手性肌醇等高活性药用成分，具有降糖、降脂、降胆固醇、抗氧化、抗衰老和清除自由基的功能。

（1）补充营养。在荞麦当中有很多种营养物质，比如有丰富的赖氨酸以及铁元素、锰元素以及锌元素等等，除此以外，荞麦当中还含有丰富的膳食纤维，因此适当多吃这类食物可以帮助促进肠胃蠕动。

（2）降低血脂。在荞麦含有芦丁，又称为维生素P，可以保护视力，软化血管，降低人体血脂，帮助降低人体的胆固醇含量，同时还可以达到软化血管的效果，适当多吃荞麦可以达到降血脂的效果。

（3）消毒抗炎。荞麦中含有黄铜，在对抗细菌方面有着明显的效果，因此不管是针对呼吸道炎症还是肠道炎症，都可以通过食用荞麦得以改善。

（4）抗栓塞。荞麦中含有丰富的镁元素，对人体的功效非常明显，可以促进纤维蛋白溶解，还可以让血管扩张，因此就可以预防血管堵塞以及栓塞的情况发生，对心脑血管疾病的预防有极大作用。

（5）延缓衰老。荞麦中含有油酸和亚油酸含量极高，而亚油酸是人体最重要的脂肪酸，体内不能合成，可有效抑制皮肤生成黑色素，具有防雀斑及老年斑的作用，是美容护肤的佳品。

（6）改善新陈代谢。荞麦含有丰富的膳食纤维，可以促进胃肠蠕动，防治便秘；除此之外，其所含的烟酸，是一种人体必需的水溶性维生素，参与人体的脂质代谢，正是因为这种物质可以帮助改善人体的新陈代谢，当新陈代谢加快之后自然身体的抵抗力也就会慢慢增强。

八、花生

花生（*Arachis hypogaea*）又名落花生，为豆科蝶形花亚科落花生属一年生草本植物。一般认为，花生原产秘鲁和巴西，古印第安人称之为“安胡克”。哥伦布的航海家将花生荚果带至西班牙，称为“玛尼”，之后逐渐被传播到世界各地。同时也有部分资料表明，中国也有可能是花生原产地之一。在1958年的浙江吴兴钱山洋原始社会遗址中，发掘出距今4 700±100年的炭化花生种子。欧洲曾从中国引种花生，因此欧洲部分地区仍称之为“中国坚果”。现在广泛种植的花生约在16世纪初叶或中叶，即明代弘治至嘉靖年间，由华侨将花生种子引进福建、广东，然后逐渐引至他省，形成我国的重要油料植物。花生既是重要的油料作物和全世界公认的健康食品，也是食品和医药工业的原料。在纺织工业上用作润滑剂，机械制造工业上用作淬火剂。另外，花生种子可炒制、油炸或做花生糖、花生酥等糖果糕点以及花生酱。茎叶为优质饲料。荚壳可作粘胶的原料，经干馏、水解可得到醋酸、醋石和活性炭等10多种产品。种皮可入药，对多种出血性疾病有止血作用。花生中的蛋白质极易被人体吸收，吸收率在90%左右，因此，花生又称为植物肉。同时在我国花生被认为是“十大长寿食品”之一，中医认为花生的功效是调和脾胃，补血止血，降压降脂。西医认为，花生红衣能抑制纤维蛋白的溶解，增加血小板的含量，改善血小板的质量，改善凝血因子的缺陷，加强毛细血管的收缩机能，促进骨髓造血机能。所以对各种出血及出血引起的贫血、再生障碍性贫血等疾病有明显效果。

（一）形态特征

花生为一年生草本，株高约30～80cm，品种不同分直立或匍匐型；根部有丰富的根瘤；主茎和分枝均有棱，通常两对小叶互生，呈卵状长圆形至倒卵形；花长约8mm；花冠为黄色或金黄色。荚果长2～5cm，宽1～1.3cm，种子横径0.5～1cm，花果期一般在6—8月。

（二）生活习性

1. 分布状况

据《中国植物志》资料，花生原产地为南美洲的巴西、秘鲁，现在亚洲、非洲和美洲均有广泛种植。据史料记载，约在16世纪初叶或中叶，即明代弘治至嘉靖年间，由华侨将花生种子引进福建、广东，然后逐渐引至他省。现在全国各地均有种植，主要分布于辽宁、山东、河北、河南、江苏、福建、广东、广西、贵州、四川等地区。

2. 生长特性

花生宜气候温暖，生长季节较长，雨量适中，质地疏松，排水良好，且上茬没有种过花生的沙壤土地区。黄土地和红土地花生味道更好，但收获麻烦。在我国山东省生长最佳。

（三）栽培技术

1. 播前准备

（1）选地、整地。花生是地上开花，形成果针后钻到地里结果的作物，不宜重茬和迎茬。以土层较厚，肥沃疏松的沙壤土且两年内未种植花生的地块为宜。整地前 3～4d，喷灌 3～4h。整地时每亩撒施有机肥 2 000kg，复合肥 20kg，同时用辛硫磷 1kg 与麦麸 8kg 拌成毒饵施入土壤中，防治地下害虫。施肥后深耕 30cm 以上，旋耕两遍。整地后起垄做畦，畦上宽 60～65cm，畦底宽 85～90cm，畦间距 30cm，畦与畦间行距 50～60cm，畦上行距 35～40cm。畦高 10～12cm。

（2）品种选择。增产潜力大，抗逆能力强，花多针多，生育期较长的品种。如：花育 25、花育 36、冀花 4 号、鲁花 11 号。

（3）种子处理。剥壳前要晾晒 1～3d，播种前 7～10d 剥壳。选用果大饱满、形状整齐、无破碎的荚果。剥壳后进一步挑选，选择粒色纯正、形状整齐的籽粒作种。播种前用 25%多菌灵拌种，晾干后备用。

2. 播种

（1）播期。当 5～10cm 土层平均温度稳定在 15 摄氏度以上时播种比较适宜，北京适播期在 4 月底至 5 月初。

（2）播量及播种。一般花生种子亩播种量 20～25kg，采用机播，垄面种植 2 行花生，每穴 2 粒，穴距 14～16cm，密度 10 000～12 000 穴/亩，播深 3～4cm，播后镇压。

3. 田间管理

（1）除草。播后苗前用 50%乙草胺乳油 75～100mL（用量不要超过 100mL/亩）兑水 40～50kg 进行除草。

（2）肥水管理。开花期及下针期（50%植株出现鸡头状的幼果时）是花生需水、需肥的关键时期，遇干旱需要及时浇水，结合浇水或降水，亩追施尿素 5kg、过磷酸钙 30kg、硫酸钾 10kg。

生育中后期，雨水天气较多时及时排水，防止造成烂果。饱果成熟期，亩用磷酸二氢钾 0.2kg，兑水 50kg 进行叶面喷施，每 7d 喷一次，连喷 3 次。

4. 病虫害防治

（1）叶斑病。发病高峰在花生收获前的 20～30d，高温高湿或连续阴雨发生较重。可选用 75%四氯间苯二腈可湿性粉剂 600 倍液或 70%甲基硫菌灵可湿性粉剂 1 000 倍液喷雾防治。

（2）蛴螬。可用 50%辛硫磷乳油 1 500 倍液灌堆防治，每穴用药液 50g，灌药后浇水防效更佳。

5. 收获

花生叶色变黄，部分茎叶枯干，即可收获。收获后晾晒，促进后熟，提高花生仁成熟度。留种花生须在霜前收获、晾晒。

注意黑花生和易发芽的品种应在成熟后及时收获，可在收获后晾晒 3～5d，再摘果。既可以避免果实在地里发芽，又可以增加产量。

（四）产业融合应用

花生被人们誉为“植物肉”，含油量高达 50%，品质优良，气味清香。除供食用外，还用于印染、造纸工业，同时花生也是一味中药，适用营养不良、脾胃失调、咳嗽痰喘、乳汁缺少等症。

1. 营养功能

（1）花生果的脂肪、膳食纤维和蛋白质同作用，能够提高“饱腹感”，减少这一天的进食量。

（2）花生果内脂肪含量为 44%～45%，蛋白质含量为 24%～36%，含糖量为 20%左右。花生中还含有丰富的维生素 A、维生素 D、维生素 E，钙和铁等。并含有维生素 B_1、维生素 B_2、维生素 B_3 等多种维生素。矿物质含量也很丰富，特别是含有人体必需的氨基酸，有促进脑细胞发育，增强记忆的功能。

（3）花生果富含油脂，从花生仁中提取的油脂呈淡黄色，透明、芳香宜人，是优质的食用油。

（4）花生是100多种食品的重要原料。它除可以榨油外，还可以炒、炸、煮食，制成花生酥以及各种糖果、糕点等。

2. 保健功能

（1）降低胆固醇。花生油中含有大量的亚油酸，减少因胆固醇在人体中超过正常值而引发多种心脑血管疾病的发生率。

（2）延缓人体衰老。花生中的锌元素含量普遍高于其他油料作物。锌能促进儿童大脑发育，有增强大脑的记忆功能，可激活中老年人脑细胞，有效地延缓人体过早衰老，具有抗老化作用。

（3）促进儿童骨骼发育。花生含钙量丰富，可以促进儿童骨骼发育。

（4）预防肿瘤。花生、花生油中含有一种生物活性很强的天然多酚类物质——白藜芦醇。而富含白藜芦醇的花生、花生油等相关花生制品将会对饮食与健康发挥更大的作用。

（5）凝血止血。花生衣中含有油脂和多种维生素，并含有使凝血时间缩短的物质，能对抗纤维蛋白的溶解，有促进骨髓制造血小板的功能，对多种出血性疾病，不但有止血的作用，而且对原发病有一定的治疗作用，对人体造血功能有益。

（五）常见栽培品种

1. 花育25

株型直立，主茎高48cm，分枝数7～8条左右，叶色绿，结果集中。荚果网纹明显，近普通型，为大型果，籽仁无裂纹，种皮粉红色。耐密植、抗旱性强，较抗多种叶部病害和条纹病毒病，后期绿叶保持时间长、不早衰、休眠期长、不易落果。通过应用良种良法配套、测土配方施肥、适期播种、合理密植、适时化控、病虫草害综合防治等技术的综合运用，能够增产增收。

2. 冀花 4 号

株型直立，疏枝型，连续开花（主茎开花）。株高 40cm。总分枝 9 条，结果枝 7 条。茎粗 0.5cm，荚果普通形，为中型果，以两粒荚果为主，子仁饱满，呈椭圆形，无裂纹，种皮粉红色，内种皮金黄色。春播生育期 120～130d，夏播生育期 110d 左右。出苗快而整齐，中后期植株长势强。开花较早，荚果发育快。果针入土较深，果柄较坚韧，成熟后收获落果较少。抗旱、抗倒性强，抗叶斑病。经农业部（2018 年 3 月，组建“农业农村部”）油料及制品监督检验中心连续三年检测，平均脂肪含量 57.65%、粗蛋白质含量 26.07%。生产 1kg 食用油仅需 5.6kg 荚果，较生产中常用的花生品种 6.4～7kg 少用 0.8～1.4kg 花生荚果，是理想的油用型花生品种。

3. 黑丰 1 号

植株半直立，株高 40～45cm，侧枝长 50cm，叶色浓绿，连续开花，开花量多而集中，荚果普通形，为大型果，籽仁椭圆形，种皮湿时紫红色，晾干后深紫色。春播全生长期 130d 左右，夏播 110d 左右。长势稳健，一般不会出现疯长，抗旱抗病性强，高抗倒伏，结实率高。与红花生相比粗蛋白质含量高 5%，精氨酸含量高 23.9%，钾含量高 19%，锌含量高 48%，硒含量高 101%。黑粒花生具有延年益寿，益智养发，抗衰老，抗癌细胞扩散增生等疗效。还具有降压、减缓支气管炎的神奇药用价值。医学专家推荐，每天生食 9 粒（分 3 次吃）黑花生果仁，能使白发变黑，血压正常及预防因缺少人体需微量元素而造成的多种病症。

九、藜麦

藜麦（*Chenopodium quinoa*）是藜科藜属一年生双子叶植物，起源于南美洲安第斯山脉的秘鲁、玻利维亚、智利等国，其栽培最早可追溯到5000年前。藜麦的花序为穗状花序，颜色多样，具有一定景观价值。籽粒蛋白质含量高且有人体所必需的全部氨基酸，富含维生素及钙、铁、锌等矿质微量元素，还含有不饱和脂肪酸和多酚类等抗氧化物质。被联合国粮农组织（FAO）确定为唯一一种单体植物即可满足人体基本营养需求的食物，并推荐为最适宜人类的“全营养食品”。

（一）形态特征

藜麦根系发达，呈网状分布，耐盐碱能力强，株高0.6～3m不等，受环境影响较大，茎秆具分枝，分枝特性与基因型和栽培措施密切相关。叶片掌状，互生，顶部退化为细长状，通常具短绒毛。花序呈圆锥形，长度30～100cm，着生于植株或分枝的顶部，花序具一至三级分枝，小花多着生于二、三级分枝，少数种质小花直接着生于一级分枝。茎秆、叶片、花序色彩丰富，呈绿色、黄色、橙色、红色、紫色等。花序顶端的小花一般为完全花，每朵小花具有5个雄蕊和1个雌蕊，其他部位的小花大多为雌花，常异花授粉，自然异交率为10%～17%左右。果实为瘦果，药片状，直径约1.5～3mm左右，千粒重约1.5～4g左右。

（二）生活习性

1. 分布状况

藜麦起源于南美洲安第斯山脉的秘鲁、玻利维亚、智利等国。目前，我国山西、吉林、青海、西藏、甘肃、河北、内蒙古等省份种植规模较大，黑龙江、四川、山东、江苏、贵州、安徽等省也开展了不同规模的藜麦引种、栽培研究。北京市从2014年开始在延庆区、昌平区、门头沟区、房山区等陆续试验播种，2018年开始延庆区播种面积一度超过千亩。

2. 生长特性

藜麦具有广泛的生态适应性和逆境抵抗能力，能够适应不同气候条件，可以在干旱（年降水量 300～400mm）、盐碱地和频繁霜冻等极端环境下生长。特别适合气候冷凉、昼夜温差大等气候特征的地区和高海拔气候。藜麦对土壤要求不严，一般土壤均可生长。

（三）栽培技术

（1）品种选用。北京地区初步筛选出综合性状表现较好品种 4 个，食用性的陇藜 1 号、陇藜 3 号和陇藜 4 号；观食两用品种红藜。食用型藜麦生育期 100～120d 左右，千粒重 2.3g 左右；观食两用品种红藜生育期 150d 左右，千粒重 1.1g 左右。播种前筛选出粒大饱满的种子，去除霉种、破种及杂草种子等。

（2）种植条件。藜麦适宜生长在夏季气候冷凉、阳光充足、昼夜温差大、降水较少的高海拔地区，北京地区适宜种植在海拔 500 米以上地区；观食两用型品种红藜适应性更好，低海拔的平原区和海拔高的地区都能种植，对土壤要求不严格，瘠薄的沙性土壤均可生长，但以肥沃的中性土壤最为适宜。藜麦不宜连作，需轮作倒茬。除草剂对藜麦出苗及产量影响较大，应选择前茬没有施用过除草剂的地块种植；且种植当年应做好隔离，避免周边作物使用除草剂飘移到藜麦地块，造成藜麦叶子卷曲、抽穗困难。

（3）适时播种。食用型藜麦品种，宜于 5 月上旬在北京山区播种，5 月中旬在北京浅山区、平原区播种；观食两用品种红藜，宜于 4 月中下旬在北京山区播种，考虑到国庆节期间的观赏效果也可延后到 5 月上旬播种。

（4）适墒整地。在适播期范围内，人工造墒或雨后整地播种。利用旋耕机精细整地，旋耕深度 13cm 左右，土地平整。

（5）施肥。整地前施足基肥，基肥应以含钾量较高的复合肥为主，复合肥氮、磷、钾比例为 15∶15∶15，施用量 40～50kg/亩，适当增施一定的有机肥。

(6) 播种。播种时土壤必须保持良好墒情，以播种层含水量12%～20%为宜，土壤过干播种，种子不能发芽或发芽后很快干死。藜麦种子小，开沟浅覆土，下种深度 2～3cm，行距 45～50cm。食用型品种播种量为 0.3～0.4kg/亩左右，红藜播种量为 0.3kg/亩左右，用蔬菜播种机、谷子播种机或人工耧播均可，山区小地块建议人工耧播，小米与藜麦种子相混同播（小米与藜麦种的比例为 1∶1），下种量不宜太小，播种时及时检查下种情况，确保播种时下种均匀不出现断垄情况，也可用人工条播或穴播株距 15～20cm 左右，每穴播 8 粒种子左右。

(7) 间苗定苗。当藜麦苗高 10～20cm 时开始间苗定苗，间苗时留壮去弱，食用藜麦株距 22～27cm，可根据出苗情况酌情确定苗留苗距离，留苗密度 4 500～5 500 株/亩为宜，观食两用型红藜留株距 20～24cm，留苗密度 4 500～6 000 株/亩为宜。缺苗的，可带土移苗补栽，栽后点水。

(8) 中耕除草。结合间苗可顺带锄草，后期根据杂草生长情况随时除草，除草可顺带进行根基培土，以防止雨季植株倒伏。

(9) 肥水管理。一般正常出苗后，根据北京地区常年降雨量，生育期内不需浇水，地力好、基肥足的也不需再追肥。特别干旱年份可根据情况适当浇水和追肥。

(10) 病虫害防治。7、8 月进入连阴多雨季节藜麦易发生钉胞叶斑病和笄霉茎腐病，可用精甲霜·锰锌+戊唑醇喷雾防治，具体使用方法参考产品说明书。北京地区藜麦的主要虫害是甜菜筒喙象，危害茎秆导致藜麦倒伏减产。5 月下旬至 6 月上中旬，要注意观察田间害虫情况，及时采取防治措施。一般藜麦长高30～50cm 时，植株发现产卵孔时就是虫害发生期，可用 4.5%高效氯氰菊酯乳油和 20%氯虫苯甲酰胺悬浮剂轮换喷雾防治 2到 3 次，每次间隔一周时间。

(11) 适时收获。9 月下旬、10 月上旬藜麦叶片变黄变红，叶大多脱落，茎秆开始变干，种子用指甲掐已无水分（用指甲掐穗基部定浆)，即为成熟。收割上，种植面积大的可藜麦收割机收获，山区小地块可带秆收获，刀割藜麦距离地面 15cm 以上部位，打捆后竖直堆放；也可只收割藜麦穗。收获宜选择上午进行，以减少掉粒现象发生。收获后晾晒，脱粒，贮藏在阴凉、干燥、通风的地方。

(四) 产业融合应用

1. 保健功能

藜麦种子富含人体所需全部营养元素和丰富的次生代谢物质，具有抗氧化、抑菌、降血糖、消炎、免疫应答等生理活性，对心血管疾病，肥胖、糖尿病等代谢疾病有很好地预防和辅助治疗效果。藜麦不属于禾本科，因此被称为“假谷物”，其营养物质主要贮于籽粒外胚乳、胚乳和胚中，富含蛋白质、淀粉、脂肪、矿物质、维生素等营养成分，藜麦蛋白质含量为 12%～23%，富含有人体必需的 8 种氨基酸，并且净消化率、净利用率显著高于其他谷物，是人类优质的蛋白质来源。

2. 景观功能

观食两用品种红藜特别适合农田景观打造，山区林地最为突出，尤其是山区农家院附近种植效果更好，能够给游人提供一种新鲜的景观感受。藜麦米还可销售给游客，既美化景观又能为农民增收。

(五) 常见栽培品种

喜冷凉气候，适合高海拔地区种植，适合京津冀地区的常见栽培品种如下。

1. 陇黎 1 号

植株呈扫帚状，株高 181.2～223.6cm，分枝数 23～27 个。植株苗期生长缓慢，出苗需要 8～12d，分枝期后迅速进入营养生长期，叶色嫩绿，成熟后叶秆变红。籽粒集中于植株顶部及分枝末端。种子为扁圆形，直径1.5～2.2mm，表皮有一层水溶性的皂角苷，千粒重2.4～3.46g。生育期128～140d，属中晚熟品种。

2. 陇藜3号

植株呈扫帚状，成熟期茎秆及穗呈金黄色，株高110.4～162.7cm，絮状花序，主梢和侧枝都结籽，自花授粉；种子棕黄色，圆形药片状，直径1.4～2.1mm，千粒重2.26～2.72g；生育期96～116d，属早熟品种。

3. 陇藜4号

显序期顶端叶芽呈紫色，成熟期茎秆黄色，植株呈扫帚状，株高138.6～176.8cm，絮状花序，主梢和侧枝都结籽，自花授粉；种子圆形药片状，直径1.4～2.2mm，千粒重2.97～3.34g；生育期108～121d，属早熟品种；平均倒伏（折）率<4%；抗病性强。

第六章
特色观食两用食用菌作物资源介绍

一、黑木耳

黑木耳（*Auricularia auricula*）系寄生于枯木上的一种菌类，分类学上属于真菌界，担子菌门，伞菌纲，木耳目，木耳科，木耳属。黑木耳的人工栽培大约开始于公元600年前后，起源于我国。最初采用的是“原木砍花”法，随后伴随着黑木耳固体纯菌种培育获得成功，段木打孔接种法兴起。20世纪80年代，代料栽培法兴起，使得黑木耳产量突飞猛进。

（一）形态特征

黑木耳是一种胶质真菌，由菌丝体和子实体两部分组成。菌丝体无色透明，是由许多具横隔和分枝的管状菌丝组成，生长在朽木或其他基质里面，分解木质素和纤维素获得能量和生长物质，是黑木耳的营养器官。子实体是它的繁殖器官，也是人们食用的部分。子实体是由菌丝交织而成。初时圆锥形、黑灰色、半透明。逐渐长大呈杯状，而后又渐变为叶状、波浪状或耳状。多个耳片连在一起可呈菊花状。黑木耳新鲜时半透明，胶质、有弹性，基部狭细，近无柄，直径一般为4～10cm，厚度0.8～1.2mm；干燥后收缩成角质、硬而脆，黑色、褐色或黄褐色等。子实体背面，凸起，青褐色，密生柔软而短的绒毛。腹面下凹，边缘上卷，多曲皱，表面平滑或有脉络状皱纹，呈深褐色至黑色。腹面着生担子，圆筒形，（50～60）μm×（5～6）μm。每个担子长有 4 个担孢子，担孢子为肾形或腊肠形，(9～14) μm× (5～6) μm，无色透明。

(二) 生活习性

1. 分布状况

黑木耳主要分布在北半球温带地区的东北亚。中国主要分布在大小兴安岭林区、秦巴山脉、伏牛山脉等。中国是木耳的主要生产国，产区主要分布在黑龙江、吉林、辽宁、内蒙古、河南、浙江、广西、云南、贵州、四川、湖北和陕西等地。

2. 生长特性

黑木耳为木腐菌，通过分解枯死的树木和其他基质来摄取所需养分，供给子实体的需要。黑木耳属中温型菌类。菌丝体在22～28℃之间为最适宜。子实体以 22～28℃为最适生长温度。代料培养基的适宜含水量为 60%，栽培场空气的相对湿度要求可达到 85%～95%，但要干湿交替。菌丝生长不需要光线，但原基形成和子实体的发育，需要有一定的散射光。黑木耳是一种好气性真菌，要保持栽培场所内空气流通。菌丝生长的最适 pH 为 5.5～6.5。

(三) 栽培技术

黑木耳可地摆出耳，也可吊袋出耳。

1. 地摆栽培模式

(1) 制作菌棒。黑木耳制棒季节按照各地气候不同而不同，一般北方在冬春两季进行。

①拌料。培养料的配方可采用木屑 86.5%，麦麸 10%，豆粕 2%，石膏 1%，石灰 0.5%。按上述配方将主辅料进行称量、配比、加水搅拌均匀。料的含水量在 60%左右，具体的检测方法为手握料可成团，且手上沾水而不渗出为宜。

②装袋。用装袋机将培养料填入塑料袋内。规格为折幅

16.2cm×长度 35cm 的菌袋，装料重量为 1.3kg。装料后窝口，即使用机器将菌袋多余的部分内折，塞入培养料中心的孔穴中，然后再插入塑料棒进行封口。

③灭菌。将灭菌仓内的菌棒加热到 100℃，保持 8～10h，然后再焖 5h 左右。

④接种。接种的具体操作流程为接种室预消毒→菌袋消毒→工人进室→拔出空心棒→放入菌种→塞棉塞→完毕。待灭菌仓温度降至 50～60℃时，打开灭菌仓。趁热将灭菌后的菌棒搬入接种室。按 4～5g/m³ 用量的二氯异氰尿酸钠熏蒸 0.5h。待气味散发掉之后就可以进行接种操作了。接种时拔出塑料棒，塞入菌种，然后使用灭菌的棉花或海绵块封口。

⑤养菌。将接种后的黑木耳菌棒搬入养菌室，放在养菌架上进行暗光培养。培养温度为 22～25℃。每天通风一次，以进入养菌室没有明显异味为标准。

（2）选地整地。黑木耳不必覆土栽培，对土壤要求不严格。栽培需要通风、向阳、有排灌条件的地块。翻地、整地，耙平做畦宽 120cm、高 15～20cm 的耳床。耳床表面要覆盖薄膜，以防止出耳时泥沙污染耳片。

（3）开口催芽。3 月中旬至 4 月将菌棒运至地头，使用开口机将菌棒的塑料袋刺破。每个菌袋的开口 150～180 个，深度 0.3～0.5cm，孔径 6mm。然后将菌棒直立码放在耳床上，袋与袋之间要留有 2cm 空隙，覆盖塑料膜和草帘。菌床内温度调节为 15～25℃，空气相对湿度 75%～90%。

（4）出耳管理

①分床。当刺孔处形成黄豆粒大小的耳芽时，将菌棒摆稀疏（称为分床），间距 10cm。

②浇水管理。分床 2d 后开始浇水。当 15～25℃时，每天使用微喷进行间歇迷雾式浇水。掌握浇水原则为“干湿交替，湿要湿好，干要干透”。

③采耳。当黑木耳耳片完全展开，边缘开始变薄时及时采摘。

（5）病虫害防治。主要病害有木霉、曲霉、毛霉、链孢霉等，制棒发菌期多发；出耳期多发生流耳病、畸形耳、“夕阳病”生理性病害以及绿苔、木霉等竞争性杂菌。预防为主，防治结合。主要采用75%四氯间苯二腈可湿性粉剂500倍液防治。虫害常见的有螨虫、菇蚊蝇、跳虫等，养菌期和出耳期均有发生，可针对的符合国家标准的药剂喷杀。

2. 吊袋栽培模式

（1）选地。吊袋黑木耳对土质没有要求。要求通风、向阳、近水源、利于排灌的地块即可。

（2）建棚。按南北走向建造一体式或分体式框架钢筋大棚。大棚跨度8～12m，长度一般为35～50m，顶高2.8～3.5m，肩高1.8～2m左右。大棚两头留门，门宽2米。棚内框架上放置若干横杆，用于栓系吊绳。每两个横杆为一组，组内横杆间距25～30cm，每组横杆之间留出60～70cm操作道。在操作道上、下各铺喷水管线一条，每隔120cm安装雾化喷头。大棚依次覆盖一层塑料膜、六针加密遮阳网。

（3）开口催芽。按常规开口、覆盖催芽。

（4）吊（挂）袋。将出耳口形成黑色耳线的菌棒口朝下夹在尼龙吊绳上，然后在三根尼龙绳上扣上吊袋托。按同样步骤依次将菌棒吊起。一般每组尼龙绳可吊8袋。菌棒离地面30～50cm。

（5）环境控制。使用棚膜及遮阳网调节棚内温度在15～25℃。每天使用微喷进行间歇迷雾式浇水。掌握浇水原则为“干湿交替，湿要湿好，干要干透”。每天通风3～4次，严防高温高湿。

（四）产业融合应用

1. 保健功能

黑木耳是著名的山珍，可食、可补，由于其含有丰富的蛋白质、铁、钙、维生素、粗纤维，是一种味道鲜美、营养丰富的食用菌，有“素中之荤”之美誉，成为中国老百姓餐桌上久食不厌，世界上被称之为“中餐中的黑色瑰宝”。黑木耳还有保健价值，其含有的植物胶原、纤维可以清理消化道、清胃涤肠。此外，其对胆结石、肾结石也有较好的化解功能。中医认为黑木耳味甘、平，无毒。西医研究表明，黑木耳还有抗血栓、降血脂、延缓衰老等的成分。

黑木耳多数以干品的形式出售。因此，采收后的鲜耳需要经过干制这一道工序。黑木耳的干制一般依靠自然晾晒完成，比较简单。

2. 景观功能

园林绿化方面可在林下、露天地摆或吊袋布置，既绿化作用，也能产生经济效益。

（五）常见栽培品种

1. 黑木耳 2 号（黑 29）

①形态特征。子实体簇生、碗状，背部有黑色筋。

②生活习性。耐低温，菌丝生长温度 10～35℃，最适温度 24～28℃，子实体生长温度 14～35℃，最适温度 20～25℃，最适 pH 4.5～7.5，袋料栽培一般 100kg 干料的干耳产量可达 13.33kg。

2. 黑威 15

①形态特征。子实体为单片单生，耳形好、色黑、肉厚。

②生活习性。出耳期较早；出芽快、整齐，子实体单片率 90%以上；平均产量为 50～65g/袋；性状稳定，抗性强。

二、玉木耳

玉木耳（*Auricularia cornea*）为毛木耳白色变种。分类学上属于担子菌门，伞菌纲，木耳目，木耳科，木耳属。玉木耳是近几年由我国驯化栽培的品种，目前仍处于推广种植阶段。

（一）形态特征

玉木耳是一种胶质真菌，由菌丝体和子实体两部分组成；菌丝体无色透明，是由许多具横隔和分枝的管状菌丝组成，生长在朽木或其他基质里面，分解木质素和纤维素获得能量和生长物质，是玉木耳的营养器官。子实体是它的繁殖器官，也是人们食用的部分。子实体是由菌丝交织而成。玉木耳状如耳朵，圆边、单片、无筋、肉厚。新鲜玉木耳呈胶质片状，晶莹剔透，耳片直径4～8cm，有弹性，腹面平滑下凹，边缘略上卷，背面凸起，并有纤细的绒毛，呈白色或乳白色。干燥后收缩为角质状，硬而脆性，背面乳白色；入水后膨胀，可恢复原状，柔软而半透明，表面附有黏液。

（二）生活习性

1. 分布状况

玉木耳由我国选育栽培。玉木耳已在我国吉林、辽宁、山东等地栽培。

2. 生长特性

玉木耳为木腐菌，通过分解枯死的树木和其他基质来摄取所需养分，供给子实体的需要。玉木耳属中高温型菌类。菌丝体在22～32℃为最适宜。子实体以20～28℃为最适生长温度。代料培养基的含水量为65%，栽培场空气的相对湿度要求可达到85%～95%，但要干湿交替。菌丝生长不需要光线，但原基形成和子实体的发育，需要有一定的散射光。玉木耳是一种好气性真菌，二氧化碳浓度超过1%，子实体易发生畸形，因此要保持栽培场所内空气流通。菌丝生长的最适pH为5～6.5。

（三）栽培技术

玉木耳可地摆出耳，也可吊袋出耳。

1. 地摆栽培模式

（1）制作菌棒。玉木耳制棒季节按照各地气候不同而不同，一般北方在冬春两季进行；南方在早春和早秋进行。

①拌料。培养料的配方为木屑 80%，米糠 15%，豆粉 2%，玉米粉 2%，石膏 1%。按上述配方将主辅料进行称量、配比、加水搅拌均匀。料的含水量在 60%左右，具体的检测方法为手握成团手上沾水而不渗出为宜。

②装袋。拌料之后要马上进行装袋，装袋一般用装袋机进行。一般的装袋机 1h 可以装 800～1 000 袋，需要 6～10 人配合。北方采用短棒模式，一般规格为折幅 17cm×长度 35cm 的菌袋，装料重量为 1.3kg。装好培养料后需要窝口，即使用机器将菌袋多余的部分内折塞入培养料中心的孔穴中，然后再插入塑料棒进行封口。南方采用长棒模式，折幅 15cm×长度 55cm 的菌袋，装料重量为 2.1kg，直接系口或采用卡扣封口。

③灭菌。将灭菌仓内的菌棒加热到 100℃保持 8～10h，然后再焖 5h 左右。

④接种。接种的具体操作流程为接种室预消毒→菌袋消毒→工人进室→拔出空心棒→放入菌种→塞棉塞→完毕。待灭菌仓温度降至 50～60℃时，打开灭菌仓，趁热将灭菌后的菌棒搬入接种室。按 4～5g/m^3 用量的二氯异氰尿酸钠熏蒸 0.5h。待料温降到 25℃以下即可接种。短棒模式接种时拔出塑料棒，接入固体菌种或液体菌种，然后使用灭菌后的棉花或海绵块封口。长棒类似于香菇的打穴接种，接种后套一层外套袋。

⑤养菌。培养室事先消毒。将接种后的玉木耳菌棒搬入养菌室，放在养菌架上进行暗光培养。培养温度为 23～25℃。每天至少通风一次，以进入养菌室没有明显异味为标准。待菌丝长满

后，在20℃条件下继续培养7～10d进行后熟。

（2）选地整地。玉木耳不必覆土栽培，对土壤要求不严格。栽培需要通风、向阳、有排灌条件的地块。翻地、整地，耙平做畦宽120cm、高15～20cm的耳床。耳床表面要覆盖薄膜，以防止出耳时泥沙污染耳片。

（3）开口催芽。3月中旬至4月将菌棒运至地头，使用开口机将菌棒的塑料袋刺破。每个折幅17cm×长度35cm的菌袋开口150～180个，折幅15cm×长度55cm的菌袋开口200～240个；深度0.3～0.5cm，孔径6mm。将短棒直立码放在耳床上。若采用将长棒斜靠在铁丝上，使菌棒与地面呈75°的夹角；袋与袋之间要留有2cm空隙，覆盖塑料膜和草帘。调节菌床内温度为15～25℃，空气相对湿度75%～95%。

（4）出耳管理

①分床。采用短棒模式，当刺孔处形成黄豆粒大小的耳芽时，将菌棒摆稀疏（称为分床），间距10cm。长棒则不需要。

②浇水管理。分床后2天后开始浇水。当15～25℃时，每天使用微喷进行间歇迷雾式浇水。掌握浇水原则为“干湿交替，湿要湿好，干要干透”。

③采耳。当玉木耳长至3～5cm，边缘内卷，有少量孢子弹射时应及时采收。采收前停水2～3d，采完后，及时清理地面。

（5）病虫害防治。主要病害有木霉、曲霉、毛霉、链孢霉等，制棒发菌期多发；出耳期多发生流耳病、畸形耳、尤疤病、绿苔、木霉等。预防为主，防治结合。主要采用75%四氯间苯二腈可湿性粉剂500倍液防治。虫害常见的有螨虫、菇蚊蝇、跳虫等，养菌期和出耳期均有发生，可针对的符合国家标准的药剂喷杀。

2. 吊袋栽培模式

玉木耳吊袋栽培可参考黑木耳操作。

（1）选地。吊袋玉木耳对土质没有要求。要求通风、向阳、近水源、利于排灌的地块即可。

(2) 建棚。按南北走向建造一体式或分体式框架钢筋大棚。大棚建造和设备安装参照黑木耳吊袋大棚。跨度 8～12m，长度 35～50m，顶高 2.8～3.5m，肩高 1.8～2m 左右。大棚两头留门，门宽 2m。棚内框架上放置若干横杆，用于栓系吊绳。每两个横杆为一组，组内横杆间距 25～30cm，每组横杆之间留出 60～70cm 宽的操作道。在操作道上方空间的左右两边各铺喷水管线一条，每隔 120cm 安装雾化喷头。大棚依次覆盖一层塑料膜、六针加密遮阳网。

(3) 开口催芽。玉木耳菌袋入棚后，横向摆放在大棚地面以利菌丝恢复生长，菌袋码放 3～4 层，2～3 行为一组，行间距 10cm。菌丝恢复 3～4d 后按常规开口、覆盖催芽。

(4) 吊（挂）袋。每条绳挂 7～8 个菌袋，菌袋间距 3～4cm，袋口朝下。绳间距应保持在 22cm，挂绳最下面的菌袋距地面 20cm，要求上下整齐一致，挂完后横平竖直。大棚中间留 80cm 宽的横向通道。

(5) 环境控制。大棚内温度维持在 20～24℃之间，湿度控制在 80%～85%。早上 8 点前和下午 4 点后应卷起保温被或草帘，增加棚内散射光，促进原基形成。原基分化后，温度应维持在 18～30℃，最适温度为 20～24℃；湿度维持在 85%以上，二氧化碳浓度控制在 0.08%。每潮玉木耳采收结束后，避光、通风，进行菌袋休养。7d 后，可以按照以上催耳和出耳管理方法进行下潮出耳管理。

(四) 产业融合应用

1. 保健功能

玉木耳耳片通体白色，肉质滑嫩，味道鲜美，含有丰富的氨基酸和多糖，具有较高的抗癌活性，还有清肺益气、降血脂、降血浆胆固醇、抑制血小板凝聚等诸多功效。采收的玉木耳要及时晒干，防止褐变。应采用专门的防雨纱网晾晒架，晾晒厚度 2～3cm，每 2h 翻动一次，防止耳片粘连。雨天及时覆盖塑料布；无雨时保持四面通风，自然干燥，成品的含水量要低于 14%。

2. 景观功能

园林绿化方面可在林下、露天地摆布置，还可以吊袋进行立体造型，既绿化作用，也能产生经济效益。

三、灰树花

灰树花（*Grifola frondosa*）又称栗蘑、栗子蘑、舞茸、贝叶多孔菌、莲花菌。分类学上属于真菌门，层菌纲，非褶菌目，多孔菌科，灰树花属。20 世纪 40 年代，日本开始灰树花的驯化、人工栽培研究。1965 年利用木屑（菌床）栽培灰树花取得成功，1975 年正式投入商业性生产。20 世纪 80 年代初，日本开始人工规模化栽培栗蘑。我国在 20 世纪 80 年代初开始对栗蘑进行人工驯化栽培。1992 年创造了“栗蘑仿野生栽培法”。

（一）形态特征

灰树花是一种药食兼用真菌，由菌丝体和子实体两部分组成；菌丝体无色透明，是由许多具横隔和分枝的管状菌丝组成，有分解基质、吸收水分和无机盐、运输和积累营养的作用，是灰树花的营养器官。在越冬或遇不良环境时能形成菌核，菌核直径 5～15cm，菌核的外层由菌丝密集交织形成，呈黑褐色。菌核内部由密集的菌丝、土壤沙粒和基质组成。菌核既是越冬的休眠器官，又是营养贮藏器官。子实体是它的繁殖器官，也是人们食用的部分。子实体是由菌丝交织而成，由多个菌盖组成，重叠成覆瓦状，群生。菌盖肉质，呈扇形或匙形，直径 2～8cm，厚 2～7mm。灰白色至灰黑色，有放射状条纹，边缘薄，内卷。幼嫩时，菌盖外沿有一轮 2～8mm 的白边，是菌盖的生长点，子实体成熟后白边消失。当子实体幼嫩时，菌盖背面为白色。子实体成熟后，菌盖背面出现蜂窝状多孔的子实层，菌孔长1～4mm，每平方厘米有菌孔20～32个，管孔白色，呈多角形。菌孔侧壁着生子实层，能产生担孢子。栗蘑孢子印白色，在显微镜下观察，孢子卵形，光滑。菌柄多分枝，侧生，扁圆柱形，中实，灰白色，肉质（与菌盖同质）。成熟时，菌孔延生到菌柄。

（二）生活习性

1. 分布状况

世界范围内，栗蘑还分布于日本、欧洲、北美等地。我国的野生栗蘑分布于河北、黑龙江、吉林、四川、云南、广西、福建等省。

2. 生长特性

灰树花为白腐真菌，可以导致木材腐朽。灰树花属中高温菌类，菌丝生长适宜温度范围是24～27℃，出菇适宜温度范围是18～21℃。代料培养基的含水量为60%～65%，栽培场空气的相对湿度要求可达到85%～95%，但要干湿交替。菌丝生长对光照要求不严格，在黑暗条件下，菌丝生长稍快。但是子实体原基的形成需要光线的刺激。当形成原基后，散射光越强，菌盖颜色越深，香味越浓、品质越好。反之，则颜色浅，品质差。灰树花是一种好气性真菌，无论菌丝生长还是子实体发育都需要新鲜空气。菌丝生长的最适pH为5.5～6.5。

（三）栽培技术

灰树花可覆土栽培，在气候湿润的地区或者借助设施也可不覆土栽培。

1. 覆土栽培模式

（1）制作菌棒。灰树花制棒季节按照各地气候不同而不同，一般北方在12月至来年2月进行；南方在早春和早秋进行。

①拌料。培养料的配方：栗木屑50%、棉籽皮40%、生土8%、石膏1%、红糖1%。按上述配方将主辅料进行称量、配比、加水搅拌均匀。料的含水量在60%左右。

②装袋。用装袋机将培养料填入塑料袋内。北方采用短棒，一般规格为折幅18cm×长度33cm的菌袋，装料重量为1.1kg。装好培养料后用无棉盖体和套环封口。南方采用长棒，折幅15cm×长度55cm的菌袋，装料重量为2.1kg，直接系口或卡口封口。

③灭菌。将灭菌仓内的菌棒加热到100℃保持8～10h，然后再焖5h左右。

④接种。待灭菌仓温度降至50～60℃时，打开灭菌仓，趁热将灭菌后的菌棒搬入接种室。按4～5g/m^3用量的二氯异氰尿酸钠熏蒸0.5h。待料温降到25℃以下即可接种。短棒模式接种时拔出塑料棒，接入固体菌种或液体菌种，然后使用灭菌后的棉花或海绵块封口。长棒类似于香菇的打穴接种，接种后套一层外套袋。

⑤养菌。培养室事先消毒。将接种后的灰树花菌棒搬入养菌室，放在养菌架上进行暗光培养。控制室内湿度在70%以下，避光培养，培养温度初期为24～26℃，每天通风1～2次，15d后让适量散射光照入，加强通风，温度降低至22～25℃，30d后菌丝逐渐长满袋底，表面形成菌皮。

（2）选地整地。灰树花仿野生栽培需覆土，土壤以壤土、黄沙土为好，土质要求持水性好并具团粒结构。栽培场地需要水源充足、交通方便、通风良好、远离畜禽养殖场、利于排水需要通风、向阳、有排灌条件的地块，可以是耕地或林地。按东西走向挖长2.5～3m、宽45cm或55cm、深度25～30cm的畦。畦行间距80～100cm，作为人行和排水通道。在畦四周打成15cm宽、高10cm的土埂。畦做好后曝晒2～3d。栽培的前一天，将畦内灌一次大水。水渗后在畦内撒少许石灰。

（3）脱袋覆土。4月初将菌棒运至地头，使用壁纸刀划破塑料袋，脱掉菌袋。将脱袋后的菌棒单层直立摆于畦内。菌棒与菌棒间码紧，可排放菌棒60～80个/m^2，上面找平以便覆土。在菌棒间隙中填入干净且湿润的沙土。覆土厚2～4cm，然后浇水待畦内水下渗后再进行第二次覆土，找平。然后畦面放上一层栗子大小的石子，间距3～5cm。

（4）包护帮、搭拱棚。用薄膜将畦四周的土埂包好，将薄膜的两边用土掩实。在每个畦上做一个略大于畦，呈拱形或坡形的背阴小拱棚。棚高度至少为30～50cm。拱棚上面放好塑料布、草帘子，两端要留通风孔。

（5）出菇管理

①刺激出菇。保持覆土湿润。温度应该尽量控制在15～30℃。低温季节，白天注意增温保湿，白天适当通风降温；气温高于30℃以上时，加强通风，喷水降温，以拉大温差，刺激出菇。

②育菇管理。原基形成后，出菇棚保持湿润，相对湿度要控制在85％～95％。注意不能直接往原基和小菇蕾上喷水，否则易引起烂菇、死菇。充分利用树叶遮阳减少直射光，保持光照强度为300～800lx的散射光。加大通风，保持通风口常开状态，减少畦内二氧化碳浓度。

③采菇。当灰树花长至八分熟，当生长点变暗界线不明显，边缘稍向内卷时即可采摘。用手托住菇体的底面，用力向一侧抬起整朵子实体，不留残菇。

（6）病虫害防治。栗蘑主要病害：①生理性病害主要有小老菇、鹿角菇和空心菇。②真菌性病害主要包括木霉、青霉、毛霉或根霉、红色脉孢霉等真菌感染培养料或菇体。③为害最严重的细菌性病害是栗蘑细菌性腐烂病。为害灰树花的害虫主要有跳虫、血线虫、菇蛆、蛞蝓和鼠妇。

灰树花病虫害以预防为主。病害采取温度、湿度、光照、空气四大因素的协调措施，使其达到灰树花生长的最佳条件，避免病害发生。虫害防治，在栽培畦四周撒放杀虫剂，通风口加盖防虫网，棚内挂黄板的措施预防诱杀。

2. 不覆土栽培技术

该模式在大棚内直接将菌棒放在地面或采用床架上，不覆土出菇。

（1）选地。对土质没有要求。要求通风、向阳、近水源、利于排灌的地块即可。

（2）建棚。按南北走向建造跨度 8～12m，长度一般 35～50m，顶高 2.5～3.5m，肩高 1.8～2m 左右的大棚。大棚两头留门，门宽 2m。棚内顶部铺喷水管线一条，每隔 120cm 安装雾化喷头。大棚依次覆盖一层塑料膜、六针加密遮阳网。

（3）开口。菌袋入棚后，使用壁纸刀在菌棒一面划 3 个边长为 2cm 的 V 形口，然后将菌棒划口朝上，横向摆放在大棚地面或采用床架上，袋与袋间隔 5cm。

（4）环境控制。大棚内保持 500～800lx 的散射光照射，湿度 80%以上，温度 16～20℃催蕾。菌袋进棚上架 10～15d 后，灰黑色的小菇体逐渐伸出菌袋，初期似脑状皱褶，逐渐变成珊瑚形，进而发育成扇形菌盖，呈覆瓦状重叠。每天早、中、晚各喷雾水 1 次，湿度保持在 90%以上，温度控制在 16～25℃，保持通风口敞开。

（四）产业融合应用

1. 保健功能

灰树花食味清香，肉质脆嫩，味如鸡丝，脆似兰玉，鲜美可口。食用方法多种多样，可炒、烧、涮、炖；可做汤、做馅、冷拼；凉拌质地脆嫩，炒食清香可口，烧炖具有“一泡即用，长煮仍脆”的特点，做汤风味尤佳，是宴席上不可多得的佳肴。灰树花多糖是其主要的生物活性物质，具有免疫调节和抗肿瘤等作用。此外，灰树花多酚具有一定的抑菌，抗氧化作用。

灰树花可以保鲜销售，也可以经干燥后包装销售。新鲜的栗蘑子实体，在2～4℃的条件下贮存保鲜，保存10～15d。栗蘑可以晒干或烘干。干制后的灰树花香味更加浓郁。

2. 景观功能

园林绿化方面可在林下搭建简易设施栽培，也可以进行仿野生栽培，还可以和草莓、南果等作物套种，既美化环境作用，增加田园乐趣，也能产生经济效益。

（五）常见栽培品种

1. 迁西3号

菇形整齐。菇朵大、灰色、叶片厚且大、弹性好、产量高，出菇也较早，产量较高。

2. 小黑汀

子实体群生，菌盖灰白色至深褐色，扇形或匙形，菌柄灰白色、扁圆柱形、侧生，多分支。子实体形成温度16～26℃，适宜温度18～23℃。生物学效率高100%～120%，较耐储运。

四、灵芝

灵芝（*Ganoderma lucidum*）是一类真菌，泛指灵芝科，《中华人民共和国药典》收录的是赤芝和紫芝。灵芝又名赤芝、红芝、木灵芝、菌灵芝、万年蕈、灵芝草。分类学上属于担子菌纲，多孔菌目，灵芝科，灵芝属。灵芝是我国著名的药用真菌，作为中药材已有2000多年的历史。我国是世界上灵芝生产和消费的主要国家。

（一）形态特征

灵芝是一类药食兼用真菌，由菌丝体和子实体两部分组成；

菌丝体无色透明，是由许多具横隔和分枝的管状菌丝组成，有分解基质、吸收水分和无机盐、运输和积累营养的作用，是灵芝的营养器官。子实体是它的繁殖器官，也是人们利用的部分。子实体一年生，有柄、木栓质。菌盖肾形、半圆形或近圆形，直径3～32cm，厚0.6～2cm，表面褐黄色至红褐色，幼嫩时边缘呈黄色，有和同心辐射皱纹，有漆样光泽，边缘锐或稍钝，往往稍向内卷。菌肉淡白色或木材色，接近菌管处常呈淡褐色或近褐色；菌管呈淡白色、淡褐色至褐色，长0.4～1cm，孔面初期白色后变淡褐色或褐色，有时呈污黄褐色，管口近圆形，有菌管4～5个/mm。菌柄近圆柱形，侧生、偏生或罕见近中生，长2～10cm，与菌盖同色，有光泽。皮壳构造呈拟子实层型，淡褐色，组成菌丝棍棒状。孢子卵形或顶端平截，双层壁，内壁有小刺，有时中间有油滴。

（二）生活习性

1. 分布状况

灵芝属真菌在世界各大洲均有分布，其中绝大部分主要分布在热带、亚热带、温带地区。灵芝品种多样，分布广泛。我国大部分省份均有分布。一般适宜300～600m海拔高度山地生长，特别是热带、亚热带杂木林。分布的总特点是东南部多而西北部少。

2. 生长特性

灵芝是腐生性真菌，靠分解木材或培养料中的木质素、纤维素、半纤维素、有机氮等吸取营养。灵芝属于中高温型菌类，菌丝体生长适宜温度范围是25～28℃，子实体发育的适宜温度是25～30℃。代料培养基的含水量为60%～65%，栽培场空气的相对湿度要求达到80%～90%。灵芝菌丝体生长不需光线，且光照对灵芝菌丝生长有抑制作用。子实体分化时需要漫射光的刺激，子实体具有明显的向光性。灵芝菌丝生长适宜的二氧化碳浓度为1%～3%。子实体生长时二氧化碳浓度应控制在0.1%以下，才能使菌盖正常生长。菌丝生长的最适pH为4.3～6.5。

（三）栽培技术

灵芝可采用代料栽培模式，也可采用段木栽培模式。

1. 代料栽培模式

（1）制作菌棒。灵芝制棒一般北方在12月至翌年2月进行；南方可稍微提早进行。

①拌料。培养料的配方：木屑78%、麸皮20%、石膏1%、蔗糖1%。按上述配方将主辅料进行称量、配比、加水搅拌均匀。料的含水量在60%左右。

②装袋。用装袋机将培养料填入塑料袋内。一般规格为折幅18cm×长度33cm的菌袋，装料重量为1.1kg。装好培养料后用无棉盖体和套环封口。长棒直接系口。

③灭菌。使用常压灭菌时，将灭菌仓内的菌棒加热到100℃保持8～10h，然后再焖5h左右。高压灭菌可以在温度121℃的条件下保持2.5～3h。

④接种。待灭菌仓温度降至50～60℃时，打开灭菌仓，趁热将灭菌后的菌棒搬入接种室。按4～5g/m^{3}用量的二氯异氰尿酸钠熏蒸0.5h。待料温降到25℃以下即可接种。打开无棉盖体，接入固体菌种或液体菌种，然后盖好无棉盖体封口。

⑤养菌。培养室事先消毒。将接种后的灵芝菌棒搬入养菌室，放在养菌架上进行暗光培养。控制室内湿度在70%以下，避光培养，培养温度初期为24～26℃，每天通风1～2次，15d后让适量散射光照入，加强通风，温度降低至22～25℃。

（2）选地整地。代料栽培不需要覆土，对土壤要求不高，但需要大棚设施。大棚上覆盖棚膜、草帘或遮阳网。大棚内安装微喷。

（3）开口出芽。4月初将菌棒运至大棚内，袋口朝外码成墙式。去掉套环和无棉盖体，将袋口拉直。也可以袋口朝内码放，出芝时用壁纸刀将菌袋底部划长 2cm 的十字形口。

（4）出芝管理

①刺激出芽。加大空间湿度，保持棚内空间相对湿度 80%～95%，温度 20～30℃，促进幼蕾形成。

②育芝管理。原基形成后，出菇棚保持湿润，相对湿度要控制在 85%～95%。注意不能直接往原基和小菇蕾上喷水，以免引起畸形。温度保持在 20～30℃。避免直射光照射，保持光照强度为 300～800lx 的散射光。每天在上午、下午通风 2 次。

③采收。在芝体成熟、菌盖不在扩展生长、菌盖加厚时，可使用套纸筒、纸袋的方法或安装轴流风机收集灵芝孢子粉。在茬口结束时，可以将芝体整个剪下来，收集备用。

（5）病虫害防治。灵芝主要病害：①生理性病害为畸形芝。②真菌性病害主要包括木霉、青霉、毛霉或根霉、红色脉孢霉等真菌感染培养料或菇体。为害灵芝的害虫主要有螨虫、菇蚊。

灵芝病虫害以预防为主。病害采取温度、湿度、光照、空气四大因素的协调，使其达到灵芝生长的最佳条件，避免病害发生。虫害防治，在栽培畦四周撒放杀虫剂，通风口加盖防虫网，棚内挂黄板的措施预防诱杀。

2. 短段木熟料栽培模式

（1）截段。应选用青刚、栲木、楮木等木质较硬的阔叶树种，一般在冬至前后采伐，堆放在阴凉干燥处。按 15cm 长度截段。

（2）装袋。使用的段木为 3cm 以上小枝材，装袋可视段木粗细装袋 4～8 根。对于直径较大的段木可劈开捆扎后装袋。然后用细木屑 78%、麸皮或米糠 20%、石膏 1%、石灰 1%的比例混合料填充段木间空隙和覆面，使用 18～20cm、厚 4～5 丝低压聚乙烯袋，上端用绳扎好。

(3) 灭菌。100℃时保持 8～12h，停火焖锅 5h。当料温 60℃时出锅，袋温降至 30℃以下，移至室内或塑料棚内接种。

(4) 接种。空间消毒使用气雾消毒盒或臭氧灭菌两次，接种时解开扎口把菌种接入袋棒料面即可。

(5) 发菌。室温应控制在 22～28℃为宜，以利菌丝发育，每天中午通风 2h，在培养菌 30d 左右后，菌丝近吃透段木料。

(6) 整地做畦。场地的选择要求春秋两季光照充足，夏季凉爽的场地。灵芝菌丝适于偏酸性的（pH 5～6）肥沃土壤。在棚内做畦，畦宽 1.2 米，深 20cm，畦间留 30cm 宽的通道。

(7) 覆土。清明节后，将菌袋割袋脱去塑料袋后埋土，袋直立排放，袋与袋之间留 6～8cm 用土填充。

(8) 环境控制。大棚内控制最强光照强度为 3 000～4 000lx 的散射光照射，湿度 80%～95%以上，空气二氧化碳浓度 0.3%以下，温度 20～32℃（最适温度 25～28℃），并防止出现较大温差。

(9) 病虫害防治。段木栽培灵芝尤其注意裂褶菌、桦褶菌、树舌、炭团类、黏菌等杂菌危害。一旦发生应用利器将污染处刮去，涂上波尔多液，并将杂菌菌木烧灭。害虫主要有白蚁、跳虫、蜗牛等。

(四) 产业融合应用

1. 保健功能

灵芝具有抗肿瘤、抗放射损伤、镇静安神、强心集保护心肌缺血、降压、降血脂、镇咳、平喘、保肝、降血糖和抗缺氧的作用。灵芝可以收集孢子粉，子实体可以干制，根据不同用途制成各种新产品。供药用的可制成糖浆、片剂、针剂、冲剂、酒剂等。供保健食品用的可制成各种饮料、口服液、袋泡茶等。供化妆品用的可制成洗发香波，美容霜等。供观赏用的可制成各种盆景工艺。

2. 景观功能

园林绿化方面可在林下搭建简易设施栽培，也可以进行仿野生栽培，还可以和草莓、南果等作物套种，既美化环境作用，增加田园乐趣，也能产生经济效益。

（五）常见栽培品种

1. 赤芝

子实体一年生，有柄、木栓质，菌盖肾形，半圆形，罕近圆形，有环状棱纹和辐射状皱纹，菌柄近圆柱形，侧生或偏生，菌盖及菌柄有红褐色油漆样光泽，菌盖背面污白色、淡黄色，孢子卵形或顶端平截，该种生长期短，是我国当前进行人工栽培主要种类，在灵芝科中其药用功效也是研究最深的。

2. 紫芝

子实体一年生，有柄，木栓质至木质，菌盖半圆形、近圆形，表面紫黑色至近黑色、紫褐色，有油漆样光泽，菌柄侧生至偏生，细长，圆柱形或略扁平，与菌盖同色或更深，有光泽，菌肉锈褐色。人工栽培也较多。

五、榆黄菇

榆黄菇（*Pleurotus citrinopileatus*）又称金顶侧耳、玉皇菇、黄金菇、榆黄蘑、金顶蘑。分类学上属于担子菌门、同担子菌纲、伞菌目、侧耳科、金顶侧耳属。榆黄菇是20世纪80年代驯化栽培成功的菇种。榆黄菇最早主要栽培于东北地区，现已发展到很多地方，在消费市场也逐渐被人们认可。

（一）形态特征

榆黄菇子实体形如喇叭，菇色金黄。白色的菌丝生长在基质内。这两部分相辅相成；菌丝体由许多具横隔和分枝的管状菌丝组成，生长在基质内，分解基质获得营养和能量，是其营养器官。子实体是榆黄菇的繁殖器官，可以产生孢子，也是人们食用的部分。子实体丛生或覆瓦状叠生。菌盖初期为扁平球形、半球形，展开后因菌柄位置不同形态存在差异，呈正半球形或偏心半球形，中部下凹，平展后呈扇形至漏斗形。菌盖宽3～10cm，盖面光滑，鲜黄色或金黄色，成熟后变浅。菌肉白色，表皮下呈淡黄色，较薄，质脆。菌褶延生，较密，不等长，白色或黄白色，柄上常形成沟纹。菌柄偏生至近中生，中实，肉质至纤维质，上有绒毛，常弯曲，基部相连成簇，呈白色或淡黄色，长2～10cm，粗0.5～1.5cm。孢子光滑无色，近圆柱形，(7.5～9.5)μm×(3～4)μm，孢子印灰白色至淡紫色。

(二) 生活习性

1. 分布状况

榆黄菇自然分布于北半球温带北部地区，如中国、日本、韩国以及欧洲、北美洲的一些国家和地区。我国榆黄菇的自然分布区主要是黑龙江、吉林、辽宁、河北、内蒙古、山西等省份。

2. 生长特性

榆黄菇常生长在榆、柞、槭、桦、杨、柳等阔叶树的倒木、枯立木或伐桩上。榆黄菇为木腐菌，可引起木材白色腐朽。榆黄菇属中温偏高型菌类，在自然条件下，子实体多在夏秋季节或20℃左右的气温下发生。菌丝生长适宜温度范围是24～26℃，子实体发育适宜温度范围是18～22℃，且不需要低温刺激即可分化。代料培养基的含水量为60%～65%，栽培场空气的相对湿度要求可达到85%～95%。菌丝生长不需要光线，但是子实体形成和生长需要有一定量的光照，光照强度对子实体色素的合成有明显的促进作用，在一定光照强度范围内光照强度越大，菌盖颜色越深。榆黄菇是一种好气性真菌，对二氧化碳浓度十分敏感。无论菌丝生长还是子实体发育都需要新鲜空气。菌丝生长的最适 pH 为 6～6.5。

（三）栽培技术

榆黄菇栽培方式多样可以有生料、发酵料和熟料等多种栽培方式，实际生产中应根据栽培季节等条件灵活掌握。结合景观打造，概括起来主要有大地生料畦式栽培模式和发酵料袋式栽培模式。

1. 大地生料畦式栽培模式

（1）栽培季节。采用大地生料畦式栽培榆黄菇通常需要安排在春季生产，日平均气温稳定在 5～10℃时即可播种。东北地区春季栽培可选择在 4 月中旬至 5 月下旬，秋季播种可安排在 7 月下旬。其他地区按此推算。

（2）栽培料配方与处理

①培养料的配方。大豆秸或玉米芯 40%、杂木屑 35%、麦麸 16%、豆饼粉 4%、石膏 2%、石灰 3%。

②配料。大豆秸、玉米芯使用石灰水泡透，沥去多余水分，加入其他配料，将料的含水量调至在 60%～65%左右。

（3）选地整地。栽培地要选择地势较高、背风向阳、用水方便、排灌良好的中性壤土地段或有树木遮阴的地方做畦。做好畦后，灌足底水，使用杀虫剂杀虫处理，然后均匀地在畦底及四周撒一层石灰。

（4）铺料接种。在畦内先铺一层培养料，然后将菌种掰成鸽子蛋大小的块状，按穴播接种。穴距 10cm，呈梅花状分布。然后再铺一层料，再播种一层菌种。如此重复，三层菌种、四层料，每平方米用料 20kg，用菌种 6～8kg。播种完成后，覆盖一层报纸，然后加盖一层草帘或细土。早春温度较低，可以搭建拱棚，覆盖塑料薄膜保温。

（5）发菌管理。主要是控制畦床内的温度和湿度。温度控制在 22～25℃；料的含水量控制在 45%～55%，空气相对湿度保持在80%～90%。白天适当通风、降温，夜里关闭风口保温。一般经过18～30d菌丝可长满培养料。

（6）出菇管理

①刺激出菇。发菌结束后，浇一遍大水，保持料面或覆土湿润。

②育菇管理。原基形成后，畦床内温度保持在16～20℃；空气相对湿度控制在80%～90%。喷水以喷雾化水为主，做好遮阴，加强通风换气。

③采收。在菌盖展开，边缘尚未呈波浪状，孢子未弹射，菇盖颜色鲜黄未褪色时及时采收。采后清理料面，除去残根和畸形菇。采收完一潮菇后，停水2～3d后在喷水出菇。

（7）病虫害防治。杂菌病害主要包括木霉、链孢霉等真菌感染培养料。为害榆黄菇的害虫主要有跳虫、线虫、菇蛆、蛞蝓和鼠妇。病虫害以预防为主、综合防治，协调好温度、湿度。加强通风换气。

2. 发酵料袋式栽培模式

发酵料在制备过程中可以杀死料中的部分杂菌、虫卵，同时使原料软熟化，更有利于菌丝的吸收，栽培安全。结合塑料大棚使用，可以实现稳产、高产，效益较好。

（1）栽培季节。春季大棚内温度能维持在10～25℃即可播种栽培。一般一年可安排春秋两茬栽培。

（2）栽培设施。可以搭建南北走向建造跨度8～12m、长度一般35～50m、顶高2.5～3.5m、肩高1.8～2m的大棚。大棚两头留门，门宽2m。棚内顶部铺喷水管线一条，每隔120cm安装雾化喷头。大棚依次覆盖一层塑料膜、六针加密遮阳网。也可以采用日光温室栽培，保温能力更好。

（3）原料配方及处理

①配方。棉籽壳48%，木屑47.9%，过磷酸钙1%，石膏1%，磷酸二氢钾0.1%，石灰1%。含水量60%。

②发酵。各种原料称重，然后混合均匀，加水调至含水量60%。按照宽1.5～2m、高1.3～1.6m，长度不限的规格建堆。每隔1m，打一个直径15cm的孔。建堆发酵2～3d后，当料中心温度达65℃，将培养料翻堆。翻堆时将培养料的内层和外层、上层和下层充分对调，并加入石膏，重新按照上述规格建堆再经过2～3d后再次翻堆一次。经过三次翻堆即可装袋、接种。

（4）装袋接种。塑料袋规格选用20或22cm×45cm（厚度0.04cm）的筒袋。将筒袋一头系绳，放入一层菌种然后装入厚度5cm的培养料，再放入一层菌种后再装入5cm厚的培养料，如此重复，最后放入一层菌种封住料面，系上袋口。装好袋后，使用直径0.3cm的木棍沿着菌袋纵向打三个通气孔。

（5）养菌。装袋后，按照井字形排列摆放，码放4～6层高，行距60～80cm。晚秋或初冬时温度较低，可码成6～8层高的墙垛式，行距60～80cm。避光养菌，控制棚内20～25℃，及时倒垛、挑杂。

（6）环境控制。当菌丝发满后，用壁纸刀在菌袋两端划2～3cm的口。大棚内保持散射光照射，湿度80%以上，温度16～25℃左右催蕾。每天早、中、晚各喷雾水1次，湿度保持在90%以上，出菇后保持通风口敞开。

（四）产业融合应用

1. 保健功能

榆黄菇味道鲜美，营养丰富，含蛋白质、维生素和矿物质等多种营养成分，其中氨基酸含量尤为丰富，且必需氨基酸含量高。可鲜销，也可以撕开利用太阳光自然晾晒干燥或烘干后可长期保存。

2. 景观功能

园林绿化方面可在林下搭建简易设施栽培，也可以进行仿野生栽培，还可以和草莓、南果等作物套种，既美化环境作用，增加田园乐趣，也能产生经济效益。

六、红平菇

红平菇（*Pleurotus diamor*）又称淡红侧耳、桃红侧耳、桃红平菇。分类学上属于担子菌门，伞菌纲、伞菌目、侧耳科、侧耳属。红平菇是20世纪80年代驯化栽培成功的菇种。其栽培量不大，在我国处于推广发展阶段，在消费市场正逐渐被人们所认可。

（一）形态特征

红平菇颜色桃红色。菌丝体由许多具横隔和分枝的管状菌丝组成，生长在基质内，分解基质获得营养和能量，是其营养器官。子实体是红平菇的繁殖器官，也是人们食用的部分。菌盖初期贝壳形或扇形，边缘内卷，后伸展边缘呈波状，直径3～14cm，表面有细小绒毛至近光滑，幼时粉红色，鲑肉色或后变浅土黄色至鲑白色。菌肉较薄，带粉红色或近似盖色，稍密，延生，不等长。菌柄一般不明显或很短，长约1～2cm，有白色细绒毛。孢子印带粉红色。孢子光滑，无色，近圆柱形，（6～10.5）μm×（3～4.5）μm。担子四小梗，褶缘囊体近圆柱形，顶端突或膨大。

（二）生活习性

1. 分布状况

红平菇自然分布于热带、亚热带地区，如中国、泰国、柬埔寨等地。在我国红平菇主要分布在福建、江西、广西等地。

2. 生长特性

红平菇属木腐菌。夏秋季在阔叶树枯、倒木、树桩上叠生或近丛生。红平菇属高温型菌类，菌丝生长适宜温度范围是24～

26℃，子实体发育适宜温度范围是26～28℃，且不需要低温刺激即可分化。代料培养基的含水量为60%～65%，栽培场空气的相对湿度要求可达到85%～95%。菌丝生长不需要光线。但是子实体形成和生长需要有一定量的光照，光照强度对子实体色素的合成有明显的促进作用，在一定光照强度范围内光照强度越大，菌盖颜色越深。红平菇是一种好气性真菌，无论菌丝生长还是子实体发育都需要新鲜空气。菌丝生长的最适pH为6～6.5。

（三）栽培技术

红平菇栽培方式多样可以有生料、发酵料和熟料等多种栽培方式，实际生产中应根据栽培季节等条件灵活掌握。结合景观打造，适合进行生料畦式栽培、发酵料袋式栽培。

1. 大地生料畦式栽培模式

（1）栽培季节。在北方采用生料畦式栽培红平菇通常需要安排在晚春或夏季生产，即4月中旬至9月下旬。其他地区按此推算。

（2）栽培料配方与处理

①培养料的配方。玉米芯44%、杂木屑40%、玉米面14%、过磷酸钙1%、石灰石1%。

②配料。玉米芯使用石灰水泡透，沥去多余水分，加入其他配料，将料的含水量调至60%～65%。

（3）选地整地。栽培地要选择地势较高、背风向阳、用水方便、排灌良好的中性壤土地段或有树木遮阴的地方做畦。做好畦后，灌足底水，使用杀虫剂杀虫处理，然后均匀地在畦底及四周撒一层石灰。

（4）铺料接种。在畦内先铺一层培养料，然后将菌种掰成鸽子蛋大小的块状，按穴播接种。穴距10cm，呈梅花状分布。然后再铺一层料，再播种一层菌种。如此重复，三层菌种、四层料，用料20kg/m²，用菌种6～8kg。播种完成后，覆盖一层报纸，然后加盖一层草帘或细土。早春温度较低，可以搭建拱棚，覆盖塑料薄膜保温。

（5）发菌管理。主要是控制畦床内的温度和湿度。温度控制在22～25℃；料的含水量控制在45%～55%，空气相对湿度保持在80%～90%。白天适当通风、降温，夜里关闭风口保温。一般经过18～30d菌丝可长满培养料。

（6）出菇管理

①刺激出菇。发菌结束后，浇一遍大水，保持料面或覆土湿润。

②育菇管理。原基形成后，畦床内温度保持在18～25℃；空气相对湿度控制在80%～90%。喷水以喷雾化水为主，做好遮阴，加强通风换气。

③采收。在菌盖展开，边缘尚未呈波浪状，孢子未弹射，菇盖颜色桃红未褪色时及时采收。采后清理料面，除去残根和畸形菇。采收完一潮菇后，停水2～3d后再喷水出菇。

（7）病虫害防治。杂菌病害主要包括木霉、链孢霉等真菌感染培养料。为害红平菇的害虫主要有跳虫、线虫、菇蛆、蛞蝓和鼠妇。病虫害以预防为主、综合防治，协调好温度、湿度。加强通风换气。

2. 发酵料袋式栽培模式

发酵料在制备过程中可以杀死料中的部分杂菌、虫卵，同时使原料软熟化，更有利于菌丝的吸收，栽培安全。结合塑料大棚使用，可以实现稳产、高产，效益较好。

（1）栽培季节。春季大棚内温度能维持在10～25℃即可播种栽培。一般一年可安排春秋两茬栽培。

（2）栽培设施。可以搭建南北走向建造跨度8～12m、长度一般35～50m、顶高2.5～3.5m、肩高1.8～2m的大棚。大棚两头留门，门宽2m。棚内顶部铺喷水管线一条，每隔120cm安装雾化喷头。大棚依次覆盖一层塑料膜、六针加密遮阳网。也可以采用日光温室栽培，保温能力更好。

（3）原料配方及处理

①配方。棉籽壳90%，麦麸8%，过磷酸钙1%，石灰1%。含水量60%。

②发酵。各种原料称重，然后混合均匀，加水调至含水量60%。按照宽1.5～2m、高1.2～1.5m，长度不限的规格建堆。每隔1m打一个直径15cm的孔。建堆发酵2～3d后，当料中心温度达65℃，将培养料翻堆。翻堆时将培养料的内层和外层、上层和下层充分对调，并加入石膏，重新按照上述规格建堆再经过2～3d后再次翻堆一次。经过三次翻堆即可装袋、接种。

（4）装袋接种。塑料袋规格选用20或22cm×45cm（厚度0.04cm）的筒袋。将筒袋一头系绳，放入一层菌种然后装入厚度5cm的培养料，再放入一层菌种后再装入5cm厚的培养料，如此重复，最后放入一层菌种封住料面，系上袋口。装好袋后，使用直径0.3cm的木棍沿着菌袋纵向打三个通气孔。

（5）养菌。装袋后，按照井字形排列摆放，码放4～6层高，行距60～80cm。避光养菌，控制棚内22～25℃，及时倒垛、挑杂。

（6）环境控制。当菌丝发满后，可将菌袋码成4～6层高的墙垛式，行距60～80cm。用壁纸刀在菌袋两端划2～3cm的口。大棚内保持散射光照射，温度18～26℃催蕾。每天早、中、晚各喷雾状水1次，湿度保持在80%～95%。出菇后保持加强通风换气。

（四）产业融合应用

1. 保健功能

红平菇颜色鲜艳，味道较为鲜美，营养丰富。适合鲜销，采收较晚口感变差。干制可以保持其颜色，但是口感稍差。

2. 景观功能

园林绿化方面可在林下搭建简易设施栽培，也可以进行仿野生栽培，还可以和草莓、南果等作物套种，既美化环境作用，增加田园乐趣，也能产生经济效益。

七、猴头菇

猴头菇（*Hericium erinaceus*）是一种食药用菌，属于担子菌门，层菌纲，非褶菌目，猴头菇科，猴头菇属。猴头菇之名来源于其远远望去似金丝猴头，故称“猴头菇”，相传早在3000年前的商代，已经有人采摘猴头菇食用，但是由于猴头菇“物以稀为贵”，这种山珍只有宫廷、王府才能享用。《鲁迅日记》曾提到，鲁迅本人吃过他挚友曹靖华赠送的猴头菇，也是赞美它“味确很好”。随着栽培技术的进步和推广，这种昔日的“皇室贡品”也进入寻常百姓家。猴头菇具有高蛋白、低脂肪、富含矿物质和维生素的特点，质地脆嫩，味道香醇，鲜美可口，营养丰富，是四大名菜（猴头、熊掌、燕窝、鱼翅）之一，有“山珍猴头、海味鱼翅”之称，具有养胃、安神、抗癌的功效。

（一）形态特征

子实体头形，大小中等，聚生或单生，直径5～25cm，一般10～15cm；菌刺圆筒形，长1～3cm，新鲜时白色或稍黄，烘干或自然晒干后变为浅黄色。基部狭窄或略有短柄，菌刺表面密集生长着担孢子及囊状体，孢子无色，光滑，球形或近球形，（6～7）μm×（5～6）μm。

（二）生活习性

1. 分布状况

猴头菇在日本、欧洲及北美均有栽培。在我国栽培分布在黑龙江、吉林、辽宁、河南、河北、江苏、甘肃、湖南、湖北、广西、浙江、西藏、云南、北京等地。黑龙江海林市被称为“中国的猴头菇之乡”，栽培久负盛名。

2. 生长特性

猴头菇属于中高温型，子实体生长最适宜的温度为18～23℃，出菇期空气湿度应保持在85%～90%，基质内含水量控制在60%～65%，猴头菇属于喜酸性食用菌，配料时适宜的pH为4～5。菌丝体生长阶段不需要光照，但是子实体生长阶段需要一定的散射光，不宜过强，光线过强易导致子实体发红。

（三）栽培技术

猴头菇头潮菇产量较高，占总产量的50%以上，适合日光温室规模化栽培或家庭栽培。

1. 日光温室栽培模式

（1）栽培茬口安排。猴头菇出菇适宜的温度为18～23℃，所以制棒期应根据当地的气候条件，选择此温度前1～2个月配料制棒，以北京地区为例，头茬在2月制棒，4—7月出菇，二茬在5月制袋，7—10月出菇。

（2）菌棒制作

①原料准备。猴头菇属木腐菌，能够有效利用木屑、棉籽壳、玉米芯、甘蔗渣等多种栽培基质作为碳源，能够有效利用玉米粉、麦麸、尿素、米糠等多种栽培基质作为氮源。但是猴头菇本身分解纤维素、木质素能力稍弱，特别是菌丝生长初期萌发缓慢，所以拌料时要尽可能精细，制作猴头菇母种时多加入0.5%的蛋白胨，制作培养料时常加入1%的蔗糖作为辅助碳源，促进菌丝健壮生长。

②生产配方。第一种，木屑78%，麦麸20%，蔗糖1%，石膏1%；料含水量60%～65%。第二种，棉籽壳40%，木屑40%，麦麸18%，蔗糖1%，石膏1%；料含水量60%～65%。

第三种，玉米芯78%，麦麸20%，蔗糖1%，石膏1%；料含水量60%～65%。

（3）发菌管理。猴头菇发菌期不需要光照，移入发菌室进行暗光发菌即可。期间，室温要控制在20～25℃，空气湿度要控制在60%～65%，空气湿度如果过低，会导致料面干燥，菌种不萌发等现象。

（4）出菇管理。发菌、后熟以后，用锋利的小刀在菌袋上划1刀，“一”字形口（口长1cm左右），开口不宜多大。出菇期环境温度控制在18～23℃，环境湿度控制在85%～90%，菇房内要及时通风换气，保持二氧化碳浓度在0.1%以下，光照强度控制在200～400lx。猴头菇出菇阶段具有明显的向地性，不要随意变动菌棒的位置，否则容易造成菌刺卷起，影响商品性状。

（5）病虫害防治。主要有粉红病，杂菌污染等。如出现粉红病，考虑光照强度过强或温度过低。如遇杂菌污染，则需要及时回锅二次灭菌，如果污染面积较小，可用3%硫菌灵或50%多菌灵药液注射污染处，抑制其生长扩散。

2. 容器栽培模式

（1）温度控制。将栽培专用容器放在环境温度为18～23℃的地方，如冬天可以放在暖气片旁边，夏天可以放在室内温度较低的地方。催蕾期间需要有一定的温差，冬天可以放在阳台等冷凉的地方一晚。

（2）湿度控制。湿度应该控制在85%～90%之间，打开栽培专用容器在槽内加满水，然后利用小喷壶向舱内喷一些雾化水，要保持勤喷少喷，避免菌袋积水，喷水后及时通风。

（3）通风光照控制。要将栽培专用容器放在室内通风处，并且避免强光照射，一般微弱光线即可。

（4）合理采收。猴头菇现蕾后10～12d，子实体七八分熟，球块基本长大，菌刺长到1～2cm，刚刚开始或者尚未弹射孢子时即可采收。

（四）产业融合应用

1. 保健功能

猴头菇具有绝佳的养胃功能，大量研究表明，猴头菇助消化、滋补身体，子实体中的多糖和多肽类物资，能够提高机体免疫力，对于治疗胃溃疡、十二指肠溃疡及胃癌、食道癌都具有良好的疗效。

2. 景观功能

猴头菇子实体圆整厚实，近球形，表面布满菌刺，外形很像猴子的头部，具有极佳的观赏价值。而且猴头菇每潮出一个子实体，子实体逐渐生长，适合市民家庭栽培，学生科普活动观察生长过程，同样适合采摘园区统一催蕾后供游客进行采摘，景观功能显著。

（五）常见栽培品种

猴杂 19 号

（1）形态特征。子实体白色、头型、无柄，大小中等，聚生或单生。长 10～15cm，菌刺长 1～2cm。

（2）生活习性。菌丝生长最适温度 22～26℃，子实体生长适宜温度 18～23℃，空气相对湿度 85%～90%，适宜条件下 30d 左右发满菌棒，40d 左右出菇，50d 左右采收，可以采收 2～3 潮菇，生产周期 3～4 个月。

八、蛹虫草

蛹虫草（*Cordyceps militaris*）是一种食药用菌，属于子囊菌门、核菌纲、麦角菌目、麦角菌科、虫草属，又名北虫草。与冬虫夏草同属真菌，是虫草属的模式属，研究表明，蛹虫草中含有的活性物质及其药理作用接近冬虫夏草，因此，蛹虫草被认为是冬虫夏草的理想替代品。蛹虫草可以利用小瓶家庭栽培，鲜艳的橙黄色子座具有极高的观赏价值。

（一）形态特征

子座单生或丛生，菌丝初期白色，见光转色后变为橙黄色，菌丝体绒毛状，气生菌丝致密，爬壁能力强，有隔膜和分生孢子，无锁状联合，子座直立有柄呈棍棒状，长度2～5cm，粗0.3～0.5cm，多数不分枝。子囊壳外露，近圆锥形，孢子直径1μm。

（二）生活习性

1. 分布状况

目前世界范围内学术界公认的虫草菌种约有400余种，分布广泛，在美国、加拿大、德国、法国等欧美国家以及中国、韩国、日本等亚洲国家都有分布。在我国境内主要生长在黑龙江、吉林、云南、安徽、福建、陕西等地区。

2. 生长特性

蛹虫草生长温度范围6～30℃，在此温度范围以外难以生长，最适的生长温度为18～22℃，原基分化时需要较大的温差，一般为5～10℃。生长阶段喜潮湿的环境，培养基含水量要保持60%～65%，空间湿度保持80%～90%，同时要对培养基补充水分和营养液。蛹虫草喜弱光，不能放在光线较强的地方。

（三）栽培技术

蛹虫草可以规模化栽培也可以家庭栽培。

1. 规模化栽培模式

（1）液体菌种的制备。将配置好的液体菌种培养基，按照每瓶150mL的量倒入500mL三角瓶中，用瓶塞或透气膜封口，如用透气膜封口，需要用耐高压皮筋扎紧袋口，于高压灭菌锅中

121℃灭菌20min，待高压锅自然冷却后将液体培养基放入超净台中，待液体培养基冷却至35℃以下时，准备接种，利用无菌操作取3～5块0.1～0.3cm^3母种块接种于液体培养基中，放置于摇床中，转速设置为120r/min，温度控制在20～23℃，培养5～7d即可看到大量菌丝球，待菌丝球浓度达到80%以上，即可使用。

（2）培养基的配置。蛹虫草培养基可以选用大米、玉米渣、高粱米或谷粒做主料，然后配置营养液，营养液配方：1 000mL水中添加200g马铃薯，20g葡萄糖，5g蛋白胨，0.3g磷酸二氢钾，0.3g硫酸镁，pH自然。

（3）接种培养。培养基经过灭菌、冷却以后，按照常规接种操作将固体菌种或液体菌种接入培养基，固体菌种接种0.5～1cm^3，液体菌种按照3%的接种量进行接种。

（4）菌丝培养

①菌丝萌发。将接种后的栽培框（瓶）移入发菌室进行菌丝培养。期间，环境温度控制在25℃左右，环境湿度60%左右，光照强度100lx左右，当菌丝萌发以后，将温度适当降低2～3℃，发菌2周以后，菌丝会布满培养基料面，这个时候可以开始转色管理。

②转色管理。转色管理过程中，需要将光照强度调节至500～600lx，同时将空气湿度调节至85%左右，可以在培养框（瓶）上部的塑料膜上打孔，利于通风换气。此阶段可以将培养框（瓶）以倾斜70°～80°角放置，可以保证每层都有充足的光照。

③催草管理。当栽培框（瓶）内菌丝由白色转色为橙黄色，培养基表面出现瘤状凸起，说明已经出现原基，可以进行催草管理。此时需要将温度调节至18～22℃，早晚控制一定的温差，有利于虫草的形成，此阶段需要加强通风换气，由于塑料膜已经扎孔，所以通风要控制空气洁净度，空气相对湿度控制在85%

左右，光照强度控制在 500～600lx。

（5）采收。当子座末端不同程度的膨大，橙黄色颜色较深时即表示虫草已经成熟，使用剪刀沿着蛹虫草基部剪下来，剪下来的虫草可以烘干或晒干，但是不要在阳光下暴晒，然后密封、避光进行保存。

2. 容器栽培模式

家庭一般无配置培养基的条件，需要直接购买已经完成发菌的专用培养装置，如培养瓶或培养槽。

（1）温度控制。蛹虫草菌丝生长温度控制在 6～30℃，低于 6℃无法生长，高于 30℃停止生长甚至死亡，所以家庭栽培环境控制一定要严防高温烧菌，宁可低温，不可高温。

（2）湿度控制。家庭栽培期间，需要将栽培小环境湿度控制在 80%以上，尽量喷一些雾化水，但是不要使培养基积水，避免菌丝发育不良。

（3）氧气管理。栽培期间，应该及时通风换气，可以用小刀或者牙签，在塑料薄膜上面扎若干小孔，有利于补充氧气和排除二氧化碳，整个栽培周期不揭掉塑料薄膜。

（4）光照管理。家庭栽培中光照管理是关键，待菌丝体成熟以后，开始由白色转为橙黄色，应该适当增加一些光照，但是不能过强，以 500～600lx 为宜，每天光照 10h 左右，可以促进菌丝体转色和刺激菌草的生长。

（5）转潮管理。当子实体生长至 4～5cm，头部出现皱裂花纹，表明偶见黄色粉状物时既可以采收，采收后，在瓶内添加适量的营养水或无菌水，10～20d 还可以长出部分子实体。

（四）产业融合应用

1. 保健功能

蛹虫草与冬虫夏草都属于虫草属，是一种珍稀的食药兼用真菌，药效类似冬虫夏草，研究表明，蛹虫草含有虫草素等多种活性成分，具有良好的保健效果，对神经系统、免疫系统及心血管具有一定的疗效，有助于抗肿瘤、抗氧化及抗衰老。

2. 观赏功能

在家庭栽培方面，蛹虫草由于栽培所需容器小，便于携带，易于观察，颜色鲜艳等优点，具有独特的应用价值。只要将环境控制在适宜的范围内，全年都可以进行栽培，子实体橙黄色，逐渐在瓶中生长，获得栽培乐趣的同时也能愉悦身心。

九、茶树菇

茶树菇（*Agrocybe aegerita*）是一种食用菌，属于担子菌门、伞菌目、粪锈伞科、田头菇属，又名茶薪菇、柳松茸、柱状田头菇，于20世纪80年代逐步推广栽培。茶树菇盖肥柄脆，鲜食非常可口，干品茶树菇清香浓郁，风味佳，干锅茶树菇风靡全国。

（一）形态特征

茶树菇菌丝体白色、绒毛状，能够层叠生长，菌丝长势较强，不同性别可亲和的单核菌丝融合产生次生菌丝，显微镜下观察具有锁状联合。子实体单生、丛生或双生，菌盖直径5～8cm，表面光滑，暗红褐色或黄色、浅黄色。菌肉白色，菌柄白色或灰白色，有纤维状条纹，子实体成熟以后菌盖变硬，菌幕脱落，菌环残留在菌柄上，在菌褶下紧挨菌褶或自动脱落。

（二）生活习性

1. 分布状况

茶树菇栽培起源于我国福建地区，目前主产区集中在我国福建和江西，其他产区还有山东、河南、贵州、湖南、四川等地。在国际上，日本、韩国以及欧洲等地区也有少量栽培。

2. 生长特性

茶树菇属于中高温型菇种，菌丝适宜的发菌温度为23～28℃，适宜的出菇温度为18～22℃，不同菌株对温度要求不同，适温范围内温度较低，子实体生长缓慢，组织致密，菇质较好。菌棒适宜的含水量为65%，茶树菇子实体形成和发育阶段所需空气相对湿度为85%～95%，栽培期间需要及时通风，二氧化碳浓度保持在2 000ppm左右，不需要光照，进棚农事操作时携带光源照明即可。茶树菇适宜的pH为5.5～6.5，菌丝在代谢过程中产生的酸较少，培养基pH变化不大。

（三）栽培技术

茶树菇属于中高温型品类，出菇周期长，适宜日光温室栽培或家庭栽培。

1. 日光温室栽培模式

（1）栽培茬口安排。茶树菇15～25℃均可出菇，最佳出菇温度为18～22℃，因此，栽培季节和茬口可以根据当地气候灵活安排，原则是秋季温度下降至22℃、春季温度上升至18℃时进行出菇管理，那么制棒接种时间就是出菇期往前推2～3个月，同时，还要结合设施发菌保温条件，合理安排制棒接种时间。发菌期需要避免温度过高或过低，温度过高，发菌污染率严重，温度过低，影响发菌速度。

（2）菌棒制作

①原料准备。茶树菇是一种对纤维素、木质素分解能力较弱的木腐菌，氮源丰富，生长速度快，出现原基及子实体速度快。栽培原料的选择应该本着价格低廉、易于获取的原则。可以遵循以下几个方面，首先是充足的营养，其次是良好的保水性，茶树菇菌丝的萌发、生长、催蕾、出菇等发育阶段都需要充足的水分作为支撑，合理搭配好栽培基质的物理结构，使其具有良好的保水性，是获得优质高产的关键，再次是疏松的透气

性，栽培基质质地疏松、柔软、富有弹性，能够更好地完成菌丝的呼吸作用，最后是干燥洁净，栽培基质原料需要新鲜、无霉变、无虫、无刺激性气味和杂质，无工业废水和农药残留、无重金属超标等。

②生产配方。第一种，棉籽壳37.5%，木屑30%，麦麸18%，玉米粉8%，茶籽饼4%，红糖0.6%，石膏1.5%，磷酸二氢钾0.4%。第二种，棉籽壳82%，麦麸16%，石灰2%。第三种，玉米芯60%，棉籽壳10%，木屑10%，麦麸12%，玉米粉6%，石膏1%，蔗糖0.5%，磷酸二氢钾0.4%，硫酸镁0.1%。

(3) 发菌管理。接种后将菌棒移入发菌室内进行发菌管理。发菌期要注意控制温度、湿度、光照和空气循环。温度控制在20～27℃；空气湿度控制在60%～70%；发菌期完全不需要光照，所以保持发菌环境黑暗即可，如需进行农事操作，则佩戴小电筒进行照明，避免打开大灯；发菌期空气循环需要良好，二氧化碳浓度需要控制在0.2%～0.4%。

(4) 出菇管理。茶树菇出菇管理主要包括菌袋排场卷口、催蕾管理和出菇环境控制三个方面。首先将发菌完毕的菌棒转移至出菇场地后，采用立式出菇的模式，既出菇口向上，将菌棒一个个码放于地面畦床上，菌棒之间保留适当的空隙以利于散热。催蕾管理是刺激茶树菇菌丝体扭结成原基，促进菇蕾形成的措施是多种多样的，如温差刺激、湿差刺激、光照刺激、搔菌刺激等。出菇环境控制中，温度控制在18～22℃，夏季做好降温措施，冬季做好保温措施；环境湿度控制在80%～90%，注意干湿交替，尤其夏季高温季节避免高温高湿的环境导致污染；出菇棚内每天通风2次，早晚各一次，每次10～20min。根据天气情况通风，风大就减少通风时间，风小就加大通风时间。根据菇蕾多少决定通风量，菇多则呼吸作用强，适当多通风，菇少则呼吸作用弱，适当少通风。光照管理方面，整个出菇期不需要光照，保持黑暗环境即可，每天棚内操作佩戴电筒，可以起到一定的补光作用。

（5）病虫害防治。防治方法：①保持茶树菇生产、出菇环境整洁卫生，周围撒石灰消毒；②棚室内悬挂黄板、杀虫灯，通风口安装好防虫网，出入口设缓冲间；③菇房内用气雾消毒剂、高锰酸钾等消毒；④菌袋开口前3～5d喷药防害，一般用广谱、低毒、残留期短的安全卫生农药防治。

2. 容器栽培模式

（1）温度控制。茶树菇适宜的出菇温度为18～22℃，超过38℃停止生长，家庭容器栽培温度变化较大，建议菌棒旁边放一个温度计，严防高温烧菌，温度宁低勿高。

（2）湿度控制。菌棒培养基的含水量应控制在60%左右，空气湿度应控制在80%～90%，家庭栽培建议放置于潮湿处，也可以使用专用栽培装置保湿，效果更好。

（3）氧气管理。栽培茶树菇需要良好的通风，应该把菌棒放置于通风处，具备足够的氧气，否则易出现畸形菇。

（4）光照管理。茶树菇与其他食用菌不同，生长期基本不需要光照，所以家庭栽培放置于暗处即可，也可以有少许微弱光，但是不宜过强。

（5）转潮管理。茶树菇生长发育周期比较长，所以适宜家庭栽培，可以出多潮菇，转潮期一般为10d左右，这个阶段可以适当往菌棒中补充少量水分，然后按照出菇阶段的温度、湿度、光照和氧气要求进行管理。

（四）产业融合应用

1. 保健功能

茶树菇氨基酸含量非常高，尤其是含有人体所必需的8种氨基酸，其含量远高于双孢蘑菇、香菇、草菇、平菇等其他食用菌，同时还具有较高的药用价值，对肾虚、尿频、水肿、癌症都具有较好的辅助治疗效果。

2. 观赏功能

茶树菇子实体菌盖红褐色，菌柄白色，丛生，具有较好的观赏价值，同时茶树菇生长发育周期长，出菇潮次多，适合家庭栽培。

十、小白平

白黄侧耳（*Pleurotus cornucopiae*）是一种食用真菌，属于伞菌门、伞菌纲、伞菌目、侧耳科、侧耳属，由于子实体纯白色且小，故俗名小白平。其菇形秀小，质地脆嫩，富含维生素、真菌多糖，近年来受到消费者喜爱。

（一）形态特征

小白平菌盖直径4～13cm，初期扁半球形，白色，无毛，平滑，边缘波状，易裂，菌肉薄或较厚，菌褶延生，菌柄长2～10cm，粗约0.5～1cm，侧生。

（二）生活习性

1. 分布状况

小白平目前在我国北京、河北、黑龙江、吉林、江苏、四川、安徽、江西、河南、广西、新疆、云南等地均有栽培。

2. 生长特性

菌丝生长最适温度为25～27℃，菇蕾分化最适的温度为15～25℃，属于变温结实性菇类，菌丝成熟后，变温有利于刺激子实体分化。出菇期需要的空气湿度较高，一般以85%～90%为宜，需要足够的氧气进行呼吸作用，栽培空间需要保持空气新鲜，但是风不能直接吹到菇体上，否则会影响子实体发育。pH方面喜欢中性偏酸性环境，pH为6时生长最适宜。

（三）栽培技术

小白平子实体洁白，味道鲜美，适合日光温室规模化栽培或家庭栽培。

1. 日光温室栽培模式

（1）菌棒制作

①原材料准备。小白平袋料栽培可选的原料很多，主要有棉籽皮、杂木屑、玉米芯等，各地可以根据市场价值波动，合理选择栽培料配方。生产前需要将选择的配方按比例进行配置，先提前一天称取主料，然后进行预湿，这样做的目的是让主料提前吸水充分，吸水充分以后，再按比例将相应的辅料充分混合后均匀地撒在主料上。需要注意的是，如果使用玉米芯进行栽培，需要提前泡 3h 以上，玉米芯吸水较慢但保水性好，所以需要充分吸水。如使用杂木屑，需要保证木屑干燥而且新鲜，颗粒粗细均匀，不存在变质，一般采用阔叶树木屑。如使用棉籽壳，则需要保证其颗粒疏松，干燥且新鲜，不存在虫蛀霉变等情况。按 1∶1.2～1.3 的比例加入清洁的生产用水，搅拌培养料要干湿均匀，含水量 60%～65%，用手捏能成团，指缝有水而不下滴为宜。

②生产配方。第一种，杂木屑 78%，麦麸 20%，蔗糖 1%，石膏 0.5%，石灰 0.5%；料含水量 60%～65%。第二种，棉籽壳 78%，麦麸 20%，蔗糖 1%，石膏 0.5%，石灰 0.5%；料含水量 60%～65%。第三种，玉米芯 80%，麦麸 18%，蔗糖 1%，石膏 1%；料含水量 60%～65%。

（2）发菌管理。接种后的菌棒需要放置于干燥、清洁、黑暗的房间进行培养，培养室内地面可以撒石灰防止杂菌污染，菌丝生长阶段温度控制在 20～28℃，最适宜 25～27℃，前期发菌温度可以适当高一些，发菌后期适当低一些。空气湿度保持 60% 左右，每天通风换气 1～2 次，每隔一段时间翻堆检查一次，发现问题及时处理，经过 35d 左右菌丝即可发满。

（3）出菇管理。出菇场所要求洁净，通风良好，有保温措施，靠近水源。出菇前期，保持空气相对湿度90%左右，光照1 000lx左右，加强通风，但是有小菇蕾时不要通风，当菌盖变大，菌盖与菌柄区别明显时，需要加大喷水量，喷水应根据天气状况灵活掌握，阴雨天少喷，晴天多喷，高温天气时中午不喷早晚喷水。通风也需要结合天气，风大时降低通风时间和通风窗口，风小时增加通风时间和通风窗口。

（4）采收管理。当菇体八成熟时，菌盖边缘已经展开，稍内卷而且未弹射孢子时需要及时采收，如果采收过晚，菌盖开伞，弹射孢子，则影响商品品质。采收时用手握住子实体基部，稍微旋转即可摘下，然后用小刀清除干净培养料上残留的根部和死菇，避免腐烂。

（5）转潮管理。每潮菇采收后，停止喷水3～5d，然后对环境进行增湿，以后每天轻轻喷雾化水1～2次，按照出菇期管理，经过温差、湿差等刺激后，即可进入下一潮次的出菇期管理。

（6）病虫害防治。出菇日光温室建议设置防虫网、遮阳网双网进行防护，棚内设置黄板、杀虫灯进行害虫扑杀，入棚设置缓冲间。菌棒如发现杂菌污染，要及时回锅重新灭菌、接种。如果感染链孢霉等严重的杂菌，则深埋入土或者燃烧掉。杂菌污染面积较小的，可用3%硫菌灵或50%多菌灵药液注射污染处，抑制其生长扩散，以确保其余部分的子实体收成。部分表面杂菌可以直接用水喷掉。但是如果链孢霉等危害较大的杂菌，则不可以直接喷水，以免杂菌扩散造成更大的损失。

2. 容器栽培模式

（1）温度控制。家庭栽培温度应控制在15～25℃为宜，温度如果偏低，产生原基数量较少，温度如果偏高，菇蕾生长快，成熟早，菌肉薄，菇质差，出菇阶段，需要有一定的温差才能出菇，所以可以白天放置于温度偏高的地方，夜晚放置于温度较低的地方，人为制造温差，进行出菇管理。

（2）湿度控制。家庭栽培期空气湿度需要控制在80%～90%，所以需要放置于空气湿度较大的地方，也可以利用栽培专用装置或放置于纸箱内，喷水保湿，但是要注意与通风相结合。

（3）通风光照控制。家庭栽培时需要及时通风以满足菌棒的呼吸作用，同时注意不能使之在高温高湿的环境中，避免病害的发生。同时，子实体发育的时期需要有一定的光照刺激。

（四）产业融合应用

1. 保健功能

小白平质地脆嫩，风味独特，营养丰富，味道鲜美，含有人体所必需的8种氨基酸，同时其多糖具有增强免疫力的功能。

2. 景观功能

小白平子实体纯白色，菇形秀小，叶片秀小，边缘光滑，菇盖厚实，菌褶细密，柄短，整个外形较为美观，同时小白平出菇适宜温度广，出菇周期长，适合作为观赏之用。

图书在版编目（CIP）数据

田园综合体特色观食两用作物资源及栽培技术：以京津冀地区为例／杨林等主编．—北京：中国农业出版社，2020.9

ISBN 978-7-109-27203-3

Ⅰ．①田…　Ⅱ．①杨…　Ⅲ．①园艺作物－种质资源－华北地区②园艺作物－栽培技术－华北地区　Ⅳ．①S6

中国版本图书馆 CIP 数据核字（2020）第 150570 号

中国农业出版社出版

地址：北京市朝阳区麦子店街 18 号楼

邮编：100125

责任编辑：刁乾超　　文字编辑：赵冬博

版式设计：李　文　　责任校对：刘丽香

印刷：北京印刷一厂

版次：2020 年 9 月第 1 版

印次：2020 年 9 月北京第 1 次印刷

发行：新华书店北京发行所

开本：850mm×1168mm　1/32

印张：11.25

字数：270 千字

定价：38.00 元
